飛輪效應 × 湧現模型 × 鵝肝效應 × 倍增能力
建立商業模式中心型組織，實現基業長青

企業營利系統
企業成長的
經營學

「管理是一種實踐，其本質不在於知，而在於行；
其驗證不在於邏輯，而在於成果；其唯一權威就是成就。」

從管理團隊到系統思考，從企業營利系統到個體人生演算法，
整合碎片化知識，放入系統化思維，
改進傳統策略理論，打造長壽企業的必學策略！

李慶豐 —— 著

目 錄

目錄

目錄

第 9 章　職業營利系統：破解個體發展的迷思

後記　知難而進

序言　把碎片化知識放到「系統」裡

📖 **重點提示**

※ 企業營利系統等相關創新，具有國際領先水準嗎？

※ 傳統策略理論的「三宗罪」是什麼？

一位朋友問我：「你是做風險投資的，一而再，再而三地寫書和出書，目標是什麼？」

其實，寫這些書，與工作密切相關，有一句話，「汝果欲學詩，功夫在詩外。」風險投資行業的從業人員中，打高爾夫球的人也非常多。高爾夫球不僅能強身健體，而且與投資工作密切相關。儘管是業餘選手，高爾夫球愛好者都有一個目標追求。例如：以老虎伍茲（Tiger Woods）為榜樣，先實現一個「小目標」，三年打出七十二桿。同樣，我寫書也有個「小目標」，只是應該以杜拉克（Peter Drucker）為榜樣，成為「下一位杜拉克」。大家閱讀本書後，可以在後記中看到：如何學習與實踐，才能成為「下一位杜拉克」？── 很多人都可以試一下。

杜拉克說：「我建立了管理這門學科，管理學科是把管理當作一門真正的綜合藝術。」企業界及理論界認同杜拉克的開創性貢獻。他是「目標管理、客戶導向的行銷、企業文化、知識工作者、業績考核」等管理理念或理論的開創者。杜拉克開闢了一大片新領域，後人得以在此基礎上共同建造管理學的理論大廈。

本書是我寫的第三本書，老子在《道德經》中說：「道生一，一生二，二生三，三生萬物。」如果遵循此道，那麼這本書應該包含企業的「萬物」。企業是一個稍複雜一些的生命類系統，逐級分解後，構成模組呈幾何級數增加。有了系統這個「容器」，本書便能夠容納企業「萬物」，讓一

切井然有序。

企業營利系統、T型商業模式等算不算為管理學拓展出來的又一片新領域呢？至少我的個人期望，它們應該是對現在的商業模式、公司策略、企業管理、團隊建設、企業文化、系統思考等相關理論或教科書內容的一次重要更新。另一方面，這些屬於新領域的創新，要能夠解決企業家、創業者、廣大經理人、商學院師生等面臨的困境與實際問題。

在這個網路時代，智慧型手機已經成為我們自身的一個重要構成部分。人們沿著時間之矢，永遠線上，隨時被干擾，資訊變多，閱讀變淺。應該說，現代人的大腦中充滿碎片化知識，囿於區域性思考，只看到短期利益，心態普遍浮躁，以至於投機鑽營、走偏門捷徑。這不僅對於經營管理企業，而且對於職場人的日常工作與生活都是非常有害的。因此，非常有必要把老虎關進籠子裡，把碎片知識裝進系統中。

為什麼麻省理工教授彼得‧聖吉（Peter Senge）將所著書籍稱為《第五項修練》（*The Fifth Discipline*）？因為第五項修練是「系統思考」——比前面的四項修練更重要一些。系統思考也是前面四項修練的重要成果。從1990年代開始，企業界、管理學界就風靡研讀《第五項修練》及建立學習型組織，希望能夠將系統思考修練成功。但是，近三十年來，一直沒有人闡述「企業營利系統」。缺乏系統，經營管理者如何系統思考？沒有系統，關於企業經營管理的各種碎片化知識就流行起來。

從這個意義上說，本書是填補空白產品，是否領先國際呢？我們要有自信！在管理學相關課程的課堂上及文章裡，學者們不能老是說「外國的月亮圓」或吹毛求疵地炫耀自己，藉此似乎周密又妥當，還能烘托自己的身價。另外，做時間的朋友，實踐是檢驗真理的重要標準，一個理論是否正確需要經過長時間的實踐檢驗才能判斷。

我從事的風險投資工作，主要業務是買進企業股權，將一個創業專案

培養為行業領先者，期望企業在資本市場首次公開募股（IPO）以獲得較好的回報。在「大眾創業、萬眾創新」的時代，創業專案車載斗量，如何避免被行銷、被忽悠或渾水中摸魚？如何從整體上了解一個專案？每個資深風險投資人士都有自己的方法論。例如：可以從經營管理團隊（以下簡稱「經管團隊」）、商業模式、企業策略三個方面，判斷一個創業專案是否可靠。另外，實施投資後，我們還要協助創業專案做一些投後的管理。創業公司出問題的機率非常高，我們還要去挽救，想方設法讓創業專案可以持續。

投進去的是真金白銀，創業投資有巨大風險。我們必須在實踐中探索，在風險中「航行」，向他人學習，從成功與失敗的經驗中概括規律。所以，這本書來自於工作實踐，同時也在工作實踐中驗證。可以說，本書是拋磚引玉，為企業家、創業者、廣大經理人、商學院師生等人士，提供一本能夠對企業整體進行系統思考、對困境和機遇問題進行結構化分析的重要參考書、必備工具書。

本書第1章至第8章重點闡述企業營利系統，第9章屬於「彩蛋」，將職業者看成是一個人經營的公司，主要闡述職業營利系統。羅振宇的跨年演講說「個人成就＝核心人生演算法×大量重複動作的平方」，其中人生演算法是什麼？我們人人追求複利成長，本金在哪裡？否則，這些說法都是「無源之水，無本之木」。本書給出了一個公式：職業營利系統＝（個體動力×商業模式×職業規劃）×自我管理。這就是人生演算法，這就是我們複利成長的本金。

經典電影《教父》中，有這樣一句臺詞：「花半秒鐘看透本質的人，和花一輩子都看不清本質的人，注定擁有截然不同的命運。」筆者寫的這些書，經常有一些企業團購，將它們作為企業內部學習及領導者對外溝通交往的禮品用書。為此，本書增加了職業營利系統相關內容。因此，本書的讀者範圍可以拓展到企業全體員工、政府機關及事業部門人士、廣大高校的教師與學

序言　把碎片化知識放到「系統」裡

生等。畢竟，各級成員的學習與成長，才是組織進化與發展的基本保障。周磊老師說，只要把職業營利系統這一章的內容理解透了，用以幫助職場人的成長與實踐，那麼購買與閱讀本書就是非常划算的一件事了。

從「頂層設計」上，本書用三個公式來闡述企業營利系統的第一層次的內容。它們分別是：

◆ 經營體系＝經管團隊 × 商業模式 × 企業策略
◆ 管理體系＝組織能力 × 業務流程 × 營運管理
◆ 槓桿要素＝企業文化＋資源平臺＋技術厚度＋創新變革

在上面公式中，以經營體系、管理體系代替「經營」、「管理」這兩個長期說不清、道不明的概念，並給它們賦予可以指導實踐、具體又詳細的內容，如圖0-1-1所示。將以上三個公式的構成要素逐級向下展開，像商業模式、企業策略等可以展開到第四或第五層次，每一層次都有自己的公式、示意圖及模型。從這個意義上說，本書包含了企業經營管理各模組核心內容的各個方面。

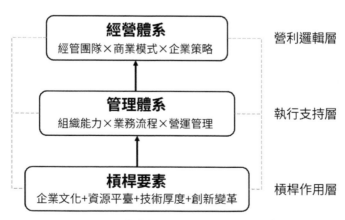

圖 0-1-1　企業營利系統的簡要結構示意圖

諾貝爾物理學獎得主李政道說：「能正確地提出問題，就邁出了創新的第一步。」我們的企業實踐，我們的管理創新，正在面臨哪些問題呢？

例如：拿企業策略來說，稍一總結，便可發現傳統策略理論有「三宗罪」：

① 策略學派眾多，創新發散雜亂，拼湊現象嚴重。由於心有餘而力不足，導致這些理論難以指導企業制定一個正確的策略。

② 超過99％的企業，策略重點在競爭策略，而企業策略教科書80％以上的篇幅都在談總體環境分析、多元化策略與一體化策略、收購兼併策略、國際化策略等少數集團公司才會用到的總體策略。

③ 95％以上公司高管有MBA或EMBA文憑或學習過策略，但95％以上企業缺乏有效的策略規劃。

在本書第4章企業策略部分，重點闡述了新競爭策略理論，以十多個圖示化分析模型、結構化原理場景，針對以上傳統策略理論的「三宗罪」，給出了系統化、實踐化的改進與更新方案。

除此之外，在企業實踐、理論創新中，我們面臨的困境與實際問題還有：

一個優秀的團隊構成是什麼？如何團隊修練？如何對付企業中的官僚主義、「部門牆」？本書第2章給出了比較有效的分析模型、理論指導及解決方案。

商業模式不是營利模式，不是一座理論孤島，不是行銷圈套或投機伎倆，不是像B2B、B2C一樣的繞口令。那麼，商業模式究竟是什麼？本書第3章系統闡述了T型商業模式的相關原理及六大原創模型。並且，我們應該以商業模式為中心建構企業營利系統，優秀公司都應該是商業模式中心型組織。

眾多App裡的文章在談管理，媒體網站在談管理，汗牛充棟的書刊數據在談管理，商學院的教授、學生在談管理……懂管理的人越來越多，但是，能搞管理的人卻增加不多，為什麼？本書第5章給出了一個公式：管理體系＝組織能力×業務流程×營運管理。掌握好這個公式，我們期望

序言　把碎片化知識放到「系統」裡

一些管理實踐者盡快成長為所在公司的管理專家。

為什麼說企業文化就是老闆文化？為什麼說「做大做強」為企業帶來的副作用越來越大？為什麼喜歡搞資源整合的公司最後將「一手好牌打得稀爛」？為什麼說有技術厚度、不斷創新變革的企業才能是一個長壽企業？為闡述、分析與回答這些問題，本書第6章給出了水晶球企業文化模型、營利場模型、技術厚度與企業壽命關聯模型、創新變革評價模型等諸多有實踐價值的內容。

研究系統論、系統動力的專家學者很多，但是適用於企業團隊進行系統思考的相關內容少之又少。本書第7章給出了反熵增思維模型、系統思考模型、湧現模型，闡述了增強與調節回饋、遠離平衡態、巨漲落、非線性增長等相關理論在企業場景中的實踐應用。

為什麼私董會水土不服，淪為投機者「整合資源」及老闆們「交際應酬」之地？本書第8章提出了「私董會3.0方法論」，透過集合企業內外專家的智慧，為企業營利系統成長與發展保駕護航。

…………

一本書應該是優秀內容與美好閱讀體驗的統一。本書還擁有五十八則精品案例、六十個圖示化分析模型或結構化原理、諸多公式及故事典故啟發……它們共同構成有益於大家閱讀理解、實踐應用的美好表現形式。

我們平時讀了那麼多「實用經驗分享」、「深度好文」，對於指導實踐來說，它們只能算是個「0」。我們花費30～60萬元[01]獲得一個MBA或EMBA學歷，勤奮地整合了不少資源，這也只能算是個「0」。只有掌握了企業營利系統，把碎片化或教科書的知識放到系統裡，把公式、模型、原理應用到實踐中，我們才能真正擁有前面的「1」。

從1990年代開始，知名大學開始從國外引進管理學教科書及教學體

01　全書幣別皆為人民幣（只在第一次出現時加注）。

系。作為其主要理論源頭，西方國家的管理學教育主要是「案例教學＋管理知識」的堆砌。並且，西方國家的管理學教育一直延續著二十世紀流傳至今的基本知識與理論框架體系，長期沒有重大創新與突破之處，難免與實踐需求產生嚴重脫離。

有創新精神的中外學者都不願意走「跟班式研究」之路。引用錢學森先生的描述，所謂「跟班式研究」就是「別人說過的才說，別人沒說過的就不敢說」。我們應當反其道而行之！從上文對本書的內容推薦介紹也可見端倪，筆者寫的這本書，屬於「創新型」知識產品，試圖為管理學的繼續創新與發展開闢第二條道路。在自己的工作及研究領域進行創新，我們要敢為天下先！當然，這更是一次拋磚引玉……

據實而言，這本書是關於企業營利系統的1.0版本，必然存在掛一漏萬、疏忽不足之處，懇請大家畫龍點睛、批評指正！

建設企業營利系統需要系統思考。系統思考非常符合網路的共享、共建精神。分享什麼，你將會回饋什麼。只有周邊的人都在修練系統思考，我們才能處在一個系統思考的轉化場及能量場中。大家初步閱讀本書後，如果感覺性價比很高、受益良多，就可以買一些或推薦給公司的各級管理者、朋友們的學習群、企業家同學會等。時刻讓我們處在一個企業營利系統的學習小組中，透過團體學習修練系統思考，這是一個快速成長的祕密。

李慶豐

序言　把碎片化知識放到「系統」裡

第 1 章　企業營利系統：
突破困境及成長發展的「導航儀」

本章導讀

① 經營體系＝經管團隊 × 商業模式 × 企業策略

② 管理體系＝組織能力 × 業務流程 × 營運管理

③ 槓桿要素＝企業文化＋資源平臺＋技術厚度＋創新變革

上述公式中，「×」與「＋」的區別是什麼？本章最後一節有具體解釋。

當今，知識碎片化越來越嚴重。它不僅讓我們只顧著撿芝麻而時常丟掉了西瓜，而且當碎片化知識充滿大腦時，還會引發思維障礙、憂鬱焦慮等一系列不良反應。

本章開始闡述的企業營利系統，以商業模式為中心，以系統思考的綜合方法，將管理、經營、策略、文化、創新等諸多在「還原論」思維下，不斷拆分的各種碎片化理論及知識，進行了系統化、圖示化、模型化、公式化的闡述，可以更方便地用來指導企業實踐。

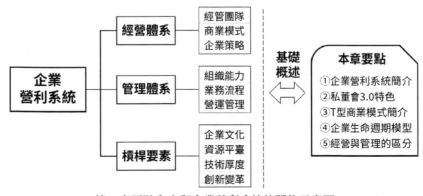

第 1 章要點內容與企業營利系統的關係示意圖

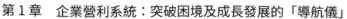

1.1　先有一個營利系統，企業團隊才能進行「五項修練」

🗃 重點提示

※ 牟其中那個時代的企業家有什麼鮮明的經營特色？

※ 企業的團體學習存在哪些問題？

很多人聽說過庇里牛斯山地圖的故事。

在一次軍事行動中，匈牙利的一隊偵察小組遭遇了暴風雪，在阿爾卑斯山的崇山峻嶺中迷路了。連續兩天的飢寒交迫、跋涉勞累，已經消磨了大家生存的信心。撐到第三天早晨時，突然有個士兵從口袋裡摸出了一張地圖。這張地圖讓偵察小組的所有人冷靜下來。他們重新開始判斷自己所處的方位，積極行動起來，途中有驚無險，最終安全返回了營地。到了駐地後，他們才驚訝地發現：這張地圖其實並不是阿爾卑斯山的地圖，而是庇里牛斯山的地圖！

這個故事給我們的啟示是什麼？當我們迷路的時候，其實任何「地圖」都是管用的，前提是大家群策群力，盡快行動起來，積極地去尋找出路。在行動中，我們可以隨時調整行為，不停疊代，從而走上一條創造性實現目標的道路。

企業願景可以看成是企業所追求的終極目標。彼得·聖吉所著書籍《第五項修練》中認為，要實現企業願景，不斷達成階段性策略目標，關鍵在於團隊如何修練。一個企業團隊，大家來自五湖四海，資歷高低懸殊，知識背景不同，需要一起長期磨合與修練，才能真正形成團隊能力。《第五項修練》給出了團隊修練一堆解決方案，包括：①自我超越、②改善心智模式、③建立共同願景、④團體學習、⑤系統思考等五項修練內容，如圖 1-1-1 左圖所示。

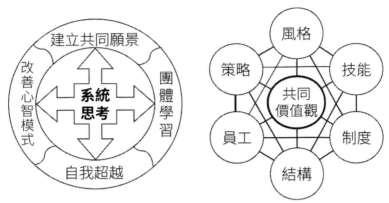

圖 1-1-1　彼得‧聖吉的五項修練（左圖）
與麥肯錫（McKinsey & Company）7S 企業系統模型（右圖）

　　彼得‧聖吉尤其重視「系統思考」，所以將書名叫做《第五項修練》。前面四項修練分別為：自我超越、改善心智模式、建立共同願景、團體學習，這些修練最重要的目的就是讓團隊成員能夠進階到第五項修練——系統思考。但是，想要「系統思考」，須先有一個企業系統，否則巧婦難為無米之炊！遺憾的是，由於企業系統長期缺位，導致上述「五項修練」很難在企業落實，一直沒有發揮出它應有的潛能。

　　麥肯錫管理顧問公司的專家曾經提出一個 7S 企業系統模型，包括結構（Structure）、制度（System）、風格（Style）、員工（Staff）、技能（Skill）、策略（Strategy）、共同價值觀（Shared values），共七個要素。在 7S 企業系統模型中，共同價值觀是核心要素，其他六個要素圍繞在它的周邊，如圖 1-1-1 右圖所示。由於這七個要素的英文單字的首字母都是「S」，所以稱為 7S 企業系統模型。

　　麥肯錫 7S 企業系統模型的產生背景是 1970 年代，日本的汽車、電子電器等物美價廉的產品登陸美國，嚴重打擊了美國同類企業產品的競爭力。麥肯錫的兩位顧問積極為美國企業尋找解決方案，最終提出了 7S 企業系統模型。

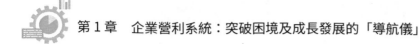

現在來看，7S 企業系統模型適用性不強，已經很少有人使用，原因如下：

① 它來自對當時美國四十三家傑出公司的成功要素分析。時過境遷，且選取的企業樣本有局限，7S 企業系統模型可能以偏概全了。

② 湊齊七個以 S 為首字母的要素不容易，但有點牽強附會了。

③ 麥肯錫顧問應該重點研究當時日本企業成功的原因，因為他們選取的這四十三家美國公司可能後來會被日本企業打敗。

④ 7S 企業系統模型裡面不包括商業模式，因為那時還沒有商業模式這個概念。

既然沒有適用的企業系統模型，而我們又要系統思考，那就得自己動手建立一個。

從源頭理論來說，系統包括三個構成要件：組成要素、連線方式、功能或目標。三者缺一不可，各司其職，使系統穩定執行。由此，企業系統的組成要素有哪些呢？筆者長期從事風險投資工作，我們評價一個企業，都是從經管團隊、商業模式、企業策略三個方面展開的。所謂實踐出真知，經管團隊、商業模式、企業策略三者就是企業系統的基本組成要素。它們三者之間的連線方式是怎樣的？簡要表述一下：經管團隊驅動商業模式，沿著企業策略的規劃路徑進化與發展，持續實現各階段策略目標，最終達成企業願景。

打個比喻，它們三者就像一個「人－車－路」系統：經管團隊好比是司機，商業模式好比是車輛，企業策略好比是規劃好的行駛路線。這個系統的功能或目標是什麼？目標是持續實現各階段策略目標，最終達成企業願景；功能是不斷創造顧客，讓企業可持續營利。從系統功能出發，今後我們將這個系統稱為「企業營利系統」，也稱為「慶豐營利系統」——這裡參照了國際慣例，以筆者的名字命名。

企業營利系統來自工作實踐，也在工作實踐中驗證。後來筆者發現，它與杜拉克的事業理論也有不謀而合之處。杜拉克的事業理論有以下經典三問：我們的事業是什麼？我們的事業將是什麼？我們的事業應該是什麼？

在以上三問中，「我們」主要是指企業的經管團隊；「事業」轉換為現在的說法就是商業模式；「將是什麼」及「應該是什麼」，分別是指策略環境變化趨勢及企業的策略規劃是什麼。

企業營利系統三個基本要素：經管團隊、商業模式、企業策略，重點闡述了企業經營體系的基本邏輯，所以也稱它們為經營體系三要素或經營三要素。為實現這個經營邏輯，還需要管理體系及一些發揮槓桿助力作用的輔助要素，例如：企業文化、資源平臺、技術厚度、創新變革等 ── 可以形象地稱它們為「槓桿要素」。視具體情況而定，對於不同行業、不同階段的企業，需要重點關注的槓桿要素有所不同。

闡述至此，一個完全版的企業營利系統就呈現在我們眼前了，它包括以下三個層面：

● (1) 經營體系三要素：經管團隊、商業模式、企業策略

為了圖示化表達系統的動態性，將其中的企業策略要素拆抽成外部環境、策略路徑、目標和願景三個部分，如圖1-1-2所示。

● (2) 管理體系

簡單理解的話，管理體系可以將經營體系的營利邏輯即時、準確、高效地轉變為現實成果。與經營體系三要素逐一對應，管理體系由組織能力、業務流程、營運管理三個部分組成。由於企業營利系統重點闡述經營體系三要素的相關內容，所以管理體系的三個構成部分並沒有在圖1-1-2中展開顯示。

● (3) 槓桿要素

　　它主要包括企業文化、資源平臺、技術厚度、創新變革等。這些槓桿要素是協助經管團隊驅動商業模式的有力工具或抓手，與管理體系一起，它們都放在經管團隊與商業模式之間，如圖 1-1-2 所示。

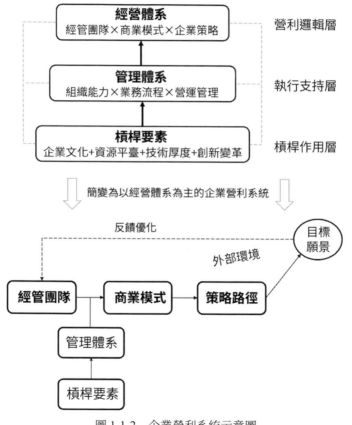

圖 1-1-2　企業營利系統示意圖

　　以上經營體系三要素、管理體系、槓桿要素中，或許出現了一些新名詞或新概念，本書後續的相關章節將有進一步的解釋及闡述。

　　我們建構出以上企業營利系統模型後，另一個附加的好處是，將經營與管理這對「你中有我，我中也有你」的「雙胞胎兄弟」比較清晰地分開了。

過去，由於處在短缺經濟階段，所以經營的機會特別多。從企業營利系統的經營三要素分析，就經管團隊來說，那時的企業家有膽魄是第一位的。例如，牟其中下海經商，透過運作三件大事「飛機易貨、衛星發射、開發滿洲里」，很快成為中國首富。但是，「成也蕭何，敗也蕭何」，那一代企業家大部分很快隕落。就商業模式來說，那時主要是產品模仿或填補需求空白。就策略路徑來說，那時就是不斷擴大產能、多占地盤及盲目多元化。

現在是豐裕經濟時代，企業要可持續發展，必須建構自己的營利系統。就拿企業轉型及「二代接班」來說，如果新一代企業領導者，既不懂經營也不懂管理，那麼在競爭如此激烈的外部環境下，他們就只能成為「敗家子」了。如果新的領導者擅長捕捉經營機會，而不太懂管理，那麼企業偶爾可以投機獲利，但是無法持續營利，也無法形成核心競爭力。如果新的領導者比較擅長管理，而不懂經營，那麼企業就只能賺些代工或傳統產業延續的「辛苦」錢，一直在做不大的「低階」徘徊。如圖1-1-2所示，如果新一代企業領導者，既懂經營體系建構，又擅長管理體系建設，並且對企業文化、資源平臺、創新變革等槓桿要素有所掌握，那麼就能建立起一個企業營利系統，培育核心競爭力，推動事業平臺可持續營利與發展。

從1990年代開始，許多知名大學開始從國外引進管理類教科書及教學體系，從此商科教育逐漸大行其道。國外的MBA教育大抵也是如此，主要為「案例教學＋管理知識」的堆砌。並且，MBA等管理學教育一直延續著二十世紀遺流至今的基本知識與理論框架體系，長期沒有重大創新與突破之處，難免與實踐需求產生嚴重脫離。所以，明茨伯格（Henry Mintzberg）身為知名管理學教授，對MBA等管理學教育頗有微詞。他曾說：「坐在教室裡學不到領導一個企業的方法」，還誇張地建議受過MBA教育的人

都應在自己的前額刻上一行字：「本人不能勝任管理工作」。阿里巴巴創始人馬雲說：「我看到很多人去學MBA，但回來時都變蠢了。學校教的是知識，而創業需要智慧。」

　　明茨伯格歷來有些「獨樹一幟」，但馬雲身為英語專業出身的著名企業家、慈善家，他的上述評論可以督促商學院不斷自我改進與優化。MBA教育的引進、推廣與創新，與經濟高速發展結合起來，對於提升企業經營與管理水準功不可沒。一些知名商學院，正在不斷改良MBA教育，例如：引進企業導師，創新教學內容，到知名企業遊學，搞角色扮演、創業大賽、模擬企業劇場等。現在企業領導者普遍接受過MBA或EMBA教育，但是，課堂上的知識理論如何指導企業經營與管理實踐？大部分人顯現了一臉茫然。曾有一位企業高管問筆者，平時看看短影音、轉發一下網路文章、參加知識平臺、讀個總裁班、定期同學或校友聚會、參加各種演講等，算不算團體學習？勉強算吧。但是，如果這樣的「團體學習」過分了，那就是「不管自己的良田，專幫別人種禾苗」。

　　當理論界、企業界等社會各界都在兼收博採、萬眾創新的時候，筆者提出了企業營利系統。它來自工作實踐，同時也在工作實踐中驗證。可以說這是拋磚引玉，也可以說這是一得之見。本書第1章至第7章將具體闡述經營體系（經管團隊、商業模式、企業策略）、管理體系（組織能力、業務流程、營運管理）、槓桿要素（企業文化、資源平臺、技術厚度、創新變革）、系統協同（因果鏈、增強與調節迴路、耗散結構、負熵、非線性成長、創新湧現）等企業營利系統的具體內容。

　　面對企業困境及成長發展難題，董事會與策略會似乎無能為力了，所以又一個舶來品「私董會」，悄然流行起來。說句實在話，讓企業營利系統融入企業實踐中，也非常需要私董會的協助。下一節就談這方面的內容。

1.2　私董會3.0：
打造成一個「優秀產品」交付過程

🗐 重點提示

※ 私董會3.0主要解決企業哪些方面的問題？

※ 企業營利系統對於建立學習型組織有什麼現實意義？

　　「私董會」是私人董事會的簡稱。它是一種新興的企業經管團隊學習交流與問題研討模式，透過匯集多樣化的企業家、經管團隊成員、專家顧問等群體智慧，解決企業經營管理中比較高階、複雜而又現實的難題。世界知名調查機構美國鄧白氏公司的調查顯示：這種服務模式可以有效提升企業的競爭力，擁有私董會的企業平均成長速度是其他企業的2.5倍。據不完全統計，歐美發達國家有五十多萬位總裁都擁有自己的私董會。

　　大致在2013年，私董會開始被普遍企業界所接受。近幾年來，形形色色的私董會，藉助於媒體的宣傳，企業家圈子的助推，就像三分鐘熱度，流行了一陣子。這僅僅讓私董會看起來氣派、有內涵，如果缺乏內容核心，就類似於那個買櫝還珠的故事：春秋時代，楚國一位商人希望將一顆精美的珍珠賣個好價錢。他特地用名貴的木料製作珠寶盒，在盒子的外面精雕細刻了華美的圖案，並用上等香料把盒子燻得香氣撲鼻。一個鄭國人聞香識寶物，看見這個裝寶珠的盒子既精緻又美觀，遂愛不釋手，問明價錢後，就買了下來。令人驚訝的是，他開啟珠寶盒，把裡面的珍珠拿出來，退還給了珠寶商……

　　用這個成語故事來反思：時至今日，私董會急待更新一下。我們倡導批判性思維，關鍵在於能夠給出建設性改進方案。

　　最流行也是比較容易組織的私董會，我們稱之為私董會1.0。它就是將若干創業者、企業家聚合在一起進行「腦力激盪」。一個典型的私董會

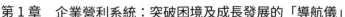

1.0 場景是這樣的：

在吾大董（化名）私董會工作坊的組織下，十幾位民營企業家從各地趕來，匯聚在一個度假村裡。他們分處不同的行業，企業年銷售額從幾千萬到幾億不等。這些老闆可不是來度假的，他們應邀來參加 A 企業的私董會活動。

A 企業的張老闆近期遇到一件棘手的事。話說三年前，張老闆參加了一次關於股權激勵的企業頂層設計培訓。B 培訓專家說：「你們這些老闆整天勞心勞力，起得比雞早，睡得比狗晚，做得比牛多！為什麼事業一直做不大？你們看馬雲，只有不到 8% 的阿里巴巴股權，企業一上市他就成了中國首富，財散人聚，財聚人散，懂不懂？」

張老闆有點開竅了，又付了一筆諮詢費，在 B 培訓專家主導下對自己的企業進行了一番「頂層設計」。其中最重要的一項是股權激勵設計：張老闆將自己的股權拿出 60% 分給三個高管，不多不少，正好每人 20%。張老闆是一個想得開的人，發下去 60% 後，自己還有 40% 股權，比馬雲在阿里巴巴的股權還多。再說了，只要能把「餅」做大，企業一上市，自己身價就是幾十億，並且沒有現在這麼累。

股權分下去後，開始階段這三位高管工作很賣力，也比較負責任，讓張老闆看到了希望。後來就越來越不對勁了，實施股權激勵三年了，張老闆的憂慮與日俱增。獲得股權的這三位高管，他們分別負責銷售、製造與研發，都是企業的「棟梁」。現在，他們對張老闆不怎麼尊敬了，從「打工的」變成了平起平坐的兄弟後，竟然有一次把張老闆擴大經營、異地建廠的提議直接否決了。張老闆隱約感到，這三位高管都在積極扶持自己的「班底」，企業「部門牆」問題很嚴重，決策和營運效率越來越低了……

聽完張老闆對自己困境的敘述，吾大董工作坊的 C 教練開始引導大家發言。來參加私董會的人都是老闆，有幾個老闆生意還比較大。一開始大

家說話還比較客氣，後來就演變成了一場對張老闆的「批鬥會」，言辭越來越激烈，集中的觀點是「張老闆太不應該輕易讓出這麼多股權」。張老闆還是有承受能力的，今天這麼多朋友、前輩坦誠直言，委屈的淚水只能往肚裡咽。

　　C教練有很強的控場能力。感覺諸位老闆的情緒發洩得差不多了，他就即時喊停，讓大家茶歇半小時。私董會的下半場就是「神仙會」—— C教練讓大家積極給出建議，如何化解張老闆面臨的困境。話題一展開，諸位老闆的建議五花八門，有些也真讓人腦洞大開！有人建議張老闆去學習「帝王馭人之術」，搞一個「杯酒釋兵權」；有人建議張老闆參加他曾參加過的一個領導力培訓；有人建議再引進幾個合夥人，把股權進一步稀釋，類似於阿里巴巴的「十八羅漢」結構；還有人建議用點權謀，讓這三位高管主動就範，交出股權……

　　順便說一句，這位私董會C教練就是原來建議張老闆搞頂層設計、股權激勵的B培訓專家。解鈴還須繫鈴人，他眼見私董會熱門起來，就將原來的培訓機構改頭換面，成立了這個吾大董私董會工作坊。

　　根據以上實際案例，我們看到私董會1.0的優點是比較容易組織起來。除了私董會工作坊擁有的企業家資源之外，哪位老闆還沒有幾個朋友？實在不行就參加EMBA或領導力培訓班，混幾個「圈子」後，有吃有喝地邀請幾個人參加自己的私董會還是比較容易的。私董會1.0的缺點也明顯，它就是一場「腦力激盪」，參會的老闆們給出的建議五花八門，有的建議能取得立竿見影的效果，而有的建議可能讓企業誤入歧途。

　　將私董會1.0正式更新一下，就是私董會2.0，可以認為它是「私董會1.0＋專業諮詢」的組合。私董會2.0的主要特色如下：首先，它有一個強大而專業的組織機構，構成人員包括總裁教練、領導力教練、企業家教練、祕書人員、研發中心顧問人員等。其次，透過事先精心挑選，企業家

教練都是相關領域小有成就的企業經營者，且有一定水準的教練技能；最後，經過私董會2.0後，通常會延伸到一項或幾項針對企業問題的專業管理諮詢服務。

私董會3.0是筆者在風險投資及投後管理的工作實踐中總結出來的一種私董會形式，已經協助諸多被投資企業扭虧為盈，突破經營困境，培育出核心競爭力，找到一條可持續營利發展之路。它應該可說是世界首創，領先國際。私董會3.0並不是私董會2.0的更新版，而是一種區分方式。由於分別滿足不同層面企業解決問題的需求，應該說私董會1.0、私董會2.0及私董會3.0將會長期並存，各自都需要不斷改良與進化。

私董會3.0的前提假設、組織準備有哪些與眾不同之處？筆者認為：

(1)私董會通常討論比較高階、複雜、不確定性而又現實的經營困境難題。沒有調查研究，就沒有發言權！如果參會者對企業情況不了解，又沒有參與預先的會前溝通與準備，那麼召開這樣的私董會，就可能變成形式主義的會議。

(2)私董會3.0的核心宗旨是「答案在現場，現場有神靈；三個臭皮匠，勝過諸葛亮；自己最懂自己，解決重大問題必須依靠團隊、依靠自己」。所以它的參會人員主要由本企業的經管團隊成員構成，包括企業領導人、若干外部董事和相關企業高管等，視具體問題有時也會邀請相關領域的專家、顧問參與討論。

(3)把私董會3.0看成一個「優秀產品」交付的過程。為系統性地說明這一點，本書第8章將會具體闡述以下內容：私董會之前應該有至少一個月的準備時間，重點要做「訪談與預備會」、「掌握所用工具」、「三七問題歸集整理」、「分析匯總報告」四項準備。私董會之中要進行「5W2H」(七何分析法)會議設計。私董會主持人更像一個導演，具有優秀的業務流程、系統思維能力，重點工作是推動「描述問題→結構化分析→方案

選擇」這三大「因果鏈」步驟。私董會之後還要抓好「可選擇權」、「專案制」、「對接三會」、「變革系統」等四項工作，促進與保障所優選方案的落實執行及成果形成。

從實踐來看，規範治理的企業每年至少需要一次策略會及董事會，大致兩至三年或更長時間才需要一次私董會，所以私董會更加重要，但是舉辦頻次是比較低的。就像會考、學測、考研等重大考試，人的一生經歷不了幾次，但是考試前有志者要做足夠充分的準備。同樣，私董會對於企業的重要性堪比人生的會考、學測、考研，並不是搞一次隔靴搔癢式的「腦力激盪」就能應付過去的，也不可能依賴外部朋友圈的老闆、企業家或管理諮詢人員代替自己對重大問題進行高瞻遠矚的思考和決策部署。

筆者發現很多企業，招待一個意向客戶是非常認真準備的，組織一個公司年會也是認真準備及彩排的，但是它們追趕流行搞私董會，卻一點也不願意付出努力和認真準備。有專家說，一些企業開會或培訓，就像「鴨子到水裡游了一圈，上岸後撲騰撲騰翅膀，什麼都沒有留下」。就像前文描述，私董會3.0的前提假設、召集組織都有些與眾不同，它應該像「蘋果公司推出新款手機」那樣，打造成為一個優秀產品交付的過程。本書第8章專門對私董會會前、私董會會中、私董會會後「這樣一個優秀產品交付過程」進行可操作性的講解和闡述。

結合前文那個買櫝還珠的故事，即便筆者提出有些氣派厲害的私董會3.0，也依舊是一種會議研討形式。形式為實質服務，不能過分注重形式而忽略了實質。對於私董會3.0，它研討的實質內容是企業營利系統，重點在商業模式創新與變革層面，並與外部環境突變、競爭對手激烈對抗、第二曲線轉型、行業正規化轉移、重大技術突破、嚴重經營失誤等重大事項或緊要問題密切相關。商業模式是企業營利系統的一個重要構成要素。牽一髮而動全身，商業模式的創新與變革必然會引起經管團隊、企業策

略、管理體系、企業文化、資源平臺等其他系統要素隨之而來的匹配優化和變革。

當下流行這樣兩句話：過去靠運氣賺的錢，現在憑實力都賠完了；今天流的辛酸淚，都是過去進腦子裡的水。浮躁加上投機是有代價的。如果外面表現光鮮的企業家實際的經營管理立於累卵之上，怎能有一個穩定且可持續發展的事業？電影《教父》中有這樣一句臺詞：「花半秒鐘看透本質的人，和花一輩子都看不清本質的人，注定擁有截然不同的命運。」

第 8 章最後一節的標題是「學習型組織：永不落幕的私董會」。業界專家提出已經有「建立學習型組織」三十年了。由於缺乏系統性的對象客體，大家不得不面對汗牛充棟、浩瀚無垠的碎片化知識學習，所以該理念至今還是一句口號，無法落到實處。本書重點闡述的企業營利系統，讓「建立學習型組織」的經管團隊成員有了系統思考、學習與實踐的對象客體。萬事俱備，東風已至。從此，「學習型組織」將在企業落地生根，成為永不落幕的私董會！

1.3 商業模式中心型組織：以客戶為中心，以奮鬥者為本

🗒 重點提示

※ T 型商業模式的三種圖示化形式各有什麼實際意義？

※「商業模式第一問」對你的公司有什麼啟發價值？

私董會 1.0 及私董會 2.0 的主要議題，要麼是領導力，要麼是企業策略。而私董會 3.0 有所不同，它重點關注企業營利系統，絕大部分議題集中在商業模式創新與變革。

1.3.1 T型商業模式有何與眾不同之處？

商業模式是營利系統的中心，我們的企業都可以叫做商業模式中心型組織。

為說明這一點，我們需要回溯一下商業發展的歷史。不可否認，以物易物是一種商業模式。之前網路投資熱潮時，曾有不少投資機構在這方面下注。以物易物這類商業模式，在七千年前中國古代仰韶文化時期就有了。年代近一些的，像三千多年前古希臘的《荷馬史詩》，曾記載當時的以物易物：一名女奴換四頭公牛，一個銅製的三腳架換十二頭公牛。實質重於形式，原始社會時商業模式就存在，有商品交易就有商業模式。二十世紀後半葉才出現的公司策略及團隊修練理論，都應該圍繞商業模式重新建構理論體系。只有補上這一課，這些學科才能重新煥發出生命力。

風險投資人看一個創業專案，首先判斷商業模式能否成立及未來的進化路徑。當然，也有「投資就是投人」的說法，但其前提假設是：可靠的人，也會建構一個可行的商業模式。即使創業路上有些閃失，可靠的人也能逐漸找到正確的商業模式。

或許由於約定俗成的原因，談及商業模式，就出現了很多種不同的說法。

一種說法是B2B、B2C之類，還有成語接龍式的延長或變異，像B2B2C、C2M2B等。這種說法可以看成是商業模式的「行話」，主要為了交流和表達方便。否則，商業模式哪有這麼簡單？幾個字母簡單組合一下，全世界就有這麼幾種商業模式，完全沒有研究的必要了。

另一種說法是將商業模式與營利模式（或盈利模式）混同起來。這種說法可以看成是對過去成功商業模式案例中的營利方法進行的概括與總結。例如：從遠古社會單一的以物易物，到1990年代總結出的二十二種營利模式——包括配電盤模式、鉤餌模式、金字塔模式等，再後來增加到五十五

種營利模式。現在至少有上百種，未來可以有成千上萬種營利模式。

科技在發展，世界在變化，但是商業的本質不變。所以，那些層出不窮、不斷變幻的營利模式並不是商業模式，它們頂多是商業模式的一個構成要素。變化的現象建立在不變的本質基礎上。根據系統構成原理，真正的商業模式理論一定有一些不變的要素、有一個固定結構、有一些必不可少的連線關係。

在前人研究的基礎上，筆者首次提出了 T 型商業模式理論，在已經出版的書籍中有詳細的闡述。T 型商業模式共有十三個要素，整理成三個部分，分別是創造模式、行銷模式、資本模式，如圖 1-3-1 所示。這三部分連線在一起，形狀像是一個「T」，所以叫做 T 型商業模式。

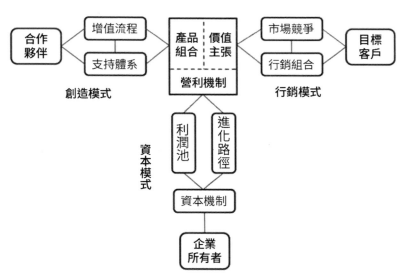

圖 1-3-1　T 型商業模式全要素圖
圖表來源：《T 型商業模式》

至於 T 型商業模式的基本原理，就像《T 型商業模式》書籍宣傳影片所說明的：依靠創造模式，把產品定位與錘鍊，進而打造一個好產品。學會行銷模式，再也不盲目促銷了，而是聚焦產品差異化，透過優選的行銷組

合克服競爭，為企業帶來持續營利！掌控資本模式，為發展進化賦能，培育企業核心競爭力。三者聯動起來，發揮飛輪效應，讓你的企業盡快成長為一匹「獨角獸」。

　　一看到圖 1-3-1，我們會感到它的構成要素較多，組成有點複雜。就像庖丁解牛，我們首先要找到一個入手點。對於 T 型商業模式這個構成圖來說，入手點是中間的大方框 —— 產品組合、價值主張、營利機制三者皆在其中。產品組合、價值主張、營利機制是「三位一體」的一個整體。其中，產品組合是這個整體的實體形式 —— 表示商業模式中的主要產品構成，例如：吉列公司的「刀架＋刀片」；價值主張是這個整體的虛體形式 —— 指產品組合給目標客戶帶來的價值及實用意義，例如：對於目標客戶來說，吉列「刀架＋刀片」這個產品組合帶來了順滑、舒適及有點性感的剃鬚體驗，意味著不再像傳統的整體剃鬚刀那樣刮破皮膚、定期磨刀等；營利機制也是這個整體的另一種虛體形式 —— 指產品組合如何給企業帶來盈利或回報，例如：刀架賣得便宜甚至可以贈送，主要扮演刀片「銷售員」的角色，但是刀片的科技含量很高，屬於易耗品，需要經常更換，符合高科技／高毛利潤、規模經濟及可延伸範圍經濟營利機制。

　　從圖 1-3-1 中間大方框的「產品組合」往左看，即「T」的左端，包括增值流程、支持體系、合作夥伴。這四個要素共同構成創造模式，用公式表達為：產品組合＝增值流程＋支持體系＋合作夥伴；用文字表述為：增值流程、支持體系、合作夥伴三者互補，共同創造出目標客戶所需要的產品組合。

　　從圖 1-3-1 中間大方框的「價值主張」往右看，即「T」的右端，包括市場競爭、行銷組合、目標客戶。這四個要素共同構成行銷模式，用公式表達為：目標客戶＝價值主張＋行銷組合-市場競爭；用文字表述為：根據產品組合中含有的價值主張，透過行銷組合克服市場競爭，最終不斷將產

品組合銷售給目標客戶。

　　從圖 1-3-1 中間大方框的「營利機制」往下看，即「T」的豎端，包括利潤池、進化路徑、資本機制、企業所有者。這五個要素共同構成資本模式，用公式表達為：利潤池＝營利機制＋進化路徑＋資本機制＋企業所有者；用文字表述為：利潤池需要營利機制、進化路徑、資本機制、企業所有者等要素協同貢獻。

　　總體來看圖 1-3-1，是這樣一個公式：T 型商業模式＝創造模式＋行銷模式＋資本模式。

　　當然，上述的公式及本書後續的很多公式，都是為了表達方便——應用公式思維讓大家一目瞭然。它們至多表示系統或子系統的構成元素之間的邏輯關係，因此，與數學中的計算公式有所不同。

　　以上四個公式中出現了一些新的名詞概念及原理邏輯，詳細的內容可以參考本書第 3 章，有進一步的解釋與說明。

　　從圖 1-3-1 中，相關專家或學者也能看出如下門道：像「T 型商業模式≈產品思維＋資本模式」或「T 型商業模式≈企業價值鏈＋利益相關方＋資本模式」等（由此可以推匯出：產品思維≈創造模式＋行銷模式≈企業價值鏈＋利益相關方）。當然，這裡的資本是指廣義的資本，即企業可用的各種資源或能力，包括智力資本、貨幣資本、物質資本等。

　　上面談及的企業價值鏈，就是指波特價值鏈，通常包括研發→採購→製造→物流→銷售→售後及人事、財務、技術、行政等基本或輔助作業活動。由於與時俱進的原因，在 T 型商業模式中，用「增值流程」近似指代波特價值鏈。

　　利益相關方是指與企業發生交易的目標客戶、合作夥伴（主要指供應商）、市場競爭者、企業所有者（更多是股權類交易）等商業參與主體。除了市場競爭者外，利益相關方都處在圖 1-3-1 的「T 型」三端。

1.3.2 管理學的「四化」問題及出路在何方？

1990年代就基本走向成熟的管理學體系，從西方引進到中國後也是如此，至今呈現出以下「四化」狀態：

● (1) 更加「灌木叢」化

策略、管理、製造、研發、採購、物流、銷售、人事、財務、資訊科技等各學科的學者，都在說自己的學科最重要，各學科理論之間缺乏有機連繫。管理人員學以致用後，很可能導致企業中各部門以自己為中心，形成「部門牆」和官僚主義。

● (2) 過度理論化

由於一條「賽道」上研究的人太多，還有閉門造車之嫌，所以各種管理類教科書越來越內容龐雜，趨於知識整合或理論堆砌。例如：僅市場行銷學理論書籍就有成千上萬種，像科特勒 (Philip Kotler) 的《行銷管理 (第11版)》屬於行銷學經典教材，一本書就厚達八百頁、一百〇四多萬字。諸多理論教材、研究論文等距離企業實踐太遠，冗長枯燥，所以企業界人士主要看管理類暢銷書或人物傳記。

● (3) 加速碎片化

為了發論文、職業升遷、商業目的等，一些人對管理學犄角旮旯的研究太多、毛細末梢的研究太多、可有可無的研究太多。

● (4) 研究跟班化

所謂「跟班式研究」就是「別人說過的才說，別人沒說過的就不敢說」，主要表現在對經典或熱點理論做無關緊要的修補、吹毛求疵的評價，或進行改頭換面、添油加醋式的所謂學術加工，然後一些學者就將其

作為自己的重要研究成果。長期的跟班式研究，讓一代又一代學者形成了路徑依賴，同時失去了創新的動力，甚至會阻礙有實踐價值的創新。

　　鑑於上述「四化」問題，管理學主流發展道路已經過分擁堵、不堪重負，而貨真價實的創新與研究進展緩慢。自1990年代以來，科技創新日新月異，正在進入工業4.0時代，而管理學的發展依然處在「農耕」階段 —— 幾十年來未有較大創新與改變，例如企業策略方面，依舊是五力競爭模型、SWOT分析、BCG矩陣等幾架二十世紀的「馬車」，帶領成千上萬的學者、師生及策略工作者匍匐前行。

　　所謂批判式思維，不僅要指出問題所在，更要給出解決方案。從實踐需求出發，我們是否可以為管理學的繼續發展開闢第二條道路呢？每個管理學愛好者、研究者、實踐者，都可以想一想、試一試。從工作實踐出發，筆者提出了T型商業模式、企業營利系統、新競爭策略等理論創新，可以說這是班門弄斧，更應該是拋磚引玉……筆者的這些理論創新，並未優先在國外期發布表論文，促成一些學者之間的相互引用，而是堅持先在國內出版通俗易懂的書籍，經過一線企業家或創業者的實踐檢驗，在應用過程中接受批判，並即時進行更新疊代。從這方面講，筆者出版的這些書籍可以說是管理學「創新型」知識產品。

　　後續各章將會具體闡述，T型商業模式是企業營利系統的中心，我們的企業都可以看成是商業模式中心型組織。新競爭策略以T型商業模式為「基座」，兩者協同起來，在企業經營場景中落實，指導企業日常營運管理，以促進企業跨越生命週期，實現可持續營利。這是新競爭策略與傳統競爭策略（例如，波特的競爭策略）的主要不同之處。

1.3.3 T型商業模式第一問是什麼？

T型商業模式的要素結構通常用三種圖示化方式表達。除了圖 1-3-1 所示的全要素圖，T型商業模式的概要圖及定點陣圖也比較常用，如圖 1-3-2 所示。

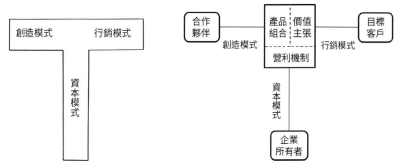

圖 1-3-2　T 型商業模式的概要圖（左）與定點陣圖（右）
圖表來源：《商業模式與策略共舞》

忽略具體構成要素，將創造模式、行銷模式、資本模式構成一個T型圖，就是T型商業模式的概要圖，如圖 1-3-2 左圖所示。概要圖主要用來表達商業模式的整體特徵、動態進化等。

對全要素圖進行精簡，去掉中間要素，只保留與產品相關的三個核心要素（產品組合、價值主張及營利機制）、與交易主體相關的三個周邊要素（合作夥伴、目標客戶及企業所有者），由此得到T型商業模式的定點陣圖，如圖 1-3-2 右圖所示。在企業營利系統中，經常用到T型商業模式的概要圖及定點陣圖，本書第3章將透過多個案例對此進一步闡述與說明。

系統中包含著子系統，商業模式就是企業營利系統的一個子系統。從系統的觀點看，商業模式的核心議題是什麼？華為創始人任正非說：「以客戶為中心，以奮鬥者為本！」沒錯，目標客戶是商業模式的核心議題。奮鬥者是商業模式的建設者、優化者和推動者，只有「以奮鬥者為本」，才能保證持續「以客戶為中心」。

談起商業模式時，排在第一優先順序的核心問題是：企業的目標客戶在哪裡，如何滿足目標客戶的需求？這個核心問題又稱為「商業模式第一問」。當開啟一個創業專案時，當開發一個新產品時，當開闢「第二曲線」業務時，當企業因盲目多元化而失去方向時，通常「商業模式第一問」可以幫助我們「撥開雲霧，以見天日」！因此，「商業模式第一問」真正是企業營利系統的指南針。如何解答「商業模式第一問」？就要用到T型商業模式定位理論，本書後面的章節有簡要闡述。為了加深對「商業模式第一問」的認識，列舉以下三個案例：

　　當阿里巴巴、京東已經是電商行業的「巨無霸」時，2015年才開始孵化的拼多多，只用不到三年就在美國那斯達克上市了。騰訊有錢、有人、有品牌、有流量，曾經投入幾十億搞電商，最終收獲的是慘痛的失敗和教訓，無奈只能策略投資拼多多，從而間接地參與電商業務。從「商業模式第一問」出發，拼多多的目標客戶在哪裡？主要是三線及以下城市或鄉鎮原來逛集貿市場那些人，猜想有五億人口。更關鍵的是，拼多多如何滿足目標客戶的需求？簡要的回答：透過「社交遊戲式拼購」。社交意味著朋友圈的信任；遊戲意味著有購物樂趣、欲罷不能；拼購意味著便宜又方便。類比一下的話，拼多多的商業模式是「微信朋友圈＋迪士尼＋Costco」的結合體。

　　與蘋果、三星、華為、OPPO等比較起來，傳音手機屬於「矮矬窮」。它如何能在國際大廠、新勢力瓜分並壟斷的手機市場上找到自己的「應許之地」？轉動一下地球儀，傳音手機的創始人竺兆江就把目標客戶鎖定在了熱情奔放的非洲人民。在非洲賣手機的國際企業也不少，傳音手機有什麼獨門絕技，來俘獲這些黑皮膚美女和帥哥們猶豫不決的心？例如：傳音手機研發出了適用黑膚色使用者的美肌模式 —— 可以讓黑膚色女性瞬間變成擁有巧克力膚色的沙灘美女，還開發出諸如四卡四待、火箭充電、勁舞喇叭、高亮手電筒等諸多非常適合非洲應用場景的「神功能」。這些特色功能都戳到了非洲

消費者的痛點和癢點，所以傳音手機能夠長期在非洲市場一家獨大。

大家都知道，製作一杯咖啡簡單，但是咖啡生意難做好。瑞幸咖啡補貼了10億元，以「火箭速度」開店，一直被質疑，高管團隊時刻如履薄冰。星巴克開咖啡館，不打價格戰，它的商業模式有什麼獨到之處？目標客戶以「小資上班族」為主。這個群體喜歡待在咖啡館，高消費且頻繁，比較在意環境與格調。星巴克長期一貫地致力於打造「第三空間」，以滿足目標客戶的核心需求。

1.4 系統賦能：
從零創業，「小蝌蚪」如何成為「巨無霸」？

重點提示

※「學我者生，似我者死」對於建設企業營利系統有什麼啟發？

※ 如何以「看得見的手」掌握「看不見的手」？

有這樣一個窮小子逆襲的故事：松田出生在貧戶人家，但是聰明、勤奮又肯幹，大學畢業後被應徵到一家集團企業打工。五年後，依靠自己踏踏實實的努力，松田從基層升職到了企業中層職位，並逐步得到集團大老闆的肯定和賞識。後來，大老闆有意安排松田與自己的女兒在一起工作，以促進相互之間的信任和了解。再後來，松田與大老闆的女兒結婚了，緊接著又生了兩個孩子，松田也逐步升職為集團常務副總裁。爾後又過了五年，大老闆退休了，松田便成了集團的「一把手」。

這樣的故事在日本不算少。在日本的家族企業，如果創始人認為自己的兒子沒有能力接管企業，或者兒子不願意接管，那麼他會在公司年輕人中物色一個能力最強的小夥子，先把一個女兒嫁給他，婚滿一年後，再透過儀式把女婿正式收養為自己的兒子，讓其改姓，成為創始人的「養

子」。再後，就由這個「女婿養子」成為家族的掌門人，並正式掌管企業。例如：松下正治是創始人松下幸之助的「女婿養子」，後來成為松下公司第二任董事長。豐田利三郎原名叫「小山利三郎」，是豐田創始人豐田佐吉的「女婿養子」，後來也成了豐田的掌門人。三井集團的歷代掌門人中，也有多位是三井家族的「女婿養子」。在日本，「女婿養子」模式已經成了擇優錄取選拔繼承人的文化風俗，保障三井集團、豐田汽車及松下集團等一批日本企業長盛不衰，並長期成為日本經濟的支柱。

　　日本是發達國家，而中國還是發展中國家。像馬雲、任正非、劉強東、王健林等都是白手起家，近似於「窮小子」打天下，分別讓阿里巴巴、華為、京東、萬達，從起初的「小蝌蚪」進化成了當今的「巨無霸」。阿基米德（Archimedes）說：「給我一個支點，我可以舉起整顆地球。」這句話不算吹牛，但只是一個理論推算。曾聽不少創業者說，只要融資到位，就能再造一個阿里巴巴或華為。易到用車比滴滴出行創立時間還早四年，在創業階段就獲得近2億美元的融資。後來樂視集團又注資7億美元給易到用車，獲得70%股權。最終結果是，易到用車欠了平臺司機和用車顧客很多錢，債務纏身，很難繼續經營下去了。

　　無論是白手起家創業者，還是「女婿養子」，他們能夠取得成功，一定是打造了一個企業營利系統或逐漸掌控了企業營利系統。當然，這裡的營利不僅是指盈利賺錢那麼單一，還包括累積智力資本、培育核心競爭力等多樣化營利內容。

　　華為、阿里巴巴的成功，我們「學習＋模仿」不就行了？市面上關於華為如何取得成功、任正非談經營管理的書籍尤其多。大概每個企業都在學華為，幾乎每個創業者或企業家都知曉一些「華為方法論」。但是，至今只有一個華為，沒見到多少依靠模仿華為而自身成功了。甚至，如果片面地學一些任正非講話或簡單模仿一下「狼性文化」、「以奮鬥者為本」、

「灰度理論」等，很可能就會應驗知名畫家齊白石說的那句話：「學我者生，似我者死。」

　　筆者認識的一位企業家顧問是個「華為迷」，任正非的狂熱粉絲。只要市面上有華為的出版品，他都會購買並收藏；任正非所有的言論、訪談及從各種渠道獲得的華為研究數據等，他都會即時整理成文案並裝訂成冊。他是為數不多的痴迷地學習華為、研究華為的人。恰好筆者其他本著作中有用大約七千字概括闡述了華為的企業營利系統。他看到這些內容後，認為很有啟發，一下子把關於華為的各種碎片化數據串聯起來了，形成了一個有要素、有層次、有連線關係的營利系統。本書專門談企業營利系統，不妨將筆者其他本著作中的關於華為企業營利系統的一張圖表複製過來，如圖1-4-1所示。所謂一圖勝千言，對照圖表再去閱讀相關內容，領悟企業營利系統。

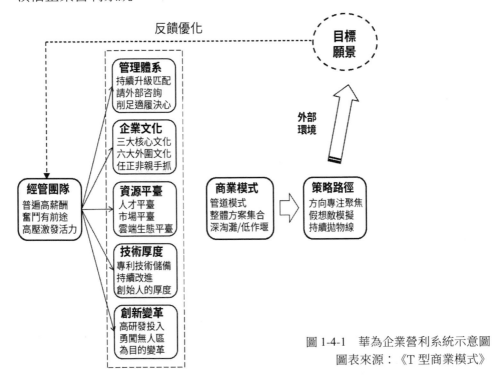

圖 1-4-1　華為企業營利系統示意圖
圖表來源：《T 型商業模式》

系統思考有空間維度和時間維度之說。企業營利系統屬於在空間維度上關於企業經營管理等相關內容的一個系統思考框架結構。在時間維度上的系統思考，便是沿著時間軸線闡述企業營利系統，從簡單到複雜，從「小蝌蚪」到「巨無霸」，探討企業的進化與發展規律。例如：當企業剛創立時，產品是否定位準確，企業能否存活下來是首要問題，即商業模式可行性驗證是重點，能融到資（資源平臺）也很重要，通常不會等同考慮企業營利系統的所有要素。而到了擴張期，除了對商業模式進行複製、擴充套件、延伸外，更要重視經管團隊、策略路徑、管理體系、企業文化、資源平臺等多要素的協同與聯動。

　　借鑑企業生命週期理論，有利於我們在時間維度上對企業的各個發展階段進行系統思考。在美國學者愛迪思（Ichak Adizes）所提出的企業生命週期理論基礎上，筆者將企業的生命週期劃分為創立期、成長期、擴張期、轉型期四個階段。現代企業都是商業模式中心型組織。針對不同的發展階段，商業模式發揮的作用有顯著不同。例如：在創立期，商業模式的重點是產品定位；在成長期，商業模式的重點是以飛輪效應促進客戶增長；在擴張期，商業模式的重點是培育核心競爭力；在轉型期，商業模式的重點是成功地躍遷到「第二曲線」。覆蓋企業生命週期四個階段，書中給出了關於如何發揮商業模式營利作用的六大原創模型，如圖1-4-2所示。這些模型既可以作為企業制定策略的基本依據，也有利於對企業營利系統其他要素進行系統思考和駕馭。結合具體案例，本書第3、4章將闡述這六大原創模型的相關原理和功能作用。

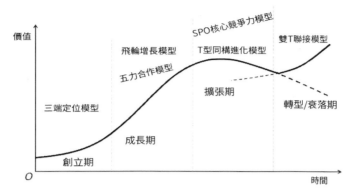

圖 1-4-2　基於企業生命週期的 T 型商業模式六大原創模型示意圖

　　在企業營利系統中，商業模式是策略的「基座」，策略是攜商業模式而「戰」！企業應該根據生命週期各個階段的商業模式相關模型及特點而制定策略。商業模式不是一些可以簡單模仿的方法，也不是那些層出不窮的營利模式，更不能「橫空出世」孤立地研究商業模式。商業模式比策略的歷史更悠久一些，只是一直以來，商業模式被半遮半掩包含在策略理論之中了。將商業模式從策略中分離後，策略理論也就不再混沌無疆、無所不包了。商業模式與策略既要區分，又要共舞。一些學者將商業模式看成了一座「孤島」，就商業模式論商業模式，這已經將自己或企業實踐者帶進了歧途。

　　現代企業都是商業模式中心型組織，商業模式是企業營利系統的中心要素。本書側重於對每個構成模組 —— 經管團隊、商業模式、企業策略、管理體系（組織能力、業務流程、營運管理）、企業文化、資源平臺、技術厚度、創新變革等分別展開討論。這當然不會平均用力，涉及篇幅相對多一些的是企業策略模組，我們聚焦於「新競爭策略」的探討。企業家特別重視策略，但是接踵而至的古今中外眾多策略學者把策略搞得無所不包，內容龐大複雜而混沌。新競爭策略要為策略減重並瘦身，要逐步形成創業者、企業家看得懂、用得上的策略。對於經管團隊、商業模式、管理體系這三個模組，企業實踐中都不可或缺，每個企業都用得上，所以

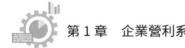

也是本書重點闡述的模組。至於企業文化、資源平臺、技術厚度、創新變革這四個模組，有的企業比較看重，有的企業涉及不多，所以本書安排專門章節對它們進行提綱挈領的闡述，並給出優選的理論模型與內容框架，便於大家建立整體性、系統性的認識。

賦能一度是個熱門概念，超越了「授權」的範疇。在中國，政府可以為企業賦能，平臺企業可以為合作夥伴賦能，共生體企業可以相互賦能。希望別人為企業賦能，自己要先有企業營利系統，才能把獲得的「賦能」輸送到合理的位置上。否則，賦能搞錯了位置，不僅浪費，錯失發展良機，還有可能讓企業區域性腫脹，因為賦能而導致不健康。

我們講系統賦能，重點是自己給自己賦能。鬼谷子曰：「故靜固志意，神歸其舍，則威覆盛矣！威覆盛，則內實堅；內實堅，則莫當。」如上文所述，從空間維度上和生命週期階段上建構及更新企業營利系統，就是自己為自己賦能。除此之外，我們還可以從整體上考慮如何為企業營利系統賦能。例如：

● (1) 使命能夠湧現出偉大的企業生命

使命不是臆想出來貼在牆上的口號。何為使命？混沌大學創始人李善友說：「把你做的事當作一條真正的生命。」企業是一個透過不斷進化與擴充套件商業模式而生長繁衍的生命系統，其內在的生長動力需要使命引領。卓越的企業家都是傾其一生為企業的生命賦能，兩者已經交融在一起。那些經不住誘惑，稍見機會就習慣性地投機鑽營的企業，很難有企業使命。美國總統甘迺迪（John F. Kennedy）在美國宇航局太空中心參觀時，曾禮貌地詢問一個門衛在做什麼，結果這個拿著掃帚的門衛回答說：「總統先生，我在幫助將人類送上月球。」只有將企業家的使命擴散為全體員工的使命，企業的生命才能更偉大。

● (2) 以「看得見的手」掌握「看不見的手」

企業營利系統是經管團隊、商業模式、企業策略、管理體系、企業文化等要素的上一級系統，而社會及市場又是企業營利系統的上一級系統。亞當‧史密斯（Adam Smith）在《國富論》（*The Wealth of Nations*）中說，社會與市場中有一隻「看不見的手」。現在，這隻「看不見的手」又疊加上一些「VUCA」特點：不穩定性（Volatility）、不確定性（Uncertainty）、複雜性（Complexity）和模糊性（Ambiguity）。本書闡述的企業營利系統如同「看得見的手」。透過建構、優化和駕馭企業營利系統這隻企業可以掌控的「看得見的手」，去掌握社會與市場中的那隻「看不見的手」，並且逐漸消解「VUCA」外部環境下企業面臨的問題及困境。

本書共有九章內容，圍繞企業營利系統，從整體闡述開始，到各構成部分詳解，再到系統怎樣協同、私董會3.0的協助、個體崛起所需要的營利系統。建設與優化企業營利系統的過程，就是企業賦能成長與進化發展的過程。查理‧蒙格（Charlie Munger）說，得到一件東西的最好方式，就是讓自己配得上它！

1.5　管理＞經營，企業陷入困境，突圍的路在何方？

重點提示

※ 為什麼說海爾集團有管理＞經營的傾向？

※ 對照企業營利系統，你的公司需要哪些改進？

提起中國宋朝的改革家王安石，有這樣一則民間流傳的趣事：王安石在進京趕考的路上，偶遇一戶大戶人家，以徵求對聯的方式為女兒招親。對聯的上聯是：「走馬燈，燈走馬，燈熄馬停步」。如果誰能對出下聯，就

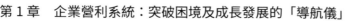

可以娶到才貌出眾的侯門千金。王安石當時對不出來，也可能一門心思想著趕考的事，他就沒有多想。到了考場上，他看到一道題，有上聯，要對出下聯。這副對聯的上聯是：「飛虎旗，旗飛虎，旗卷虎藏身」。

想必大家也猜到了結果，路途中暫且對不出下聯的上聯，就成了王安石考場上奪魁的下聯。於是，他金榜題名，然後趕緊原路返回，來到那個大戶人家門口，完成了對聯，最終娶到了侯門千金。金榜題名與洞房花燭，機遇垂青於王安石，擋都擋不住，這兩件人生大事就這麼輕易辦成了。

經營與管理就像是一副對聯。前期階段，一些民營企業家抓住了機會，透過替代模仿就做對了經營，然後在規模化需求、低成本製造中又搞對了管理，好像傳說中的王安石那樣，趕上了好機遇，踩對了步點，一飛沖天了。運氣通常是階段性的偶遇，而實力需要長期累積。並且，經營與管理這副「對聯」，大部分情況下比較難對上。

1990年代初期，春蘭空調是當時家喻戶曉的「空調大王」。1994年，春蘭空調成功A股上市，當年營業收入53億元，淨利潤6億元。同年，格力的營業收入才6億元。而上市融資後，春蘭股份開始涉獵摩托車、汽車、酒店、新能源等幾十個不相關的領域。經歷過那個年代的人們，可能會依稀記得春蘭虎、春蘭豹摩托車「閃耀」登場，春蘭卡車曇花一現……經營多元化，而管理跟不上。2003年，春蘭股份的利潤開始大幅下滑，2005年之後連續三年虧損，面臨「ST」（退市風險警示），於2008年5月被暫停上市。

海爾集團的管理一直是跟得上經營的，近幾年甚至出現了管理＞經營的現象。海爾管理一直很好並持續優秀是有原因的。

首先，執行長張瑞敏不僅是知名企業家，更是一位卓有建樹的管理學家。他有很多管理創新並堅持付諸實踐，不斷總結而形成海爾管理模式，像「OEC管理模式」、「斜坡球體定律」、「休克魚理論」、「市場鏈理論」、「人

單合一模式」等。

其次，海爾具有德國企業嚴謹又苛刻的管理基因。海爾總部所在地青島市的一些遺留建築及城市文化中，蘊含著德國工匠精神的遺風。另外，海爾發展初期，曾與德國企業利勃合資生產冰箱。其間，海爾不僅引進了德國企業先進的工藝技術及生產線，而且學習了德國人對產品的嚴謹態度及對管理的苛刻追求。

但是，隨著行業進入成熟期，如果讓經營業績持續增長，那麼企業必定要面對嚴酷的競爭與生存環境。據報導，曾經「獨霸天下」的青島海爾已經開始掉隊了。2018年以來，由於受北美地區等海外業務拖累，海爾的營業收入增速、淨利潤增速雙雙連續創新低；國際化帶來的「成績單」，又讓海爾始終處在公司市值的谷底。2019年中國十大家電企業排行顯示，美的第一，格力第二，而青島海爾已落至第三。海爾智家（海爾的上市主體）的淨利潤只是美的、格力的三分之一。

陳春花教授說，在一個公司中，經營是選擇對的事情做；管理是要把事情做對。管理始終為經營服務，但要搞懂兩點：第一，管理要做什麼，由經營決定，不是由管理決定；第二，管理水準不能超過經營水準。如果一家企業的管理水準超過了經營水準，這家企業一定會走向虧損。

現在，海爾是否管理＞經營了呢？或者說，海爾的經營是否已經出現問題了呢？

理論界對經營與管理的區分，一直猶抱琵琶半遮面，欲說還休，這確實不利於指導實踐。因此，我們需要更加清晰地劃分出經營與管理的邊界。需要說明的是，在企業營利系統中，需要以經營體系、管理體系代替上述「經營」、「管理」這兩個有點「孤家寡人」風格的名詞。

企業營利系統的經營三要素：經營團隊、商業模式、企業策略，構成了企業的經營體系。它們之間的關係可以用一個公式表達：經營體系＝經

管團隊×商業模式×企業策略，轉換為文字表述為：經管團隊驅動商業模式，沿著企業策略的規劃路徑進化與發展，持續實現各階段策略目標，最終達成企業願景。

● (1) 商業模式

經營體系給出了一個企業營利、成長、進化的邏輯。本節前面的兩節曾經講到，現代企業都是商業模式中心型組織。商業模式是企業營利系統的中心要素，也是經營體系的核心內容。T型商業模式的基本原理以及基於企業生命週期的六大原創模型，都是在闡述企業營利、成長、進化的邏輯，所以屬於經營理論的重要構成部分。

2000 年之前，商業模式概念還沒有被廣泛提及，麥可·波特 (Michael Porter) 的價值鏈理論代表著經營理論的核心內容。虛擬經營、OEM (代工生產)、多元化、專一化、混業經營、全產業鏈等都是價值鏈理論時代的經營模式或理論。現在可以說，它們各自也是一種商業模式。在 T 型商業模式理論中，價值鏈近似創造模式中的增值流程。理論上說，T 型商業模式中的產品組合可以有成千上萬種，像「刀架＋刀片」、產品金字塔、「免費＋收費」、BOT (建設－經營－轉讓)、EMC (合約能源管理)、EPC (工程總承包) 等，每一種組合都代表一種營利模式、一種經營模式。波特的三大競爭策略 ── 總成本領先策略、差異化策略、集中化策略屬於經營理論，現在歸為商業模式的產品或產品組合定位。由於管理類學科的一些名詞概念，長期存在表達模糊、近似混同的歷史傳統，所以一直以來商業模式、營利模式、經營模式都不嚴格區分，常常混同使用和表達。

● (2) 經管團隊

經管團隊負責設計、創新、優化及驅動商業模式，對企業營利、成長、進化承擔重要責任，所以也將經管團隊劃歸為經營體系三要素之一。

這樣劃分有其合理性，企業家及其他核心經管團隊成員，首先是一個經營者，其次才是一個管理者。

● (3) 企業策略

企業策略（包括目標和願景、外部環境、策略路徑三方面）的重點是競爭策略。競爭策略就是如何持續做出一個好產品的策略。對於企業來說，所謂策略，就是基於商業模式，結合外部環境，做出的一個行動指導方案，也叫作策略規劃。商業模式是策略的「基座」，策略是攜商業模式而「戰」，兩者難分難捨，甚至渾然一體，商業模式與策略共舞！因此，企業策略也屬於經營範疇，是企業營利系統的經營體系三要素之一。

如圖1-5-1所示，本書第2、3、4章分別闡述經管團隊、商業模式、企業策略等經營體系三要素相關內容；第5章具體闡述管理體系的相關內容。

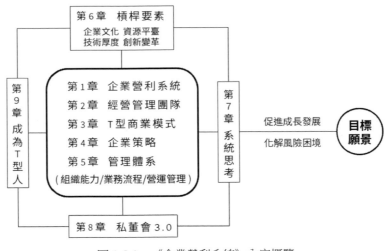

圖 1-5-1　《企業營利系統》內容概覽

● (4) 管理體系

「管理始終為經營服務」，即管理體系為經營體系服務，這不能僅是一句口號。透過建構管理體系，其目的是將企業經營體系的營利、成長、進

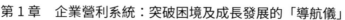

化等相關邏輯「多快好省」轉變為日常營運及現實成果。管理體系的三個構成部分「組織能力、業務流程、營運管理」與經營體系三要素「經管團隊、商業模式、企業策略」之間具有相互對應關係，詳見章 5.1 節。

講到管理，通常闡述計劃、組織、領導、控制四大管理職能，也常用到 PDCA（計劃、執行、檢查、處理）管理改善循環。知識來自實踐，管理學的知識被教條化後往往遠離了企業實踐。管理不能脫離應用場景。現代企業場景中，所謂的「管理」需要更新為管理體系，才能與經營體系相對應。管理體系的構成可以用一個公式表達：管理體系＝組織能力 × 業務流程 × 營運管理，轉換為文字表述為：企業以組織能力執行業務流程，推動日常營運管理，周而復始地達成現實成果。在上述經營體系或管理體系公式中，之所以用「×」連線三個部分，是因為三者必不可少，缺一不可。三者達到均衡時，乘積最大。

回到上面的問題，現在的海爾是否管理＞經營了呢？

海爾搞革命性的「人單合一」模式，形式上沿襲錢德勒的「結構跟隨策略」思想，本質上試圖「讓管理變為經營」——讓基層員工也成為企業所有者或小微「經管團隊」。像永輝超市等服務行業，「管理變經營」有一定探索空間。稻盛和夫的「阿米巴經營」，讓管理變經營，更像一種模擬式經營。而海爾作為家電行業規模化製造企業，徹底地「讓管理變為經營」，有可能「畫虎不成反類犬」。從企業營利系統角度分析，海爾應該更重視經管團隊的設計與優化，建構梯度人才團隊，讓他們煥發活力並迸發出巨大的經營能量。

從商業模式要素看，海爾集團繁雜多元的產品線又沿襲了東方文化中「多多益善」的經營特色。經營講究歸核化，實踐也會證明，「多多益善」並不利於培育企業核心競爭力。相關家電行業觀察家對此分析指出：「海爾過去很長一段時間都是有想法、沒做法，概念提出得都很快，也很多，

但是到具體實踐方面，就變得非常緩慢。」例如，海爾提出「建構領先全球的物聯網生態品牌」，這多少有點「霸王硬上弓」式的追風趨潮。

　　從企業策略要素看，海爾的境外擴張與收購源於管理自信，與聯想集團的勤於收購有某些相似之處。海爾集團的海外業務對於整體的營業收入貢獻已經超過40％，但是從營利角度看，「行業低迷」導致海外市場持續性疲軟，國際化策略已經顯露出內涵不足。並且，海爾的境外收購與擴張耗資巨大，長期性地大幅增加了財務費用、管理費用和行銷費用，侵蝕了企業營利和後續發展動力。

　　如果管理＞經營，企業可能陷入困境，突圍的路在何方呢？除了加強上述經營體系三要素「經管團隊、商業模式、企業策略」之外，還要考慮企業營利系統的以下槓桿要素及相關內容。

● (5) 槓桿要素

　　本書第6章重點討論企業文化、資源平臺、技術厚度、創新變革等槓桿要素。它們之間的關係也可以用公式表達：槓桿要素＝企業文化＋資源平臺＋技術厚度＋創新變革。在此公式中，用「＋」連線各個部分，表示它們之間是疊加關係，視企業具體情況，可以增減這些要素。

　　這些槓桿要素可以讓經營體系、管理體系以及兩者合作起來更省力、更高效、成本更低或競爭力更強、更持久。

　　如圖1-5-1所示，第7、8、9章分別闡述系統思考、私董會3.0、成為「T型人」等與企業營利系統密切相關的整體性、綜合性內容。

● (6) 系統思考

　　企業營利系統是一個具有生命週期階段特徵的耗散結構系統，適用以系統學、系統動力學等理論進行系統思考。

● (7) 私董會3.0

　　第8章主要討論私董會3.0。透過私董會3.0這種重大及關鍵問題研討形式的學習型組織，促進經管團隊成員與外部專家顧問一起深度思考，湧現群體互動智慧，找到化解重大風險和困境的優化方案，保障並促進企業營利系統健康成長與進化發展。

● (8) 成為「T型人」

　　每個有願景、有追求的職場人士、創業者或自由職業者──筆者稱之為「T型人」，都可以看成是由一個人組成的公司。企業營利系統同樣適用於「T型人」。欲成為一個優秀的「T型人」，我們應該有自己獨特的商業模式、「貴人相助」團隊、發展策略及自我管理體系等要素。「T型人」通常與其所在企業形成共同願景，企業的進化與發展就是個人的成長與進步，他們都是企業營利系統的鼎力建設者！

　　常有人說：所有的生意，都值得重做一遍。如何重做一遍，有沒有系統化的方法論呢？本書後續各個章節中，蘊藏著精彩的回答，如圖1-5-1所示。

第2章　經營管理團隊：
不只是「財散人聚，財聚人散」

本章導讀

　　企業的高層、中層及基層應該上下同欲、同舟共濟，好像三個「同心圓」疊加在一起。但是，老闆身邊的「權臣」、「寵臣」等，為了對抗「權力不平衡」，常常會形成自己的「山頭」，進而滋生官僚主義，形成「部門牆」。

　　魔高一尺，道高一丈。本章闡述了團隊修練「鐵人三項」、企業家精神「追光燈模型」、企業與員工共同的「組織承諾」、實戰中培養人才的「向上管理」、基於企業營利系統的頂層設計等內容。

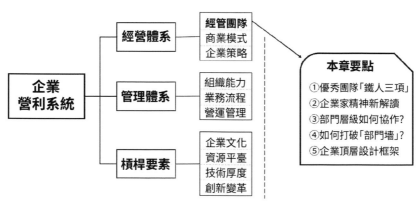

第2章要點內容與企業營利系統的關係示意圖

2.1　優秀團隊的「鐵人三項」：動力機制、團隊合作與能力建設

重點提示

※《第五項修練》內容上有哪些不足之處？

※ 為什麼說「薪酬、心情、前途」是留住人才的三大動力要素？

在企業營利系統中，第一層次是經營體系三要素：經管團隊、商業模式和企業策略。本章重點討論經管團隊。只有優秀的經管團隊才能產生強大的驅動力，那麼何為優秀的經管團隊？

有人說，《西遊記》中的唐僧師徒四人就是「鑽石級」的優秀經管團隊，其理由是：唐僧整天嘮嘮叨叨的，也沒有什麼能力，但是信念堅定，對實現目標很執著；孫悟空脾氣火暴、經常犯錯，但是他能力強，必然會恃才傲物；豬八戒懶散貪吃，見了美女走不動，但是他積極樂觀，人緣好；沙僧稍微有點「當一天和尚撞一天鐘」，但是他做事踏實，值得信賴。並且，這些編故事的人喜歡將是是非非的「帽子」都扣到馬雲頭上 —— 馬雲親口說的，唐僧師徒四人是完美團隊組合，是最好、最完美的團隊！

演講者要烘托輕鬆幽默的氣氛，可以隨意說一下「唐僧師徒是最優秀的團隊」。如果正式探討何為優秀的經管團隊，我們可以先看一則關於英特爾的故事。

1985年，由於儲存器的市場機會被日本廠商的低成本策略摧毀了，英特爾的市場佔有率從90％猛跌至20％以下，陷入前所未有的經營困境。為了尋找突圍方案，英特爾的管理層先從提出問題開始。當時的英特爾執行長摩爾（Gordon Moore）問了總裁葛洛夫（Andrew Grove）一個問題：「如果我們被掃地出門，董事會選新的執行長過來，你覺得他會做什麼決定？」葛洛夫沉思良久，最後回答說，新來的這傢伙肯定會讓英特爾遠離

儲存器市場。沉默一會兒後，摩爾再問葛洛夫：「既然如此，我們為什麼不自己來做這件事呢？」

當時，在所有人心目當中，英特爾就等於儲存器。這個團隊果敢的做法是，立即關閉了儲存器生產，開始孤注一擲投入半導體晶片研製。幸運的是，兩年後英特爾全面重生。到1992年，英特爾已經是全世界最大的半導體公司。

杜拉克在《管理的實踐》中說，完美的執行長應該是一個對外的人、一個思考的人和一個行動的人，集合這三種人於一身。中國古話說，三個臭皮匠，勝過諸葛亮。在英特爾創始團隊的核心三人組裡，諾伊斯（Robert Noyce）是對外的人，摩爾是思考的人，而葛洛夫是那個行動的人。有杜拉克的理論依據，還有英特爾的成功實踐，現代公司的核心團隊都是或多或少地按照這種方式組建了。

攜程公司的四個早期創始人：季琦、梁建章、沈南鵬、范敏，接連打造了攜程、如家兩個成功的企業，確實是一個創造奇蹟的團隊。在這個「鑽石團隊」中，季琦是不折不扣的創業者、行動者，梁建章是團隊中的「思想家」，沈南鵬與范敏在當時更多是發揮對外作用；沈南鵬擅長資本運作、併購上市；范敏為公司帶來了很多業務資源與旅遊合作關係。

在阿里巴巴核心團隊中，馬雲是一個對外者，蔡崇信是個思考者，而衛哲、張勇等歷任執行長是行動者。當然，有些「強人型」企業家能集「對外者、思考者、行動者」等三種角色於一身，例如：「鋼鐵人」馬斯克（Elon Musk）、格力電器董事長董明珠、恆大地產創始人許家印等。另外，「強人型」企業家的背後往往還有一個「領導—骨幹—參謀」的相關人才搭配，以支撐團隊領導者「對外者、思考者、行動者」三位一體的完美角色。

企業是一個不斷生長與進化的生命體，如同創造它的人類一樣，也需要心靈、大腦及身體三大關鍵物件。經管團隊中的「對外者、思考者、

行動者」三種角色分別充當了企業的心靈、大腦及身體。在商業交易活動中，「心靈」看到了什麼機遇，「大腦」就會往那個方向思考，接著「身體」就全力行動起來，將機遇變成現實。

最主要的是，經管團隊要驅動商業模式，兩者必須相互匹配。大致劃分一下的話，「行動者」對應T型商業模式的創造模式，這部分是價值鏈的營運重點，所以執行力要強；「對外者」對應T型商業模式的行銷模式，這部分注重企業形象，要誠實守信；「思考者」對應T型商業模式的資本模式，這部分是公司發展與進化的智慧寶庫，相當於企業的大腦。經管團隊與T型商業模式匹配示意圖如圖2-1-1所示。

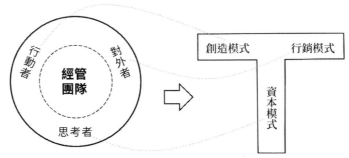

圖 2-1-1　經管團隊與 T 型商業模式匹配示意圖

過去的發展機會特別多，所以有些團夥型企業也能將企業搞得風生水起。有人打趣說：一群早期的下海創業者一起乘電梯，要趁勢登上那個「高樓」。有的人在電梯裡作揖鞠躬，有的人在電梯裡拳打腳踢，有的人在電梯裡看書讀報，還有的人在裡面憋氣練功。最後，大家都登上了那個堆滿財富的「高樓」，都成了企業家。實際上，他們趕上了經濟快速發展的好機遇，所以順勢就成功了，而他們的個人能力並沒有很好地被激發出來。

現在不同了，我們的企業不僅需要一個有「行動者、對外者、思考者」的「鑽石團隊」，而且為了與T型商業模式的創造模式、行銷模式、資本模式很好地匹配，這個團隊還需要不斷地進行自我修練。

說起團隊修練，當然要參考彼得‧聖吉的《第五項修練》。這個理論有一個三階段順序，先從個人修練「自我超越、改善心智模式」開始，然後是團隊修練「建立共同願景、團體學習」，最後達成團隊成員的「系統思考」能力。因為一直沒有企業系統，沒有「對象客體」可供系統思考，修練者到第三個階段「系統思考」就修練不下去了，所以慢慢地鮮有人再關注這個理論了。

　　現在情況不一樣了，站在前人的肩膀上，筆者提出了企業營利系統，可供企業團隊進行「系統思考」。另外，《第五項修練》的內容還是有點晦澀深奧，大部分經管團隊需要補充的是更淺顯易懂的基礎性修練。以終為始就是從希望獲得的結果倒退一下，為什麼開始？為了驅動商業模式，進而實現針對企業營利系統的系統思考，經管團隊的基礎性修練主要包括這三項內容：動力機制、團隊合作與能力建設，簡稱為「鐵人三項」，如圖2-1-2所示。

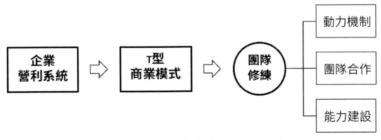

圖 2-1-2　團隊修練「鐵人三項」示意圖

　　「鐵人三項」的第一項修練是動力機制，其功能就是讓團隊成員都有積極工作、勇於創新的動力，即「以奮鬥者為本」，不讓老實人吃虧。當然，這項修練主要考查團隊帶頭人的心胸和能力。筆者做風險投資，經常對創業團隊的帶頭人說，留住人才要憑藉「薪酬、心情、前途」這三項動力要素。這三項都滿足，團隊骨幹的幹勁就足，一般不太會離職；其中兩項滿足，需要經常做思想工作；其中兩項或三項都不滿足，能幹的人早晚會走。

　　「薪酬、心情、前途」分別與企業營利系統的「商業模式、企業文化、

企業策略」密切相關，所以搞好動力機制修練，其實就是努力建設一個優秀的企業營利系統。大公司商業模式成熟，可以給出有吸引力的薪酬，而小公司通常會「畫一個餅」，對大家談企業策略，也會給股權或股權激勵，讓薪酬與前途掛鉤。獲得好「心情」，需要團隊成員之間進行良好溝通，培育優秀的企業文化。這一點來說，智商高的公司通常不及情商高的公司。

　　舉個例子說，經營線下超市競爭太激烈了，家樂福等外資都在不斷撤店及被收購。而永輝超市卻不斷在擴張與發展，一直很「強悍」。近幾年，永輝超市還獲得了騰訊及京東一共約86億元的增資擴股投資（或股權轉讓）。永輝超市能夠後來居上，逆勢發展並成為優等生，一定程度上得益於其背後的超級合夥人團隊動力機制，概要內容總結為兩點：①基本利潤歸公司；②超額利潤60%歸員工。依靠這個動力機制，永輝超市的員工收入平均上漲14%，公司收入上漲了15%。

參考數據：劉潤，《商業洞察力30講》

　　「鐵人三項」的第二項修練是團隊合作。如何形成團隊合作？孔子說：「君子和而不同，小人同而不和。」除了國學之外，還有「顆粒度」更細緻且具體的方法論嗎？雖然《第五項修練》這本書在系統思考方面出現了一些狀況，但是用來修練團隊合作，仍然是一部必讀的「寶典」。

　　其第一階段主要包括兩項修練：自我超越、改善心智模式。這兩項修練主要針對團隊合作的三個問題：①團隊中粗鄙或精緻的利己主義者太多，只想著多分「蛋糕」，而不是努力把「蛋糕」做大；②不少團隊成員喜歡走所謂的升職加薪捷徑，擅長玩職場圈套；③團隊領導者對投機經營形成了路徑依賴，無法堅守優秀的價值觀。第二階段的修練包括：建立共同願景、團隊學習。這兩項修練的主要目的是形成 $1+1>2$ 的合作效應。

　　「鐵人三項」的第三項修練是能力建設。這方面我們可以借鑑牛頓第二運動定律的表達公式：$F=ma$，其中 F 表示團隊能力的大小，m 表示企業經

營的規模和難度，a表示企業發展的加速度。假如夫妻二人在街坊開個雜貨店，幾十年就這樣，熟能生巧了，即m長期不變，a還在遞減，那麼對團隊能力F就沒有提升要求，甚至一邊打麻將，一邊就把小生意給輕鬆經營下去了。但是，如果幾位同學一起在AI領域創業，希望三年後上市，五年後成為行業領導者，即m將迅速幾倍變大，a同步增長也是很多倍，那麼對團隊能力建設F的要求就很高了。《原則》(*Principles*)作者達利奧（Ray Dalio）說過：「如果你現在不覺得一年前的自己是個蠢貨，那說明你這一年沒學到什麼東西！」後續會講到，透過建設學習型組織，可以促進團隊的能力建設。

綜上，團隊修練的「鐵人三項」中，動力機制是企業營利系統成長與進化的動力泉源，團隊合作能夠讓經管團隊發揮綜合統效、協同湧現的作用，而能力建設不斷為企業累積智力資本，讓企業的產品組合具有競爭力，並最終培育出企業的核心競爭力。

2.2 企業家精神：馬雲、任正非可以模仿嗎？

📖 重點提示

※ 願景與現狀之間的「鴻溝」給有志向的企業家帶來了什麼？
※ 企業家精神「追光燈模型」對於個人成長有什麼啟發意義？

2018年5月14日，劉傳建機長率領川航3U8633機組執行從重慶至拉薩飛行任務。飛機進入青藏高原區域時，駕駛艙右側風擋玻璃破損脫落，寒冷氣流衝擊造成了很多裝置損壞，一些儀表已停止顯示。這時，飛機駕駛艙已經完全暴露在10,000公尺高空，溫度從20℃驟降到-40℃，並且高空嚴重缺氧。兩位機長和副駕駛只穿了短袖襯衫，副駕駛半邊身體被吸出窗外，另一半身體依靠安全帶暫且連接在飛機座椅上。萬幸！經歷了驚心動魄的三十四分鐘，完全依靠「英雄機長」劉傳建的全手動操作，飛機成

功備降成都機場，全體機組人員和乘客安然無恙。

　　企業就像一架飛機，為了排除成長過程中遭遇的各種艱難險阻，更需要一位「英雄機長」。

　　1997年9月，賈伯斯（Steve Jobs）回歸陷入經營困境、距離破產只剩下兩個月的蘋果公司。接著，他砍掉了蘋果90%的產品線；下調了員工權力金，為大家重塑工作動力；推出了贏得年輕人好感的iPod，創造性地建構iPod＋iTunes（硬體＋內容服務）產品組合；不顧眾人反對建立了蘋果線下零售店；重整了Mac電腦系列產品；推出了改變世界的iPhone系列產品，並最終為蘋果建立了具有iPhone＋iOS＋App Store（硬體＋系統＋內容）產品組合的營利「飛輪」商業模式。這一系列重整、創新與變革的結果是，賈伯斯剛回歸時，蘋果公司的虧損高達10億美元，一年多後卻奇蹟般地營利3億多美元。

　　將企業帶出「泥潭」並再次偉大，或將一個創業公司做大做強，都需要企業家精神。究竟什麼是企業家精神？綜合一些理論研究成果來看，企業家精神大致是冒險精神、創新精神、創業精神、寬容精神等的排列組合，再疊加一些對敬業、講誠信、執著、學習等概念的闡述。但是，從一些成功企業家的經營及管理實踐來看，要麼重塑團隊使命，要麼創新商業模式，要麼策略聚焦歸核，具體且實在，看得見摸得著，所以企業家精神不應該空洞無物或過分抽象。

　　近些年流行講領導力。如果在博客來或金石堂上搜尋「領導力」，相關圖書有上千種，每個作者都會提出一個領導力模型。領導力理論創新特別多，需求似乎也很大，因為人人願意當領導，這也算是一種供需平衡。將眾多的領導力模型再概括後，可以抽象為一個「中心－四周」結構，居於中心的是「領導力」，環繞四周有一圈領導力的構成元素，像感召力、前瞻力、影響力、決斷力、控制力、溝通力、關係力、學習力等。有的領

導力模型構成元素少一些，大約六個；而有的領導力模型構成要素就多一些，甚至超過了二十一個。

管理學原理講，領導是一項重要的管理職能，所以企業家掌握一些領導技能很有必要。但是，花樣百出的領導力理論，一旦背離了領導職能的範疇，就會讓企業團隊誤入歧途。學習力、溝通力、關係力等可以屬於領導力，一些企業領導者熱衷於參加各式各樣的「圈子」、活動。高階主管都成了對外者，企業更缺乏思考者和行動者了。影響力、決斷力、控制力等也可以屬於領導力，一些老闆更喜歡一權獨大，嘴上跟著講賦能、授權、共享，實際上內心深處「獨裁」思想很重。

領導力畢竟是一種力，我們不能總是期望歪打正著吧！企業家精神畢竟是一種精神，它也不應該脫離企業實體系統而「懸空」地存在。

暢銷書《賦能》中有句話：「還原論思想深入社會肌理。」何謂「還原論」？笛卡兒（René Descartes）認為，如果一件事物過於複雜，以至於一下子難以解決，那麼就可以將它分解成一些足夠小的問題，分別加以分析，然後再將它們組合在一起，就能獲得對複雜事物完整、準確的認識。解剖學、數學、物理學、化學及其複合或衍生學科，都代表了還原論在哲學方法論層面的巨大貢獻。不可否認，還原論已經是近代科學研究的「標準操作」，對於推動科學發展及社會進步功績卓著。

但是，從局限性看，還原論這種無限分解、不斷拆分的方法，很容易讓我們「只見樹木，不見森林」。尤其在企業商科領域，經營管理既有科學性的一面，也有藝術性的一面，還有人性化考量穿插其間。企業是一個不斷與環境互動而進化成長的類生命有機體，屬於非線性複雜系統。如果不斷用單一還原論方法線性分解、孤立拆卸、拼接組合，那麼碎片式知識或創新不斷湧出，以至於我們應接不暇、無所適從。最終，我們卻付出了巨大的代價，好學不倦者變成了碎片思考者，不僅失掉了認識整體與系統

的能力，而且也不了解自身行動所帶來的一連串後果。

　　與還原論相互取長補短的是系統論。企業營利系統是探索企業系統以便實現前人所期望的系統思考的一個理論嘗試。通常來說，企業家精神或核心領導職能都是針對企業系統發揮整體作用的，所以要謹防單一還原論「土壤」上開出的領導力之花，結出的企業家精神之果。

　　企業營利系統屬於非線性複雜系統，包括經營體系三要素 —— 經管團隊、商業模式、企業策略，管理體系，槓桿要素 —— 企業文化、資源平臺、技術厚度、創新變革，共三個層次至少八大模組。每一模組還有自己的構成要素及進一步細分的內容。並且，從系統整體上說，還有各模組之間的連線關係、相互作用及諸多系統特性。杜拉克在《管理的責任》這本書中特別強調，管理者應該花精力做別人無法做的、更重要的事情。古代典籍《傅子》中有句話：「秉綱而目自張，執本而末自從。」意思是說：抓住了提網的總繩，漁網的網眼就會自然張開；抓住了根本，其餘的細節就會自然跟從。為此，企業家精神落實在企業營利系統上，應該重點關注哪些內容呢？

　　筆者認為，應該重點關注企業營利系統中的「使命、願景、目標客戶、奮鬥者、核心價值觀」五個方面內容，並將它們構造在一個圖示化模型中，取個好聽的名字叫做「追光燈模型」，如圖2-2-1所示。追光燈模型就是企業營利系統的「迷你型」綱要版，屬於企業家的「第一要事」。

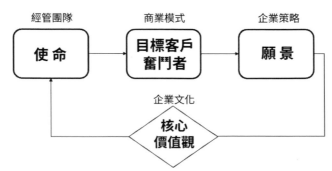

圖 2-2-1　企業家精神「追光燈模型」示意圖

企業家是經管團隊的領導者，經管團隊的使命就是企業使命；願景是企業策略模組的重點內容。企業為使命而生存，以願景為方向。使命和願景組合起來，自始至終、以終為始地往返貫通，就是企業家精神的「浩然之氣」。

所謂使命必達，耳熟能詳，在於使命根植於企業的業務定位，以利他為目的。阿里巴巴的使命是：「讓天下沒有難做的生意！」阿里巴巴主營淘寶、天貓電商平臺，服務於中小企業商家及廣大消費者，這是企業使命在指導業務定位方面的意義。馬雲提出「客戶第一，員工第二，股東第三」，這是企業使命在利他方面的具體闡釋。大家廣泛學習稻盛和夫的敬天愛人、利他經營，其實通俗地說，就是企業如何分錢，如何分配價值。站在企業所有者（或股東）的角度，「客戶第一，員工第二，股東第三」構成了一個利他因果鏈。如果一個老闆，處處把個人利益放在第一位，搞產品偷工減料，無視客戶利益，對員工「講奉獻」來代替升職加薪，那麼這個利他的因果鏈是倒置的 —— 實際是利己的因果鏈。企業經營是重複多次的無限博弈，利己的因果鏈將導致系統越來越封閉，最後將逐步到「熱寂」狀態，企業經營必然陷入困境或倒閉破產。

阿里巴巴的企業願景可以簡要表述為：追求成為一家活一百○二年的好公司。這個願景很收斂，並非成為「××行業領導者」、「××領域世界第一」那樣張揚。中國企業的平均壽命也就五到七年，阿里巴巴要活一百○二年，橫跨三個世紀，確實這個願景是很偉大的。企業願景的第一個作用是讓企業注重長期策略規劃，不被短期投機性機會所誘惑。正像黑石集團創始人彼得森所說：「當你面臨兩難選擇時，永遠選擇長期利益。」另外，願景與現狀之間通常有一條巨大的「鴻溝」，它可以激發經管團隊的創造性張力，持續進行商業模式創新及引進行業高階人才。

參考第1章的圖1-3-1，目標客戶及奮鬥者都是商業模式的重要參與主

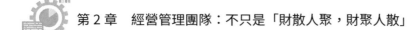

體，奮鬥者不僅是指企業所有者，也包括團隊骨幹、重要員工、關鍵供應商等合作夥伴。奮鬥者就是決定商業模式成敗及企業營利多寡的那些人。其他企業向華為學習什麼？以客戶為中心，以奮鬥者為本。兩句話說說容易，長期如一地做到並做好，其實是很難的。

在 1990 年代，華為曾出現了以客戶部門的領導及搞關係為中心的經營趨勢。任正非即時糾正，並痛下決心引進 IBM（國際商用機器公司）管理體系，然後長期真正堅持「以客戶為中心」，才成就了今天偉大的華為。「以客戶為中心」是個綱，綱舉目張！然後引申出價值主張、產品組合、增值流程、支持體系、行銷組合等一系列商業模式創新內容。「以奮鬥者為本」之所以難做到，是因為職場總有圈套、捷徑、論資排輩及關係遠近，精緻的利己主義者一位又一位地出現，所以大部分的「奮鬥者」總是吃虧的。任正非是華為最重要的奮鬥者，持股比例只有約 1%，所以他貫徹「以奮鬥者為本」是有底氣的。

「追光燈模型」的最後一項是企業價值觀，它屬於企業文化的重點內容。就像前面所講，企業家只能抓重點，很多事無法親力親為，透過培育企業文化，重點是貫徹價值觀，保障企業走在正確的道路上，並消除一些經營管理的盲點。阿里巴巴有著名的價值觀考核，且馬雲是阿里巴巴價值觀的「守護神」。即使阿里巴巴執行長、總裁層面的人才出現了價值觀問題，也會被「揮淚斬馬謖」。大家學習馬雲，模仿阿里巴巴，但是僅僅堅持貫徹企業價值觀這一點，有多少企業能做到呢？

以上「使命、願景、目標客戶、奮鬥者、核心價值觀」五方面內容，以點帶面，是企業家精神落實到企業營利系統的具體展現。另外，之所以叫做「追光燈模型」，是因為筆者曾有十五年照明行業的從業經歷，這也可看作向那段工作經歷的一個致敬！追光燈是舞臺演藝照明的一種裝置，同樣屬於「人─車─路」系統，它重點「關注」舞臺上的核心目標。從這個

道理上講，「追光燈模型」這個名字還算形象，且比較貼切。

什麼是企業家精神？馬雲、任正非等優秀企業家可以模仿嗎？以上「追光燈模型」給出了一些與眾不同的解答。

2.3 以組織承諾為載體，畫好高層、中層及基層的三個「同心圓」

🗂 重點提示

※ 為什麼要畫好高層、中層、基層三個「同心圓」？

※ 你所在公司中，有哪些讓企業員工實現組織承諾的共同體？

2002 年的一個週五，Google 創始人之一賴利·佩吉想在網上搜尋一款日本摩托車「川崎 H1B」，但是獲得的結果幾乎全是與美國工作簽證「H-1B」相關的廣告。接著，佩吉又試了一些關鍵詞，Google 搜尋返回的結果都讓他不太滿意。這讓他覺得非常有問題。

不過，佩吉並沒有直接找人問責、開會、商討解決方案等，只是把自己不喜歡的搜尋結果列印了出來，畫上彩色標記，然後貼在了公司休息室撞球桌旁邊的公告板上，並且寫上「這些廣告太差勁了」幾個大字。

第二週的星期一早晨，佩吉收到了一封由五個工程師聯名發來的工作郵件。他們看了佩吉貼在公告板上的內容，然後花了一個週末的時間，研究出了一個新的方案體系。後來，這套新方案體系就成了 Google 最著名的 AdWords 廣告解決方案，給 Google 帶來了幾百億美元的收入。

令人敬佩的是，佩吉貼出的廣告問題根本不是這五個工程師負責的範圍，他們只是覺得自己有責任解決這個問題，於是就形成一個臨時專案小組，最終把這個問題解決了。

由此看到，Google 的工程師很棒！當然，Google 的待遇也很好，工作

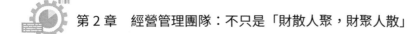

氛圍有利於團隊合作和激發創造性。對比一下，我們聽到一些領導這樣抱怨自己的下屬：一幫「豬隊友」！只知道要利益，見事躲著走……

1997 年，大韓航空發生了一起嚴重的空難事故，機上兩百五十四名人員中，共有兩百二十八名遇難。造成空難的主要責任者是機長。當時天氣非常惡劣，看不清楚地面跑道，但是機長仍然選擇使用「目視」的方法來降落飛機。其他幾位機組成員，儘管發現了機長的問題，但是並沒有即時給出清晰的糾正建議。

在自己的生命也處在危在旦夕時，其餘機組成員為什麼會這樣呢？當時，大韓航空企業管理中的等級觀念強烈，下級對上級唯命是從。如果企業里長官意志盛行，下屬就會有嚴重的畏懼心態，這在關鍵時刻經常會導致嚴重後果。

常言道：上下同欲者勝，風雨同舟者興！上文列舉了一正一反兩個案例。本章第 2 節講到企業家精神，Google 創始人佩吉的企業家精神已經深刻地影響到企業的中層管理者乃至基層的工程師們。本章第 1 節講到團隊合作修練，而大韓航空的中層管理者及基層機組也需要團隊合作修練，才能阻止那些本可避免的機毀人亡的災難發生。

寧向東教授在他的「管理學」課上，形象地將企業的高層經管團隊、中層管理者和基層員工比喻為三個同心圓，如圖 2-3-1 所示。圖中，代表高層的圓比較小，處於核心位置；代表中層的圓處於中間，連線高層與基層；代表基層的圓面積最大，處在最外圈。這三個圓的圓心應該始終是重合的，以發揮出各級員工最大的整體效能，共同驅動商業模式產生持續營利，完善與進化企業的營利系統。

在一個企業中，不僅需要一個優秀的高層經管團隊，還需要一個強大的中層管理隊伍。中層管理者承上啟下、合縱連橫，既要發揮讓上下級協同一致的縱向連線作用，又要具備與同級部門之間溝通協調的橫向能力。

中層的重要任務就是帶動與影響基層，幫助高層實現力量整合與放大，貫徹與踐行領導者的企業家精神及讓全體員工形成一個有機合作式整體。

廣大基層員工處在如圖2-3-1所示的最外圈，他們直接從事具體業務或處於服務客戶的第一線。進入數字經濟時代，為建構敏捷組織，實施管理扁平化，很多企業選擇組織下沉式變革，提倡為基層員工賦能。康德（Immanuel Kant）說：「人本身就是目的，並不是工具。」要讓人感受到工作的價值和意義，而不是讓人淪為一種勞動工具。現在也是強個體的時代，有言道，「奴隸造不出金字塔」，企業管理者一定要把基層員工的價值激發出來，透過增強他們的積極性、創造性、合作性，進而再塑企業活力與競爭力。

我們知道，企業是社會中的一個營利組織，高層、中層及基層個體都會受到外部的利益誘惑、噪聲因素的吸引或干擾。那麼，如何保證這三個「同心圓」同心合作？

首先，企業領導人透過企業家精神引領、激勵、拉動企業的高層、中層及基層，將三個「同心圓」緊密地連線在一起。上一節講到，企業家精神包括「使命、願景、目標客戶、奮鬥者、核心價值觀」五方面內容。企業領導人透過樹立企業使命，建立共同願景，以客戶為中心，以奮鬥者為本，貫徹核心價值觀等，以點帶面，以身作則，致力於高層、中層及基層三個「同心圓」上下同欲、同舟共濟，將以上企業家精神五個方面落實到企業營利系統中。

其次，透過建構高層、中層及基層員工對企業的共同組織承諾，實現三個「同心圓」的齊心合力。組織承諾是指組織成員對所屬組織產生認同和信任，從而願意發揮自己的有生力量，積極履行對組織目標、願景的承諾，遵守核心價值觀，持續推動組織發展、進化與成長。

從合作共贏的角度看，組織承諾並不只是各級員工對企業的單向貢獻

行為，也應該包括企業對員工的價值回報承諾。諾貝爾經濟學獎得主赫伯特・西蒙（Herbert A. Simon）認為，在一個企業組織中，企業向員工提供價值，而員工則對企業做出貢獻（組織承諾）。企業向員工提供的價值包括：地位、權力、資源、資訊、機會、名譽、報酬等，而員工對企業做出的貢獻包括：績效、知識、經驗、技術、方法、熱情、智慧、思想觀念等。管理就是要在組織提供的價值與員工做出的貢獻之間保持均衡。如何實現和保持這種價值與貢獻之間的均衡？一個參考途徑是，企業與各級員工共同打造職業、利益、學習分享、平等合作等若干共同體，可參見圖2-3-1。

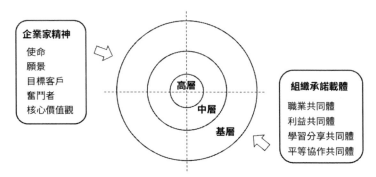

圖 2-3-1　促進高層、中層及基層三個「同心圓」同心合作示意圖

● (1) 職業共同體

　　企業從事的業務價值鏈上有採購、研發、製造、行銷、財務、行政及人事等各種職位需求，而各級員工需要一份工作來養家餬口，需要一個職位獲得社會認可。因此，供需雙方都希望建構一個職業共同體。職業共同體的主要特徵是職業化、專業化、長期化。打造職業共同體的關鍵是人與事之間的相互匹配：企業為各級業務職位找到了合適的人，而各級員工從事的工作職位也是自己所喜歡或期望的職業。在共同建構職業共同體基礎上，各級員工願意對企業進行組織承諾，而企業也甘願對各級員工提供有吸引力的薪酬、福利，以及學習、成長機會等。

● (2) 利益共同體

　　將企業的利益與各級員工的利益聯動起來，是建構利益共同體的核心要義。企業規模擴大了、盈利增加了，員工的職位及收入也應有相應的提升。各級員工要切實為企業創造價值，為企業發展做出貢獻，樹立「大河有水，小河滿」的團體主義觀念及長期利益思維。利益共同體通常依靠一套規範的機制來保障，例如：績效考核機制、股權激勵機制、寬頻薪酬機制、職業成長機制等。

● (3) 學習分享共同體

　　讓企業成為一個學習與分享的道場，各級員工積極參與共同學習與分享。建立學習分享共同體，有利於自己，有利於他人，有利於企業長期發展。日本學者野中郁次郎提出了「SECI知識管理模型」。他認為，組織中各級成員積極參與共同學習，透過建構SECI知識管理模型倡導的發源場、交流場、系統場、實踐場，將廣泛的知識資源社會化（Socialization）、外在化（Externalization）、組合化（Combination）和內在化（Internalization），並進一步演變為個體及企業的能力等智力資本。日本諮詢顧問本田直之說，學習他人成功的經驗，加上自己獨樹一幟的應用，是走向成功最快的捷徑！建立學習分享共同體，有利於組織成員形成「互動記憶」及認知優勢，提升各級員工的決策與判斷能力。阿里巴巴「鐵軍」、海底撈的「變態服務」、華為的領先性創新，其背後離不開學習分享共同體的強力支撐。

● (4) 平等合作共同體

　　工作面前，人人平等。讓企業成為一個平等合作共同體，有利於激發全員積極進取、勇於創造的奮鬥精神。人的創造能力，只有在身心和諧的情況下，才能發揮最佳水準。歷史實踐表明，在獨裁專制、嚴格監管及等

級森嚴的環境下，人的積極性和創造性就會被極大壓制，組織中就很難有發明、創新。建構平等合作共同體，也常常是企業文化的重點打造內容。

　　在職業、利益、學習分享、平等合作等若干共同體的基礎上，一些條件適合的企業還可以建構全員參與的事業共同體及命運共同體，例如：華為的全員持股平臺、永輝超市的全員合夥人體系、稻盛和夫的阿米巴經營模式等。所謂人性化管理，就是在滿足人性需求的基礎上而進行的管理。根據馬斯洛需求層次理論，人的需求從低到高依次為：生理需求、安全需求、社交需求、尊重需求和自我實現需求。上文提及的職業共同體、利益共同體、學習分享共同體、平等合作共同體等，其核心建構思想就是在兼顧員工各層次需求的同時，保障並促進企業價值的創造與實現。

　　企業領導人透過企業家精神引領，建構職業、利益、學習分享、平等合作等相關共同體，促進高層、中層及基層員工對企業的共同組織承諾，實現三個「同心圓」齊心協力，為經管團隊持續驅動商業模式提供強力支撐，共同打造有競爭力的企業營利系統。

2.4　拆解官僚化，打破「部門牆」，讓聽見炮聲的人呼喚炮火

💬 重點提示

※ 為什麼說官僚主義及「部門牆」相伴而生？

※ 如何透過引進負熵，拆解官僚化，打破「部門牆」？

　　韓國電影《寄生上流》主要講了這樣一個故事：

　　生活在富人區的朴社長一家四口，住在豪宅，出入名車，事業有成的丈夫、美麗的太太、可愛的女兒、調皮的兒子，構成了一幅幸福家庭的畫卷。居住在貧民區半地下室公寓裡的金基澤一家，同樣是夫婦兩人、有兒

有女的一家四口，一直過著朝不保夕的生活，在堪憂的生存環境下，累積了一大堆「生活哲學」。

因朋友的引薦，金基澤的兒子憑藉假文憑成為朴家女兒朴多蕙的家教老師。爾後，一個謊言接著另一個謊言，他們一家人都隱瞞了身分進入朴社長家工作，並獲得了朴社長夫婦的尊重與信任，從而讓兩個家庭產生了密切的交集。

爾後稍有機會，金基澤一家便原形畢露、鳩占鵲巢，與朴社長的女管家及其藏匿在朴社長豪宅地下室中的丈夫發生了激烈的利益衝突。最終，金基澤一家試圖除掉女管家及其丈夫，以防止精心編造的謊言暴露。不料，由於長久的壓抑及走投無路，女管家的丈夫近乎癲狂地首先殺害了金基澤的女兒，然後金基澤的妻子在自衛中殺死了女管家的丈夫，最後金基澤被徹底激怒而失去理智，揮刀砍向了突然趕來的朴社長……

參考數據：鍾玲，<《寄生上流》讓你看到了什麼？>

《寄生上流》獲得了多個奧斯卡獎項。俗話說：到什麼山上，就唱什麼歌。這部電影對我們企業經營有什麼啟示呢？

如果把這個電影中的各個角色組合起來，作為一個企業團隊看待，朴社長夫婦就相當於企業領導者，金基澤一家透過權謀及能力成了這個企業的「權臣」，而女管家長期跟隨主人並提供貼心周到的服務，成了企業領導人的「寵臣」。

提出「破壞性創新」理論的克里斯坦森（Clayton Christensen）認為，我們所處的世界，在顯性的旋律下面，一直有一個隱性旋律在執行。通常我們只看到主線劇情在向前發展，但是條件成熟時，分支劇情悄悄浮現，直到劇情突然反轉。一個企業不僅會受到外部競爭者擁有的「破壞式技術」的挑戰與顛覆，而且領導者、「權臣」與「寵臣」三者間的利益之爭，堡壘也容易從內部被攻破。

按說，「權臣」與「寵臣」在企業中已經具有了相對優越的待遇及權力優勢，為什麼他們還會枉顧企業利益，搞派系鬥爭，甚至不惜身家性命，最後出現魚死網破的後果呢？人心不足蛇吞象，世事到頭螳捕蟬。心智模式形成，路徑慣性作用，他們為了掌控更多資源就要進行政治鬥爭與相互制衡。史丹佛大學艾森哈特（Kathleen M. Eisenhardt）教授將此稱為「權力不平衡」。尤其是在一些企業中，老闆醉心於把自己打造成為「高人」，營造出被下屬「崇拜」的氛圍。老闆掌控一切，殺伐果斷，常常會給其他中高層管理者一種委屈感和不安全感。他們一方面討好老闆以獲取更多的資源，另一方面就要透過拉攏、威懾下屬及形成派系等非正式組織手段建立自己的「山頭」，以獲得在組織中的被尊重及安全感、成就感。上級要有自己的人，以穩固自己的地位及對抗其他「權臣」與「寵臣」；下級也需要有「靠山」，以防止被淘汰和邊緣化。

儘管絕大多數公司的「山頭主義」及派系鬥爭並不會激烈到你死我活，讓企業分崩離析而處於危在旦夕的地步，但是如果中高層管理者喜好大權在握、發號施令，借工作的名義，習慣性地爭奪公司資源，圈定自己的勢力範圍，甚至對下屬畫地為牢，限制他們的學習分享及跨部門的相互合作，那麼企業就會形成官僚主義作風，同時一道道「部門牆」也就形成了。

官僚主義與「部門牆」是相伴而生的。官僚主義就是以中高層「官僚」的權力為中心，聚集與爭奪公司資源，讓下屬進一步分化。企業中優秀的員工，因為失去了成長機會和用武之地，就會離開公司，到外部尋找更好的職位和機會。一些善走捷徑、耍「聰明」的下屬，很會投官僚主義的領導所好，為了贏得更好的工作條件、薪酬待遇及獨享更多發展機會，就會與官僚主義的領導共同維護小集體利益或部門利益，全力建構一個「舒適空間」，從而在官僚主義的領導周邊形成一道隱形的「部門牆」。而大部分平庸的「老好人」下屬，為了不至於脫離所謂的小集體及被領導進一步邊

緣化，則一邊小心翼翼維持著與官僚主義的領導及「聰明」同事的關係，一邊守護在「部門牆」的周邊以獲得些許分配剩餘後的利益。

上一節的內容中，曾把企業的高層、中層及基層比喻為三個「同心圓」。官僚主義與「部門牆」組合起來，卻發揮了相反的作用力。它們在三個「同心圓」中割據出自己的地盤，形成一個一個隱形的「權力圓」。這些「權力圓」以官僚權力為圓心，以「部門牆」為邊界，形成一些聚集資源、利益、派系人馬的內部非正式組織「黑洞」，如圖2-4-1所示。它們強力的吞噬作用，導致高層、中層及基層三個「同心圓」嚴重偏離，不僅形成人才的「劣幣驅逐良幣」效應，更會讓企業偏離企業使命、共同願景、以客戶為中心、以奮鬥者為本、核心價值觀等企業家精神的核心內容。這些「權力圓」的存在，形成了決策和執行中的「腸梗阻」，大大降低了企業的營利能力，讓企業不可避免地進入衰敗路徑中。

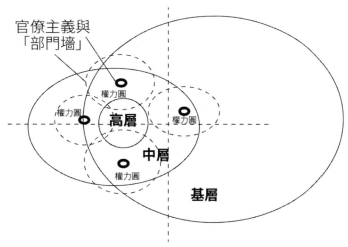

圖 2-4-1 官僚主義與「部門牆」形成「權力圓」及其帶來的危害示意圖

當年蘋果推出iPod之時，日本索尼已經是一家播放器硬體及音樂內容產業的領導者。它的隨身聽、CD機、MP3播放器及音樂內容等，都是業界的標竿性產品。為什麼索尼後來在競爭中失敗了，而讓新進入者蘋果占據了

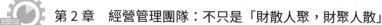

音樂產品的上風？索尼的不同職能或產品部門是各自為戰的，有官僚主義與「部門牆」的組合存在，各部門首先想到的是維護自己「地盤」的利益，不太願意推動像蘋果 iTunes 音樂商店那樣「99 美分賣一首歌」的商業模式變革。

傑克‧威爾許（Jack Welch）任 GE（奇異）執行長後，就在企業內部發起了一系列「群策群力」的管理變革，大力打擊這個百年老店出現的官僚主義。他首先發起並貫徹「數一數二」策略。此後的數年間，他勇於挪動一些領導者及利益部門的「乳酪」，砍掉了公司 25％ 的產品線，削減了十多萬個工作職位，將三百五十個經營部門裁減合併成十三個主要的業務部門，賣掉了價值近 100 億美元的資產。在用人理念上，威爾許信奉「清除各個角落的官僚主義」，並提出「無邊界」原則 —— 將各個職能部門之間的溝通障礙全部消除，讓工程、生產、行銷以及其他部門之間的資訊能夠自由流通、完全透明。GE 的每位員工都有一張「奇異價值觀」卡。卡片中對上司主管的警示有九點，排在第一位的即是「痛恨官僚主義」。

生命依靠負熵生存。官僚主義與「部門牆」組合導致了企業的熵值增大（簡稱「熵增」）及混亂無序。拆解官僚化，打破「部門牆」，就要為企業不斷引進負熵。具體措施有以下五點：

① 定期精簡職能部門、事業部或產品線。在企業發展過程中，新事業及新業務不斷增加，而過時或冗餘的事業部或產品線總是不會被即時撤除。這會導致職能部門過多，分工不斷細化。企業疆界變得龐大與複雜時，更容易滋生官僚主義，形成「部門牆」。

② 改變各職能部門的連線關係，嘗試建立像傑克‧威爾許所倡導的「無邊界」組織。

③ 倡導自我批判的文化，建立對各級管理者的多維回饋和評價機制。

④ 實行主管輪崗制。為預防高高在上、瞎指揮式的官僚主義，爭取讓每一位中高層管理者都具備基層工作經驗。這裡，可以效仿海爾集團的

「海豚式」升遷：一個管理者要負責更高層次的部門時，海爾公司不是讓他（她）馬上到該職位任職，而是先讓他（她）去與該部門相關的基層鍛鍊一段時期。

⑤　當企業規模變大時，倡導「向上管理」，讓聽見炮聲的人呼喚炮火。

官僚主義與「部門牆」組合通常是集權式組織、自上向下管理的產物。條件具備的企業，可以嘗試轉變為分權式管理，向下級賦能，積極提倡「向上管理」。這樣可以一定程度上拆解官僚化，打破「部門牆」。向上管理，就是以企業的一線業務為中心，資源重點配置在業務一線，基層有更大的話語權及主動性，積極拉動中層及高層參與業務推進和決策，形成以業務為中心的管理。正如任正非所說：「機關要精簡，流程要簡單。我們要減少總部的垂直指揮和遙控，要把指揮所放到前線，把計劃、預算、核算放到前線，就是把管理授權到前線，把銷售決策權力放到前線，前線應有更多的戰術機動，可以靈活地面對現實情況變化。」

單品年銷量超過十三億個、為麥當勞帶來持續營利的主要產品「大麥克」漢堡，並非來自麥當勞總部的新產品研發中心，而是來自一家基層的加盟連鎖店。並且，「大麥克」漢堡推出早期，還一度受到麥當勞總部的售賣限制。稻盛和夫說：「答案在現場，現場有神靈。」基層管理者或員工處在業務現場的第一線，更能真實感受到「前線的炮火」。拆解官僚化，打破「部門牆」，就要倡導向上管理，讓聽見炮聲的人呼喚炮火！

2.5　企業頂層設計，匯聚合夥人的力量

🖥 重點提示

※ 怎樣描述經管團隊與企業所有者的關係？

※ 為什麼不能盲目效仿「任正非在華為持有約1%的股權比例」？

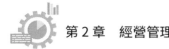

創業者金余近期有點煩。本來說好的，有兩家風險投資（VC）機構要投資他的企業，但進入最後環節，還是泡湯了。拒絕投資的理由有點扎心，也是金余心底的痛 ── 企業股權結構有問題。

金余博士畢業於加州理工學院，曾在矽谷工作兩年多，三年前被一位朋友邀請回國創業，與幾個合夥人一起在北京組建公司開始創業。在創業公司中，金余專注於人工智慧領域的產品研發。創業的 3 年間，磕磕絆絆，團隊及股東幾個人合作並不太順利，所幸有天使資金的支持，產品終於開發成功了，並初步獲得了目標客戶的認可。

眼見非正式投資就要花完了，需要再進一步 Pre-A 輪融資 3,000 萬，企業才能繼續發展。金余參與談了大半年，接觸了三十多家投資機構，最後在股權結構問題上被卡住了。在創業公司中，金余占股比 20%，任首席科學家和技術總監。房地產商張老闆投資了 1,600 萬，是啟動資金也算非正式投資，其他股東都沒有出錢，所以張老闆的股權比例就稍多一些，占35%。牛女士占股比 17%，她是最早邀請金余回國創業的人，與金余的父母是世交。牛女士參與創業，但是不領薪資，況且她的家庭有很多社會資源，張老闆的投資就是牛女士負責搞進來的。費教授占股比 6%，在某知名大學教書，兼任公司策略顧問，是牛女士孩子讀研究生時期的導師。游總占股比 12%，現任公司的總經理，他原來是某大型國際企業的副總，現在退休了，是費教授引薦來的。另有一個合夥企業，是為引進人才進行股權激勵而設立的，占股比 10%。

投資機構遲遲不投資的理由，包括但不限於股權結構的問題。雖然金余主導創業，但是股權比例太少，未來無法承擔相應責任。張老闆股權比例最大，但只是一個出資方，且張老闆的老婆來公司鬧過兩次，抱怨把家的錢都花完了，一毛錢分紅也沒有。牛女士和費教授有點「雷聲大、雨點小」，沒有實質能力，但是他們自認為是公司創立的功臣，並解決了前期

資金和人才的問題。游總繼續延續國際企業的那一套工作方法，與金余一直互相看不慣。

股權結構及經管團隊構成都是企業頂層設計的主要內容。股權結構就是指企業所有者（股東）股權比例的構成，所以股權結構設計屬於商業模式的內容，即設計 T 型商業模式中「企業所有者」的組成結構（見圖1-3-1）。從法律意義上，企業所有者擁有「商業模式」乃至整個公司，理所當然地負責經營管理整個企業，但是現代商業社會鼓勵所有權與經營權分離，所以實際情況比較複雜且呈現多樣化情形。經管團隊與企業所有者的關係可以用如圖2-5-1所示的文氏圖來說明。

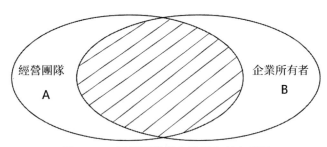

圖 2-5-1　經管團隊與企業所有者文氏圖

在商業實踐中，大部分公司的經管團隊（A）與企業所有者（B）之間是圖2-5-1所示的情形：經管團隊（A）的大部抽成員是企業所有者（B），還有一部分就是純粹的專業經理人。企業所有者（B）大部分是經管團隊成員，還有一部分就是純粹的投資者。當然，它們之間的關係也有幾種特殊情形：A與B完全重合，A與B完全分開，A包含於B中，B包含於A中。

說到企業頂層設計，除了股權結構及經管團隊構成之外，還有諸多項內容，例如：企業家選擇、策略規劃、商業模式、產品定位、治理結構、組織結構、企業文化、技術路徑等。專家學者們討論企業頂層設計時，有點像在廬山中遊覽，與人的眼界相關，也與所處的位置相關，一邊走一邊看，這一個片段，那一個片段，好像都屬於企業頂層設計。有人將管理制

度、工作流程歸為企業頂層設計；還有人將績效考核、廠址選擇也歸為企業頂層設計。

　　根據哥德爾不完備定理，「不識廬山真面目，只緣身在此山中」，我們要跳出策略、商業模式、團隊、管理、文化這些具體的構成要素內容，更新到企業營利系統之上，來總體概覽企業頂層設計，如圖2-5-2所示。

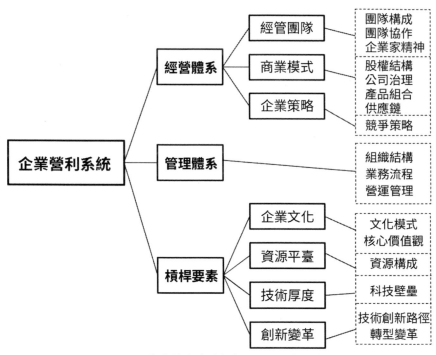

圖 2-5-2　企業營利系統框架下頂層設計內容概覽

　　之前也講到，企業營利系統分為三個層次。第一層次是基本營利系統，也就是每個企業都必須具備的經營三要素：經管團隊、商業模式、企業策略，與其相關的頂層設計內容有：團隊構成、團隊合作、企業家精神、股權結構、公司治理、產品組合、供應鏈、競爭策略等；第二層次是管理體系，與其相關的頂層設計內容有：組織能力（涵蓋組織結構等）、業務流程、營運管理等；第三層次包括四個槓桿要素：企業文化、資源平臺、

技術厚度、創新變革，這些屬於輔助因素，所以相關的頂層設計內容就會少一些（見圖2-5-2）。

　　企業頂層設計的內容應該是那些相對固化的、對經營管理產生長期重大影響的構成要素。在企業營利系統框架下，圖2-5-2給出了一些企業頂層設計的相關內容。管理學有科學性的一面，也有藝術性的一面。不同的觀察者觀察處於不同行業、不同發展階段的企業，看待企業頂層設計時，包括的內容也有所不同。例如：處於創業階段時，股權結構、產品定位都是重要的企業頂層設計內容，而處於擴張階段時，組織結構、營運管理乃至企業文化、價值觀就可能是重要的頂層設計內容。再如：平臺模式或仲介性質的企業，資源平臺可以說是企業頂層設計的重點內容，而科技性企業則會將技術創新路徑看成是頂層設計的重點內容。

　　企業頂層設計的內容比較豐富，還具有個性化、藝術性發揮的特點。本書各章闡述企業營利系統相關模組時，將對有關企業頂層設計的內容再進行一些討論。

　　本節開始的案例中，金余身為技術帶頭人也是核心創業人員，他只占20％股權，顯然比例有點低了。有人會說：「任正非在華為只有1％左右的股權比例」、「財散人聚，財聚人散」等。華為2019年銷售收入為8,588億元，高管的薪資可達數千萬元以上。金余在矽谷工作時，年薪有20多萬美元，而如今創業只有月薪1萬元。創業階段發不起高薪資，創業人員是朝著成就一番事業去的，而股權比例就是事業的一個代表憑證。另外，除了金余年富力強且全職創業外，這個公司的其他創業人員都是兼職工作或來發揮餘熱的，但是他們一共拿走了35％的股權。房地產張老闆在初創公司占有35％股權比例，成為第一大股東，讓股權結構一開始就出現了問題。

　　股權結構屬於商業模式中「企業所有者」方面的內容，但是股權激勵也是經管團隊主要成員事業歸屬的依據和源動力的重要來源。由此，下面

對這個內容重點討論一下。

① 在創業初期，核心團隊成員的股權比例不應該低於70％。核心團隊
　　成員有兩種劃分方法：一種是按前面講的「行動者、思考者、對外
　　者」劃分；另一種是按領導者、技術帶頭人、行銷負責人等關鍵參與
　　者劃分。領導者與其他專業者的股權比例要拉開距離，例如，領導
　　者集「行動者、思考者、對外者」於一身時，其股權比例通常要超過
　　50％。

② 非正式投資者的股權比例原則上不超過20％，可以「小步快跑」多
　　幾輪融資，每次釋放比例少一點。在簽訂投資協定時，可以預先設
　　定非正式投資者的分階段退出條件，並給出一些「封頂」的收益回報
　　指標。

③ 對於顧問、有資源者、退休人員等兼職參與創業，原則上股權比例不
　　超過3％。兼職人才轉為正式創業者時，根據貢獻再逐步增加股權比
　　例。沒有創業歷練或創業投資經歷的創業顧問通常是不可靠的，案例
　　中費教授指導金余創業時，犯了照本宣科的錯誤，讓企業走了一年多
　　彎路，損失了幾百萬元。防止所謂有資源者的忽悠，號稱有「××關
　　係」等，大部分無法落實，反而惹出一些麻煩。與資源者的交易最好
　　是「一把一清」，做出具體貢獻後，可以用現金回報。

④ 當領導者暫時找不到匹配的合夥人時，可以將股權激勵池做大一些，
　　例如，20％股權比例左右。領導者身為執行合夥人，可以預先搞兩個
　　合夥企業：一個用來做股權激勵，將一些團隊人才的股權放進來；另
　　一個將輔助創業人才或投資較少的投資者的股權放進來。

⑤ 創業開始就組建一個超豪華團隊，股權比例很快就大致分配平均了，
　　這樣並不利於創業發展。創業團隊中，資優生、名校、名企、名家等
　　出身的人太多，有時對創業企業的文化有副作用。案例中的牛女士

以資源整合模式搞起來的創業，通常會在頂層設計方面留下明顯的缺失。

⑥ 只要在相關協定上有所規定，其實股權結構是可以階段性動態調整的。在創業過程中，貢獻比預計大的人，可以增加一些比例；而貢獻比預計少或因故一定程度退出的成員，可以減少一些股權。例如：1975年時，比爾·蓋茲（Bill Gates）和保羅·艾倫（Paul Allen）合夥創辦微軟時，蓋茲占股60％，艾倫占股40％。1977年，兩人簽署了一份非正式協定，明確規定兩人持股份額分別為64％和36％。1981年，微軟註冊成為一家正式公司，蓋茲持有53％的股份，繼續保持絕對控股，艾倫持有31％的股份，巴爾默、拉伯恩分別占股8％和4％，其餘成員共同占股4％。

⑦ 股權是創業領導者手中的「一副牌」，如何打好這副牌，有收有放，是重要的頂層設計之一。例如，當企業營利水準高或現金充沛時，可以用提高薪資的策略以減少股權激勵的比例，還可以透過協商用現金溢價的方式，收購一些「徒有其名」的參與者或非正式投資者的股權；當創業艱難時，多用股權稀釋及激勵手段引進關鍵發展資源及重要人才。

前面章節曾講到使命、願景、目標客戶、奮鬥者、核心價值觀五個方面企業家精神的內容。其實，如何「分錢」——更重要的是「如何分配股權」，也是企業家精神的重要內容之一。以奮鬥者為本，匯聚合夥人的力量，應該是「頂層設計」股權結構時的主要依據！

第 3 章
T 型商業模式：讓企業生命週期螺旋上升

本章導讀

　　商業模式如何創造顧客，為企業帶來不斷遞增的營利？T型商業模式的三個飛輪效應可以說明這一點。飛輪增長與增強迴路、複利效應、滾雪球、指數增長、贏家通吃、馬太效應等叫法不同，但背後的原理相似，只是冠上了不同的「名稱」。一個企業從優秀到卓越，起碼要讓第一、第二飛輪效應發揮作用；要實現基業長青，那麼就需要第一、第二、第三飛輪效應相互協同起來。

　　商業模式不是營利模式，不是一座理論孤島，不是救命絕招，不是行銷圈套，不是比本身更難懂的定義，不是B2B、B2C等一樣的繞口令。那麼，商業模式究竟是什麼？T型商業模式的諸多營利模型如何使用？

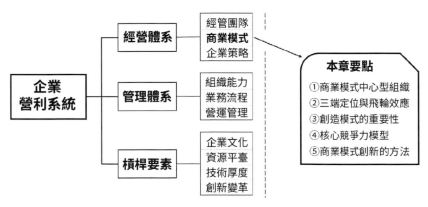

第 3 章要點內容與企業營利系統的關係示意圖

3.1　新視角：建立商業模式中心型組織

🗂 重點提示

※ 繼續遵循「結構跟隨策略」，有哪些不妥之處？
※ ofo小黃車公司在商業模式上有哪些失誤？

由於新冠疫情的影響，邊境關閉，港口關閉，回家的班機都取消了。二十五名年齡在14～17歲的荷蘭青少年，在老師的指導下共同駕駛一艘一百年前的德國老帆船，從北美洲加勒比海中的聖露西亞島出發，橫穿大西洋回家，歷時三十八天航行8,000多公尺，最終於2020年4月26日抵達荷蘭北部的哈靈根港。

大自然中很多事物是相通的。為便於理解，我們曾將基本企業營利系統，即經營體系比喻為「人－車－路」系統，用公式表示為：經營體系＝經管團隊×商業模式×企業策略，用文字說明為：經管團隊驅動商業模式，沿著企業策略的規劃路徑進化與發展，持續實現各階段策略目標，最終達成企業願景。

將比喻倒置一下，上例中那些荷蘭青少年相當於一個企業的經管團隊，德國老帆船相當於商業模式，航行路徑、外部環境及到達港口三者相當於企業策略。在這個「人－車－路」系統中，應該以什麼為中心？人駕駛帆船，也乘坐在帆船上，依靠那艘帆船，這些青少年才能橫穿大西洋回家。通常根據「車」的大小、多少、種類與特點配置駕駛團隊，所以應該以「車」為中心。以「路」為中心可以嗎？答案是否定的，因為外部氣候、地理及遭遇的環境是變化的，行駛路徑是要不斷調整的。事實也是這樣，當記者採訪這群荷蘭青少年時，其中一位女孩說：「一切都在不斷變化，到達時間改變了無數次，靈活變通真的很重要。」面對順風、逆風、前側風……他們要靈活調整船帆的組合及位置，以求得最佳航行效率。當遇到

颱風暴雨等惡劣天氣、路過百慕達三角洲等危險區域時，他們也要調整或被迫改變原來的航行路徑。

在航行中唯一不變的是變化！企業在競爭環境中發展進化也是如此。貝佐斯（Jeff Bezos）說：「要把策略建立在不變的事物上。」上例中的德國老帆船就是那個相對不變的事物，才能載送船上的團隊成員到達目的地。同理，商業模式是企業營利系統中那個相對不變的事物，才能在一個策略期間為企業帶來持續盈利。

在平衡計分卡理論中，曾有個說法叫做「策略中心型組織」。那時看來，這個說法還不能算錯，理由如下：

① 那時，策略與商業模式糾纏在一起，不分彼此。像價值鏈、產品定位等現在屬於商業模式的主要內容，那時都被歸屬為策略的範疇。

② 平衡計分卡理論興起於產品時代，側重於業務穩健性企業的策略執行。那時競爭策略大行其道，大街小巷的管理培訓重點在講「執行力」，企業重點在策略執行上比拚。

時代變了，中心就轉移了。杜拉克說：「當今企業之間的競爭，不是產品或服務之間的競爭，而是商業模式之間的競爭。」商業模式為企業創造顧客、持續營利，是企業營利系統的中心。所以，可以將企業稱為「商業模式中心型組織」。

在實踐中，通常以商業模式為中心配置經管團隊。2010年10月，小米公司創立時，為了能在三星、蘋果等強手如林的智慧手機行業闖出一條道路，以「手機硬體＋MIUI系統＋米聊軟體」為產品組合，以「高配置、低價格」為價值主張，以策略性低成本打造熱銷產品設計營利機制，建構出了一個獨特的商業模式，喻稱為「三駕馬車」商業模式。為了實現這個商業模式，創始人雷軍80％的時間都在找人，幸運地找到了七位「能人」合夥：林斌負責供應鏈，周光平負責手機硬體開發，洪鋒負責MIUI系統，

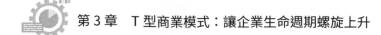

黃江吉負責米聊業務……

　　倒過來，以經管團隊為中心，配置商業模式可以嗎？大家來自五湖四海，口味需求懸殊，背景信仰不同，那得多複雜的商業模式！為孫悟空配置「大鬧天宮」，為豬八戒配置「高老莊」……稍微想想，一定是不可行的。ofo 小黃車創始人是重度騎行愛好者，後來將興趣發展成了一門生意 —— ofo 共享單車。既然將愛好變成了生意，就要以商業模式為中心配置團隊，共同去驗證商業模式可行嗎！ofo 小黃車創始人的確找來了四位合夥人，但同樣是校園騎行愛好者，五位創始人的工作經驗都很有限。這有點像「以團隊為中心配置商業模式」！短短三年時間，ofo 團隊燒掉了諸多投資機構給他們的 130 多億元。到後來，這個商業模式也沒能成功。

　　以商業模式為中心，也能「拯救」策略。1998 年，明茨伯格在其著作中將當時的九大策略學派（設計學派、計劃學派、定位學派、企業家學派、認識學派、學習學派、權勢學派、文化學派、環境學派）比喻為盲人摸象。沒承想，批判別人連自己也無法避免，他最後又為策略增加了一個學派 —— 結構學派。那時策略理論就是混沌且門派林立的，而至今策略學派還在「裂變」中。一些專家學者在「象牙塔」中等待時機，新舊商業或管理名詞一組合，建構一個自圓其說的理論，一個又一個新的策略學派就誕生了。策略變得更混沌了！企業經營實踐者無所適從，到底哪個「策略」是真正的策略呢？

　　筆者將策略與商業模式大致分開討論。打個比喻說，當發現太陽是我們所處天體系統中心的時候，八大行星如何運轉就比較容易說明白了。商業模式是企業營利系統的中心，企業策略以商業模式為中心，分為外部環境、策略路徑、目標和願景三個部分，如圖 3-1-1 所示。還以小米手機為例，它創立時外部環境競爭激烈，創始人又有比較高遠的目標和願景，為實現銷售增長，小米的策略路徑該怎麼走呢？千里之行，始於足下。基於

小米手機「三駕馬車」商業模式，先以網路上的愛好者為目標客戶，然後擴充套件到18～35歲在乎性價比的民眾，再到喜歡「便宜好貨」的消費者……創立僅五年，小米手機銷量就突破了七千萬部。

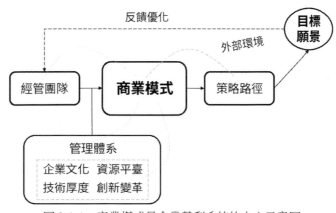

圖 3-1-1　商業模式是企業營利系統的中心示意圖

　　沒有提出「以商業模式為中心」之前，不少企業是以「策略上做大做強」為中心。還以小黃車ofo為例，A輪融資後，ofo創始人在高人的指點下，以「在中國國內及海外迅速投放單車以占領市場之策略」為中心。然後，該公司首先進行廣告「轟炸」，花3,000萬元在一家媒體上投放廣告，花2,000萬元冠名了一顆衛星，還花1,000萬元請鹿晗代言等。僅用三年時間，ofo投放了兩千三百萬輛單車，設立了覆蓋中國約兩百座城市的各地分公司及多個海外分支機構。但是ofo的小黃車品質太差，損壞與丟失嚴重，投放越多則企業虧損越大。由於小黃車騎行體驗太差，顧客紛紛排隊等著退押金。之前曾講到商業模式第一問：企業的目標客戶在哪裡，如何滿足目標客戶的需求？ofo將目標客戶的需求體驗給忽略了，當然就不是以商業模式為中心。

　　如圖3-1-1所示，除了經管團隊、企業策略（包括三個方面：外部環境、策略路徑、目標和願景）等經營要素，管理體系也要以商業模式為中

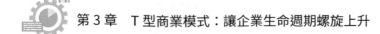

心嗎？有句話說：「結構跟隨策略」，而組織結構是管理體系的主要內容，所以一直以來的說法，管理體系及其組織結構都是以策略為中心的。「結構跟隨策略」是美國管理學家錢德勒首先提出來的，後來公司策略開創者安索夫（Igor Ansoff）在其1979年出版的《策略管理》一書中，也是非常支持這個理論。

　　時代變了，結構跟隨策略，是傳統的正規化。現在，策略與商業模式相互分開，企業價值鏈已經是商業模式的主要內容。麥可‧波特的價值鏈理論是商業模式的理論源頭之一。企業的組織結構設計都是以價值鏈為基礎的，即以商業模式為中心。例如：有製造業務，才有製造部門。如果企業搞虛擬經營，將製造外包了，就不會設定製造部門了。

　　另外，「結構跟隨策略」是這麼來的：1960年代之前，錢德勒（Alfred D. Chandler Jr.）跟隨研究了美國杜邦、通用汽車、紐澤西標準石油和西爾斯等四家跨國公司的海外擴張和多元化策略的實施過程。他發現這些公司的策略改變後，組織結構也隨之改變。例如，從直線職能制更新為事業部制，確保了策略和組織的一致與協調。現在看來，海外擴張類似於現在的「連鎖經營」商業模式，多元化策略類似於現在的多商業模式協同。實際上，當時，這些跨國公司的組織結構也是跟隨商業模式而改變，即以商業模式為中心。

　　如圖3-1-1所示，企業文化、資源平臺、技術厚度、創新變革等槓桿要素也應該「以商業模式為中心」。例如，企業文化不是掛在牆上的口號，也不僅是為員工過生日或搞團建、旅遊活動。企業文化是執行商業模式循環往復的結果：有文化的企業及員工→優秀的產品→客戶滿意→企業營利→企業及員工教育程度提高→產品的品質提升……產品、客戶與營利等都是商業模式的重要內容，所以建設企業文化，應該「以商業模式為中心」。除了企業文化，資源平臺、技術厚度、創新變革也應該「以商業模

式為中心」，這些內容將在本書第6章詳細闡述。

在一定時間內，商業模式是穩定及相對不變的。當把時間拉長，商業模式也需要創新改變、轉型更新。筆者將企業的生命週期分為創立期、成長期、擴張期、轉型期等四個階段，相應地建構三端定位、飛輪增長、核心競爭力、第二曲線轉型等多個可供商業模式創新、優化、更新、轉換的參考模型。本章第2節至4節也會討論以上各個模型。透過創新優化或轉型更新，當商業模式躍遷到一個生命週期階段新穩態後，企業營利系統以商業模式為中心，也要進行調整與重建。

3.2　以T型商業模式為綱，驅動三個飛輪效應

🗔 重點提示

※ T型商業模式中的三個飛輪效應，有什麼實用意義？

※ 線上和線下都遭遇銷售難的環境下，名創優品是如何營利的？

以商業模式為中心，建立商業模式中心型組織。因此，首先要把商業模式搞清楚。如何將「T型商業模式」的內容簡要概括一下？

古代三國時期典籍《傅子》中有句話：「秉綱而目自張，執本而末自從。」後來這句話轉變為了成語「綱舉目張，執本末從」，展開解釋一下就是：抓住了提網的總繩，漁網的網眼就會自然張開。抓住事物的根本，其餘的細節就會自然跟從。

在中國東北地區的冰雪季節，湖下捕魚旅遊專案 ── 查干湖冬捕，大致是按照「綱舉目張、執本末從」這個成語來操作的：先在湖面上畫出一片多邊形區域，然後鑿冰打孔。在冰面下沿著畫出的多邊形區域，用碗口粗的「圍桿」穿梭一圈，沿四周布置連線在一起的數百條結實的繩索。這些繩索共同繫著一張由九十六塊網拼接在一起的碩大漁網，這張大漁網

就把湖面下數十萬斤的湖魚給包圍了。隨著領頭人「開捕」一聲令下，三匹馬拉動的裝置將數百條大繩及連著的漁網依次拉出湖面。在大繩的拉力作用下，漁網的網眼張開，數十萬斤湖魚就變成了「囊中之物」。

　　查干湖冬捕是一個企業主導的旅遊專案，自然有一個以地理標誌為特色的商業模式。依靠商業模式創造顧客，為企業帶來持續營利，與拉網捕魚的道理是一樣的。我們也以「綱舉目張，執本末從」的方式來介紹Ｔ型商業模式全要素圖，如圖3-2-1所示。

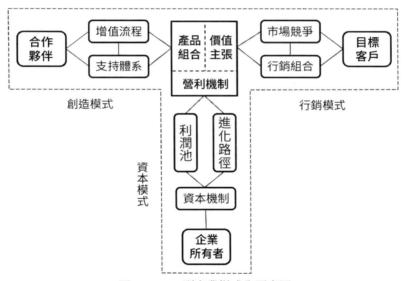

圖 3-2-1　Ｔ型商業模式全要素圖
圖表來源：《Ｔ型商業模式》

　　從主幹方面講，Ｔ型商業模式分為三大部分，可用一個公式表達為：商業模式＝創造模式＋行銷模式＋資本模式。

　　商業模式如何創造顧客，並能為企業帶來不斷遞增的營利？Ｔ型商業模式中的三個飛輪效應可以說明這一點。這裡用作比喻的飛輪是一個機械裝置，啟動時費點力氣，旋轉起來後就很省力，並且越轉越快。飛輪效應與巴菲特（Warren Buffett）強調的複利效應與滾雪球、社會學中講的馬太

效應、系統思維中的增強回饋及行銷中說的指數級增長等背後的原理是一樣的，只是冠上了不同的「名稱」。

如圖3-2-1所示，第一個飛輪效應是產品組合中發生的飛輪效應。現在是「商業模式之間的競爭，已經不是產品之間的競爭」，關鍵區別在於商業模式更多關注產品組合，而不再是單一產品了。例如：吉列公司的「刀架＋刀片」產品組合。吉列將剃鬚刀架賣得很便宜，甚至可以搭售贈送，而將易耗品剃鬚刀片賣得較貴，毛利非常高。吉列的刀片與刀架固定搭配，顧客買的刀片用完後，為了刀架「不孤單」，今後就要不斷購買吉列的刀片。吉列每賣出一個刀架，就相當於增加了一個不開薪資卻忠於職守的「銷售員」，協助鎖定顧客，然後帶來源源不斷的刀片收入。這就是吉列公司賺錢的祕笈：在一段時間內，當刀架銷量線性增長時，高毛利的刀片銷量是指數增長的。

第二個飛輪效應是在創造模式、行銷模式、資本模式三者之間發生的，是 T 型商業模式中的基本飛輪效應，下一節將具體介紹它的相關原理及應用案例。通常所說的，打造熱銷商品、建構品牌、形成主打產品、口碑裂變、駭客增長等 —— 不同行業及產品特點，其說法不一樣，但是其基本原理是相通的，都依賴於 T 型商業模式中的這個基本飛輪效應。

第三個飛輪效應是基於企業核心競爭力而產生的，將在本章第4節介紹它的相關原理及應用案例。基於企業的根基產品，核心競爭力能讓企業商業模式中的產品組合階梯式或躍遷式進化與成長，形成一系列產品族。通常所說的，生態圈主導型企業、多事業部圍繞核心業務的協同集團，其背後都有這個飛輪效應在發揮作用。

以上簡要介紹了 T 型商業模式的三大部分及三個飛輪效應。像案例中的那個漁網一樣，要讓 T 型商業模式能「捕魚」，主幹部分下面還要連線著很多個分支要素。創造模式、行銷模式、資本模式下面共有十三個要素，

下面分別進行說明。

如圖3-2-1所示，創造模式由四個要素組成，「負責」創造一個產品組合；用公式表達為：產品組合＝增值流程＋合作夥伴＋支持體系；用文字表述為：增值流程、合作夥伴、支持體系三者互補，共同創造出目標客戶所需要的產品組合。

此處的增值流程是指形成產品組合所需要的在企業內部完成的主要業務流程，近似波特價值鏈。合作夥伴主要是指企業的供應商。價值鏈與供應鏈相互補充，共同製成產品組合。支持體系的內容比較豐富，可以簡單理解為創造產品組合所需要的關鍵資源與核心能力，其中的核心內容是科技創新資源與能力。由此看出，科技創新是商業模式中創造模式的重要支撐。

從創造模式來看，上文中吉列公司的「刀架＋刀片」產品組合如何產生的呢？從增值流程看，吉列主要負責刀片研發、關鍵加工與行銷，而將製鋼、輔材等環節外包給合作夥伴。從支持體系中的科技創新部分看，吉列不惜花費數億美元巨資疊代更新一款刀片，不斷為技術創新申請專利，一道一道的專利保護讓潛在競爭者不敢輕易參與競爭。

如圖3-2-1所示，行銷模式也由四個要素組成，「負責」將產品組合售賣給目標客戶，用表達公式為：目標客戶＝價值主張＋行銷組合-市場競爭，轉換為文字表述為：根據產品組合中含有的價值主張，透過行銷組合克服市場競爭，最終不斷將產品組合售賣給目標客戶。

本書中，目標客戶與使用者、顧客等概念基本一致，都表示產品組合的銷售對象。價值主張決定了企業提供的產品組合對於目標客戶的實用意義，也就是滿足了目標客戶的哪些需求。行銷課上流傳著這樣一句話：顧客買的不是「鑽機＋鑽頭」，而是牆上的「八毫米孔」。「鑽機＋鑽頭」屬於產品組合，而能有效率且完美地鑽出「八毫米孔」才是價值主張。行銷組合代表企業選擇的行銷工具或手段的一個整合。行銷4P、4C、4R等是經

典系列的行銷工具組合。現今網路環境下，社群行銷、裂變行銷等，以及「網紅」、「推坑」等都成了非常流行的行銷手段。將選用的行銷工具或手段整合在一起，統稱為企業的行銷組合。

為了理解行銷模式四個構成要素，列舉一個簡例：第二次世界大戰後，百事可樂將目標客戶聚焦在嬰兒潮一代長大的美國年輕人，以「青春、時尚、獨樹一幟」的價值主張及請巨星代言、品嘗實驗等新穎的行銷組合，成功地避開了與可口可樂的同質化市場競爭，最終找到了自己的生存與發展空間。

如圖 3-2-1 所示，資本模式由五個要素組成，「負責」將行銷模式產生的營利儲存為企業資本，並從外部引進資金與人才資源，它們共同為創造模式賦能，如此循環往復，以形成促進企業盈利增長的飛輪效應。資本模式中的營利或資本，都屬於廣義的資本，包括物質資本、貨幣資本和智力資本等。資本模式的表達公式為：利潤池＝營利機制＋企業所有者＋資本機制＋進化路徑，用文字表述為：利潤池需要營利機制、企業所有者、資本機制、進化路徑四個要素協同貢獻。

利潤池表示企業可以支配的資本總和，主要有資本存量和利潤池容量兩個衡量指標。從資本存量角度，利潤池匯聚著企業內生及外部引進的各類資本；利潤池容量代表著企業未來的成長空間，一般以企業估值或企業市值來近似衡量。營利機制是指企業透過產品組合實現盈利以建立競爭優勢的原理及機制。例如，樊登讀書、羅輯思維等知識平臺的「免費＋收費」產品組合中含有這樣的營利機制：免費的數位化產品帶來巨大流量，但是邊際成本趨於零 —— 一萬名使用者與一億名客戶的總成本相差無幾。而收費的數位化產品的邊際收益以指數遞增 —— 初期少數使用者攤銷掉成本，爾後若干年新增使用者帶來的收益基本都是企業的利潤。

企業所有者名義上是指全體股東，而實質上發揮作用的是有權決策對

外股權融資、股權激勵、對外投資合作等資本機制層面操作事項的一個人
或一個小組。在經營實踐中，往往是企業創始人、掌門人或核心團隊掌管
了這些決策權，而股東會、董事會等往往是一個正式的法律形式。

　　資本機制類似於資本營運，主要指企業所有者透過對外融資、股權激
勵、對外投資等資本運作形式，為企業引進資金、人才等發展資源或尋找
發展機會。

　　進化路徑是指商業模式發展進化的軌跡。例如，阿里巴巴從企業服務
電商起步，然後有了淘寶、支付寶，再後來進化為由天貓、螞蟻金服、菜
鳥物流、雲端計算、智慧零售等諸多商業模式組成的產品組合。

　　以上簡要闡述了由創造模式、行銷模式、資本模式三大部分構成的 T
型商業模式的十三個要素。在具體應用的時候，常常不需要列出 T 型商業
模式的全部要素，僅選擇其中一部分就能說明問題。例如，本書章節 1.3
中的 T 型商業模式定點陣圖（圖 1-3-2），它主要用在對處於創立期的企業
進行商業模式定位。

　　T 型商業模式定位是基於像波特競爭策略、藍海策略、特勞特定位
（或里斯定位）、熱銷策略、STP 理論等產品定位理論基礎上的更新式定
位，主要是對產品組合進行定位。由於它是對合作夥伴、目標客戶、企業
所有者三個利益主體（處在「T 型商業模式」的三端）的訴求進行綜合考量
而進行定位，所以形象地稱之為「三端定位」或「三端定位模型」。下面以
名創優品為例，具體說明一下三端定位模型的應用。

　　名創優品借鑑了大創、UNIQLO、無印良品等日本知名品牌的外在表
現形式，並吸收了美國零售大廠 Costco 的關鍵經營核心，創立僅五年就在
全球開店三千六百家，進駐八十多個國家和地區，年收入超過 25 億美元。

　　名創優品在全球各地經營新日用品小店，屬於零售服務業。名創優品
產品組合的三端定位，如圖 3-2-2 所示。

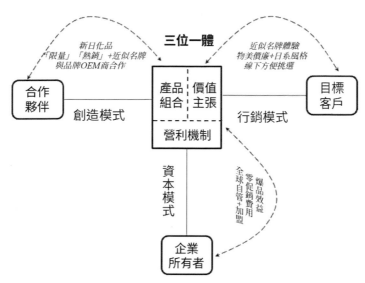

圖 3-2-2　名創優品產品組合的三端定位示意圖
圖表來源：《商業模式與策略共舞》

　　從創造模式這一端看，它與全球優秀合作夥伴一起，將店內貨品打造成高性價比的「稀有」、「熱銷」，將品牌形象塑造成一個基本統一的近似名牌，即它的產品組合為「稀有」、「熱銷」＋近似名牌。

　　從行銷模式這一端看，名創優品的目標客戶以女性為主，主要為新中產或準中產階級。此類客戶群體喜歡逛街，願意花時間貨比三家。他們對洗護、數位配件、家居等「新日用品」的產品品質要求較高，希望貨品設計美觀、獨樹一幟並有名牌感覺，同時也希望這些物品的售價要越低越好。名創優品的產品組合正是含有了這樣的價值主張，例如：瑩特麗OEM工廠代工的眼線筆，在名創優品的售價為9.9元（原品牌售價為100元左右），一年銷售達到一億多支。

　　再從資本模式這一端看，當售價確定時，讓營利機制發揮有效作用就必須不斷降低成本，持續創造出的營利空間就能支撐企業所有者的長期利益。名創優品透過智慧化地建構極致供應鏈、有效管控SKU（庫存保有部

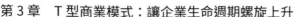

門）數量、迅速全球開店、打造高性價比的熱銷商品、零促銷費用等多管齊下，以規模效應讓貨品成本和分攤的管理費用等策略性地不斷降低。

　　電子商務已經將線下零售「搬遷」到了線上，新創立企業幾乎都是「九死一生」，名創優品憑著對商業模式的正確定位快速成了獨角獸企業。由名創優品案例可知：一個可行的商業模式，目標客戶、合作夥伴及企業所有者三端利益缺一不可；價值主張、產品組合及營利機制「三位一體」不可分割。它們就像一個風扇的三個葉片，缺少任何一片，整體都不能順暢運轉起來。

3.3　沒有創造模式，營利「飛輪」怎能轉起來？

重點提示

※ 飛輪效應背後的數學原理是什麼？

※ 戴森公司是如何將所在行業「重做一遍」的？

　　維多利亞的祕密（Victoria's Secret，簡稱「維密」）是一家專門銷售女士內衣的美國公司。從產品屬性角度，按理說維密公司應該低調一些，採取一些保護顧客隱私的措施，以避免消費場景可能出現的各種尷尬。

　　維密卻反其道而行之，商業模式上以行銷模式為主，其行銷組合主要配置有「維密大秀、販賣性感、場景促進」三大猛招。一年一度的維密內衣走秀宣傳期間，幾乎全世界都在「熱炒」包括維密天使、頂級名模、夢幻天價內衣、維密翅膀等諸多不同維度的傳播和行銷話題。除了演出現場萬頭鑽動，一票難求，影片還在一百九十二個國家播放，粉絲遍布全球，吸引了眾多消費者、觀眾的注意力。這樣的「性感」場景在維密內衣秀上頻頻出現：身高175公分以上的名模，踩著高跟鞋，穿著不同元素的主題內衣，身上還揹著十多斤的翅膀，全程面帶微笑，走著最性感的臺步，

甚至還有「一摔成名」。維密不僅引領了內衣時尚，還成為「性感」的代名詞。「穿出一道屬於你的祕密風景」，是維密長久以來的行銷口號。在美國，維密公司有超過一千家門市都在銷售由超級名模代言的維密性感內衣。該公司之所以叫「維密」，還有一些「密不外傳」的行銷絕招，例如，營造一種「催眠」式行銷場景，誘導消費者走進門市，不斷購買新產品。

持續紅火了十多年的維密大秀，2019年11月迎來了一個壞消息。維密公司總部相關負責人宣布，由於近年來收視率下降和外界對該活動的強烈反對，2019年的「維密秀」確認取消。事實上，從2015年起，「維密秀」的魔力就開始消退，收視率大幅下滑，業績也持續疲軟。進入2020年，維密公司又宣布，將永久關閉兩百五十家位於北美的連鎖門市。由於銷售額嚴重下滑，鉅額虧損，原計劃收購維密的接盤方也終止了交易舉動。

維密遭遇的增長瓶頸，其背後原因是什麼？稜鏡認為：美國「千禧一代」構成的新一代中產階級，在選購內衣的時候，更在意健康元素、舒適程度，而不再僅是性感、時尚等視覺效果。想想也是，內衣是用來穿的，不是用來看的。

也許有人會問，2017年維密公司在上海舉辦了一年一度的「維密秀」，在中國已經開了二十多家性感內衣連鎖店，為什麼沒有能透過中國市場獲得第二春呢？稜鏡說，維密公司在中國市場延續了「重行銷輕產品」的傳統策略。另外，中國本土的內衣品牌正在逐漸崛起，甚至已經進入國際市場，使得在內衣這件事上，中國的「千禧世代」更願意去追求符合本土審美的產品。

用T型商業模式的第二個飛輪效應來分析：①維密過分重視行銷模式；②如果有創造模式，也主要用來創造性感、時尚的氣氛，而長期偏離產品；③資本模式方面，也主要是累積了維密名模、天使翅膀、媒體資源、行銷人才等所謂關鍵資源與能力。時代不同了，新一代中產階級的消費口

味已經向產品本身回歸。魚和熊掌不可兼得，性感、時尚的內衣產品往往無法兼顧健康與舒適，更不會有物美價廉的價值主張。針對新一代目標客戶，如果維密的創造模式缺失了，資本模式殘缺了，就像有三個葉片的風扇，其中兩個「一瘸一拐」，那麼飛輪效應就「轉動」不起來了。

飛輪效應與複利效應、馬太效應、增強回饋、指數成長等說法背後的數學原理是一樣的：公司的成本沿著線性增長，而收益呈現指數增長。長此以往，企業累積的營利必然會越來越多。而當飛輪效應缺失時，由於固定成本降不下來，存貨也更多，所以企業經營就會轉為被動，甚至陷入困境。

在Ｔ型商業模式中，第二個飛輪效應的正向增強回饋原理，如圖3-3-1所示。

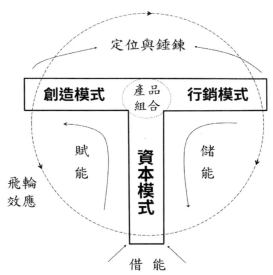

圖 3-3-1　Ｔ型商業模式的飛輪增長模型示意圖
圖表來源：《商業模式與策略共舞》

創造模式聚焦在創造一個好產品（或產品組合），行銷模式負責把這個好產品售賣給目標客戶。行銷模式將從目標客戶或市場競爭中獲得的需求資訊回饋給創造模式，然後創造模式對原產品進一步疊代更新；行銷模

式再把改進後的產品售賣給更多的目標客戶……這樣往復循環，是一個調節回饋過程 —— 對產品組合定位不斷糾錯改進，更是一個增強回饋過程 —— 產品越錘鍊越好，創造的顧客越來越多。

　　創造模式與行銷模式的積極聯動循環，就會產生營利、資源、能力等資本累積：產品銷售產生的盈利可以轉化為貨幣資本；重複購買及協助口碑傳播的顧客、協助創造的合作夥伴資源都是企業的關係資本；同時，人才成長、技術進步及各方面經營管理能力提升就會形成企業的智力資本。在資本模式中，來自創造模式與行銷模式的資本累積被形象地稱為儲能的過程。與此同時，在產品組合發展與進化時，由於所需要資本的相關性及共享性，資本模式也會對創造模式與行銷模式賦能。並且，資本模式中的企業所有者還會透過股權或債權融資、股權激勵等資本機製為企業發展引進資金和人才 —— 這被形象地稱為「借能」。

　　資本模式與創造模式、行銷模式之間不斷往復循環發生的儲能、借能與賦能活動，疊加創造模式與行銷模式之間的增強回饋循環過程，就會在它們三者之間啟動創造顧客的飛輪效應 —— 產品不斷被疊代進化，創造的顧客越來越多，規模效益呈指數增加，企業累積的資本越來越多。

　　如果需要追溯T型商業模式及其飛輪效應的理論源頭，可以翻閱杜拉克在1954年出版的《管理的實踐》一書。杜拉克指出：「創辦企業的目的必須在企業本身之外，因此企業的目的只有一種適當的定義，就是創造顧客。為了創造顧客，企業必須建立兩項基本職能：第一是行銷，第二是創新。」當今，除了行銷及創新，資本也可以履行創造顧客的職能。淺顯地說，透過資本收購或補貼就可以直接創造顧客，資本還可以迅速放大企業的行銷和創造職能。將創新、行銷、資本三者轉換一下名稱，分別稱為創造模式、行銷模式、資本模式，就與T型商業模式理論歷史性地連貫起來了。

　　第一飛輪效應可以與第二飛輪效應疊加起來，猶如地球既自轉也圍繞

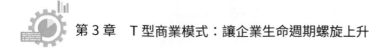

太陽公轉，指數增長疊加指數增加，可以讓一個公司「從優秀到卓越」。亞馬遜、蘋果及阿里巴巴、華為都做到了這一點。延續上一節吉列公司的案例，它的第一飛輪效應在「刀架＋刀片」產品組合中產生，第二飛輪效應在創造模式、行銷模式及資本模式中產生。吉列公司持續發展一百多年了，「刀架＋刀片」產品組合幾乎壟斷了全球市場，而且毛利潤高得嚇人。2005 年初寶潔以 570 億美元收購吉列時，吉列公司的利潤約 20 億美元，全球市場占有率接近 70％，美國市場占有率高達 90％。難怪有人說，「吉列公司完全掌握了全世界男人的鬍子」。

　　像維密那樣「重行銷輕產品」類型的公司廣泛存在。兩千多年前的典籍《戰國策‧燕策》裡有這樣一則故事：有個人要賣馬，接連三天在集市上，沒有人理睬。後來花了點錢，請大名鼎鼎的識馬專家伯樂先生來「代言」。伯樂來到集市上，繞著馬兒轉了幾圈，臨走時又戀戀不捨地回頭一看，然後人們蜂擁而至、爭相購買這匹馬，以至於最後這匹馬的價錢漲了十倍。儘管製造轉變為創造需要再加速，但是行銷創新繼續領跑，花樣推陳出新、越來越多。「網紅」業配、好評推薦、資本補貼、「上癮瘋傳」甚至「裂變」，一夜之間都成了非常流行的行銷手段。拋開創造模式和資本模式，甚至拋開行銷模式的其他要素，只是重視各種新鮮或流行的行銷手段和工具，無法形成促進企業成長的飛輪效應，那些所謂美好的「業績呈現」，最終都將是曇花一現。

　　因為創造模式是每一個商業模式的必備選項，創造模式的重要支撐是技術創新，技術創新屬於商業模式創新的一部分，所以再討論商業模式型公司與技術創新型公司的區別，就有些不夠嚴謹了。技術創新通常包括基礎科技創新、平臺模組創新、產品應用創新三個遞進層次。科技進步、技術創新等形成的組織層面的智力資本，才是驅動商業模式飛輪效應可持續疊加的有生力量。

　　大家都在說：所有的行業，都值得重做一遍！我們看看英國高科技公

司戴森是如何將這個理念落實的。例如：很早之前，由一百〇三名工程師參與、歷時四年、開發了六百個原型、耗費了 1,010 英里[02] 長的人類頭髮，花費 3,800 萬英鎊研發經費後，Dyson Supersonic 吹風機終於上市。後來，這款吹風機的第二代又研發了六年，陸續投入近 1 億英鎊建立頭髮科學實驗室。有技術創新支撐的創造模式及商業模式，Dyson 的行銷業績自然亮眼。早在 1991 年時，Dyson 最早的一款吸塵器售價就高達 2,000 美元。迄今為止，Dyson 已在七十個國家和地區售出了超過一千萬臺吸塵器。2012 年，Dyson 開始進駐中國市場，後來在天貓商城創辦了官方旗艦店。普通的吹風機售價幾十元，而 Dyson 的吹風機賣 2,990 元；普通的臺燈 9.9 元包郵，而 Dyson 的臺燈賣 4,450 元。Dyson 曾發布一款捲髮棒新品，優惠價 3,690 元，在一秒內就被搶完了。

3.4　生態圈、歸核化、基業長青……　為什麼核心競爭力如此重要？

🗐 重點提示

※「從優秀到卓越、基業長青」，需要分別具備哪幾個飛輪效應？

※ 像拿破崙一樣，為什麼一些企業創始人自認為「強者無疆」？

　　奢侈品中的頂尖品牌愛馬仕（Hermès），創始人就叫愛馬仕（Thierry Hermès）。在愛馬仕創立至今的一百八十多年裡，一共經歷了六代傳人。

　　西元 1837 年，創始人愛馬仕 36 歲的時候，自立門戶「下海」創業，在巴黎開了一家名字叫做「愛馬仕」的高階馬具專賣店，大到馬鞍，小到驅蠅鞭等各種精緻配件，應有盡有。在那個年代，愛馬仕店裡的匠人們像藝術家一樣，對每件產品都精雕細刻，留下了許多傳世佳作。西元 1867

02　1 英里 ≈ 1.609 公里。

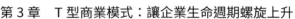

年，巴黎舉辦了規模空前的世博會，愛馬仕的馬具一舉獲獎，愛馬仕的名聲開始向國際市場傳播。

到第二代傳人時，愛馬仕真正地成了一個國際化品牌，客戶遍布歐洲乃至全世界的貴族與王室。二十世紀初，福特公司推出了劃時代的Ｔ型車，然後汽車工業開始蓬勃發展。馬車開始被汽車取代，馬具用品的需求漸漸萎縮。

愛馬仕的第三代傳人不得不領導愛馬仕進行產品轉型，把愛馬仕的精湛工藝從馬具延展到了皮具上 —— 開始為上流社會的女士打造上等皮包。此時的愛馬仕並沒有盲目跟隨工業革命的浪潮，而是堅持選材考究、精雕細琢的手工工藝，繼續突顯產品的稀缺和珍貴。

第四代傳人讓愛馬仕更上一層樓，開啟了金字塔式產品組合：最頂端的高階定製產品，目標客戶是上流社會的權貴、富裕群體；品牌皮包、珠寶、高階成衣等中堅產品，消費族群主要面向與上流社會看齊的中產階級；絲巾、香水、配飾、領帶等入門產品，可以賣給廣泛的大眾消費者。金字塔式產品組合的營利原理是這樣的：高階產品塑造品牌，中堅產品賺得高額利潤，入門產品穩固基礎及引流獲客。例如，愛馬仕的絲巾單價在400～500美元，比起動輒10萬美元的鉑金女包來說，價格應該算親民多了。

第五代傳人於1978年開始執掌愛馬仕。當他剛接手的時候，愛馬仕正處在一個短暫的品牌老化危機裡。在堅守中大膽創新！1979年愛馬仕的廣告畫風就開始轉變，主打穿著牛仔褲、繫著愛馬仕絲巾的年輕形象……逐漸將品牌形象從保守懷舊的老人轉向充滿活力和夢想的年輕一代。這個時期，愛馬仕繼續擴充與增加像手錶、陶瓷、家居用品、桌面飾品、餐具等外圍產品的品類。你可能想不到，直到現在愛馬仕集團每年超過一半的收入，都是來自主打產品皮具之外的品類。另外，愛馬仕積極在全球開設專賣店及大量增加銷售網點，年銷售額也從1978年的5,000萬美

元增長到了1990年的4.6億美元。

第六代傳人於2006年接過愛馬仕的帥印。至今的十多年裡，愛馬仕並不像LVMH等其他奢侈品牌那樣激進式發展，而是穩中求進，堅持理性發展，堅決不搞轉移生產線、偷樑換柱、作秀炒作的行銷圈照。在新一代掌門人的領導下，愛馬仕繼續提升品牌、擴張品類及國際化發展。2019年愛馬仕銷售額68.83億歐元，創歷史新高；營業利潤比上年增長16%，達到23.46億歐元。

參考數據：張瀟雨，＜愛馬仕：從馬具到女士皮包＞

像愛馬仕那樣，一個企業從優秀到卓越，然後追求基業長青，需要培育核心競爭力。以前講到核心競爭力，分析的案例大部分是高科技企業。就像演員劉曉慶，能扮演16歲花樣少女，也能扮演80歲的雍容貴婦。這裡我們來一次突破，以奢侈品企業愛馬仕為例，闡述企業核心競爭力的主要功能作用、組成要素、建構方法和形成過程。

1990年，普拉哈拉德（C.K. Prahalad）和哈默爾（Gary Hamel）在《哈佛商業評論》上發表了＜公司的核心能力＞一文，給出了關於核心競爭力的三個檢驗標準，並且這三個標準也是核心競爭力在促進企業進化、擴張方面所發揮的重要功能與作用，如表3-4-1所示。

表3-4-1　核心競爭力的三個檢驗標準及愛馬仕的表現情況

核心競爭力三個檢驗標準	愛馬仕的表現情況
核心競爭力應該有助於公司進入不同的市場，它應成為公司擴大經營的能力基礎。例如，由於在發動機技術方面具備核心競爭力，所以本田公司能在割草機、摩托車、汽車、輕型飛機等多個相關市場領域取得經營佳績。	愛馬仕從馬具起步，接著轉向女士皮包市場，逐漸成為奢侈品中的頂尖品牌。第四代傳人為愛馬仕開啟了金字塔式產品組合，以女包為核心產品，延伸到高階定製、珠寶、絲巾、香水、領帶、手錶、餐具、高階成衣等家居及配飾等領域的諸多品類。

核心競爭力三個檢驗標準	愛馬仕的表現情況
核心競爭力對創造公司最終產品和服務的顧客價值貢獻巨大。它的貢獻在於實現顧客最為關注的、核心的、根本的利益，而不僅僅是一些普通的、短期的好處。	在顧客價值方面，舉例來說，英國女王從 30 歲開始佩戴愛馬仕絲巾，一直戴到了 90 多歲；愛馬仕的鉑金女包平均售價在 6 萬美元左右，並且顧客需要提前兩到三年預訂。
核心競爭力應當是競爭對手很難模仿的。核心競爭力通常是多項技術與能力的複雜結合，其被複製的可能性微乎其微。競爭對手可能會獲取核心競爭力中的一些技術，卻難以複製其內部複雜的協同與學習的整體模式。	從創立到現在，愛馬仕一百八十多年的歷史中，沉澱的對每件產品精雕細刻的匠人精神、優秀的家族傳人、團結精神及團隊合作能力、堅守核心並大膽創新的文化、匯聚的優秀設計師、稀缺原料的優享資源、顧客信任及品牌內涵等，都令競爭對手難以模仿。

在過去的管理學框架內，核心競爭力屬於策略研討的內容。現在，筆者認為它應該以商業模式為中心，結合外部環境，在策略規劃與執行過程中長期培育。因此，筆者提出了一個企業培育核心競爭力的模型——SPO 核心競爭力模型，它主要包括優選資本（Strengths）、產品組合（Product）、環境機遇（Opportunities）三個要素（「SPO」取自三個組成要素的英文首字母）。

優選資本屬於商業模式的內容，可以簡單理解為企業的核心能力和關鍵資源（相當於 T 型商業模式的支持體系及利潤池）；產品組合就是 T 型商業模式的產品組合；環境機遇可以近似於 SWOT 分析模型的環境機會，屬於企業策略的內容。

SPO 模型的三個組成要素優選資本、產品組合、環境機遇共同發揮系統性作用產生核心競爭力，其透過增強或調節回饋過程的育成原理如下：產品組合的擴張與進化需要評估外部的環境機遇及內部的優選資本。當三者能夠統一起來，產品組合就獲得了沿著增長向量前進一次的機會。如果產品組合的擴張與進化成功了一次，核心競爭力就累積了一次。如果產品

組合的擴張與進化所獲得的成功遠大於失敗，核心競爭力獲得了更多次的累積，那麼就可以說這個企業具備了核心競爭力。也就是說，核心競爭力是在商業模式進化實踐中形成的，依靠擴張與進化的成功次數和成功率來衡量的，有一個較長期的累積過程。

　　每一次累積的核心競爭力，又作為輸入量進入優選資本，不僅提升優選資本的實力，也增加了商業模式的競爭壁壘。由於累積的核心競爭力不斷提升優選資本的實力，也不斷增強了判斷和利用外部環境機遇的能力，提升產品組合沿著增長向量擴張與進化的能力。因此，核心競爭力作為企業的重要智力資本，通常也表現出較強的邊際報酬遞增趨勢，如圖3-4-1所示。

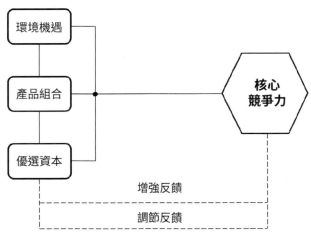

圖 3-4-1　SPO 核心競爭力模型示意圖
圖表來源：《商業模式與策略共舞》

　　在SPO模型中，如何確認產品組合的擴張與進化是否成功呢？可以用以上核心競爭力的三個檢驗標準進行判斷。

　　以上核心競爭力的育成原理，揭示了一個生命個體或組織，透過實踐及深度學習，讓自身能力螺旋式上升、突破臨界點而躍升的過程。優秀企

業在擴張期進化是這樣的，個體的成長是這樣的，人工智慧裝置的設計也是這樣的。杜拉克說：「管理是一種實踐，其本質不在於知，而在於行；其驗證不在於邏輯，而在於成果；其唯一權威就是成就。」結合以上核心競爭力的育成原理，筆者再理解杜拉克的這段話的感悟為：理論中要具有指導實踐、可以實踐的強大內容；道理講起來很簡單，要做到卻很難。

　　讀者可以更全面系統地閱讀愛馬仕的案例數據，根據以上 SPO 核心競爭力模型，深度理解愛馬仕的核心競爭力育成過程。基於企業的根基產品 —— 奢華高階女包，愛馬仕透過培育核心競爭力，讓企業的產品組合階梯式躍遷進化與成長，形成了一系列擴大企業營利的產品族。

　　結合 T 型商業模式概要圖，可以這樣以圖示化方式表示核心競爭力的累積過程：以根基 T 型表示出根基產品組合，其上一個疊加一個的同構 T 型表示出繁衍的產品組合，獲得的總體圖示化模型，稱之為 T 型同構進化模型，如圖 3-4-2 所示。這裡的同構是指衍生的產品與根基產品組合具有共享的資本模式，尤其更多地共享優選資本，而創造模式和行銷模式中共享的內容就會相對少一些。T 型商業模式的第三個飛輪效應是基於以上核心競爭力的育成原理而產生的。第三飛輪效應背後的營利原理如下：在具有核心競爭力的企業中，圍繞根基產品組合而不斷進化與擴充的產品族，能夠很好地共享資本模式，部分共享創造模式及行銷模式，根基產品與外圍擴充產品之間相互正向增強以促進銷售或降低成本，所以產品族帶來的收益增加相對於成本增加更快。

　　一個企業從優秀到卓越，需要讓第一、第二飛輪效應發揮作用；要實現基業長青，那麼就需要第一、第二、第三飛輪效應相互協同起來。

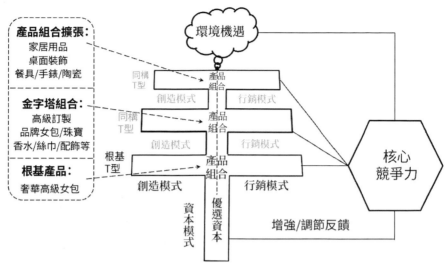

圖 3-4-2　以 T 型同構進化模型示意愛馬仕的產品組合擴張與進化
圖表來源：《商業模式與策略共舞》

　　以大樹來比喻 T 型同構進化模型也很形象：根基 T 型代表樹幹，而上面一個一個同構 T 型的疊加好比是大樹的很多層次樹杈。樹杈再多，共享一個樹幹。樹幹不夠粗壯，上面的樹杈也長不大，更不能人為地搞太多樹杈，否則就有「樹倒猢猻散」的風險。企業進化發展也是這個道理，根基產品組合沒有做好，熱衷於發展新業務，搞收購擴張，而優選資本支持不足，導致管理失控、現金流枯竭等，經營風險就很大。

　　企業家群體中一向不乏先驅式的「梟雄」人物。南德集團、德隆帝國、輕型機車集團、春蘭集團、樂視集團等公司的創始人，個個都像拿破崙一樣，自認為「強者無疆」，視邊界、限制與約束條件為無物，慣性作用下，他們的想法遠遠超脫其具有的能力和資源（優選資本）。「滑鐵盧」大部分不是偶然因素所致。沒有核心競爭力，此類企業遭遇「滑鐵盧」便是歷史的必然。

　　一些學者專家提倡策略「歸核化」，這絕不能成為泛泛而談的理論口號，而應該貫徹商業模式為中心，以SPO核心競爭力模型、T型同構進化

模型為指導。只有在一定的限制與約束之下，以優選資本和根基產品為「基座」，企業家的豪情萬丈才能聚焦成讓企業基業長青的持久創造力。

打造生態圈、跨界協同、共生進化、收購兼併、同心多元化、基業長青等，在一定內外環境條件下，這些都可以成為好理論。經營企業像玩「有限與無限的遊戲」。如果空間無限，則時間有限；要想時間無限，必定要空間有限。巴菲特信奉，只打「甜蜜區」裡的球。在企業擴張期，如何建構「甜蜜區」？請參照以上 SPO 核心競爭力模型、T 型同構進化模型。

3.5　不要中圈套，聚焦到商業模式創新

🗃 重點提示

※ 為什麼說 90% 以上商業模式創新屬於產品組合的創新？
※ 企業進行第二曲線轉型時，應該遵循哪些原則？

聽不少人說，他們是暢銷書《原則》作者達利奧的「腦殘粉」。達利奧的橋水基金管理的基金規模超過 1,600 億美元，過去二十多年累計盈利達 450 億美元。達利奧說：「我的成功可以複製」，五百多頁的《原則》給出了五百多條導致他投資成功的原則。按理說，商業模式是負責企業營利的，並且還需要它的上級企業營利系統「全面協助」。而現在，似乎只要看看《原則》就可以了。

現在做生意挺難的，有人調侃：「過去靠運氣賺來的錢，現在憑實力都虧出去了！」為了扭轉困境，買一本《原則》，模仿其中的一些原則。我們不要像達利奧賺那麼多，實現一下王健林的「小目標」就可以了。

2017 年 2 月，達利奧來中國了，與三百多位執行長講解他的「原則」。達利奧說：「一切都是一臺機器……你們每個人都應該有自己的原則。然後把這些工作和生活原則轉變成為一種演算法，把這樣的演算法用於你的

決策，這樣做你就會非常強大。」達利奧的核心概念 —— 演算法、進化、機器等，與當下人工智慧的發展是比較契合的。多種因素共同作用下，他的書《原則》就流行起來了。

至今，我們還沒有聽說，哪家企業模仿達利奧的「原則」而成功了，倒是聽說：「有家私募按照達利奧的《原則》依樣畫葫蘆，給員工定下八十多條『原則』，要求堅決執行，沒多久就把前幾年賺的錢都虧完了」。

有網友說，想要推廣達利奧這套「變態」玩法，就必須有「變態」的組織。華爾街流傳的一個段子或許能說明這一點：一位著名投資銀行的女性高階主管被招進橋水基金不久，她在食堂和同事評論另一位同事，但這在橋水的文化中是不被允許的，違反了達利奧規定的五百多條原則中的一條。這家公司的每個角落都有監控和攝像。於是，她剛從食堂走出，便驚恐地發現自己評論他人的錄影被公司大螢幕播了出來。第二天，她辭職了。

另外，也有人發現了橋水基金成功背後真正的因果鏈：

① 像巴菲特一樣，達利奧也是個玩投資的天才。他12歲在高爾夫球場當球僮時，偶然間聽到大佬們在談一隻股票，傾其所有買入後他淨賺了三倍。

② 橋水基金是一支對沖基金。玩對沖投資需要熟悉各式各樣的金融工具，對各式各樣的證券及衍生產品頻繁操作，所以決策就非常重要。如果沒有「原則」的話，每天面對那麼多決策，失控風險就非常大。

③ 橋水成功的真正祕密武器是它的投資決策模型，《原則》書中只透露了一點點。

因為投資決策模型不方便寫那麼多，也太複雜太難了，大部分人看不懂，所以書名叫做《原則》，內容也大部分是「原則」。簡簡單單的若干「原則」就能成功，又迎合了大部分人的速成心理。

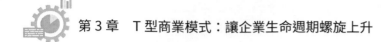

參考數據：劉瀟然，AI財經社，《達利歐的中國造神狂歡⋯⋯》

「原則」代替不了企業營利系統，真正營利還是需要依靠商業模式。橋水基金商業模式的核心內容是它的「投資決策模型」，而「原則」只是適合它商業模式的一種獨特組織能力及企業文化。有什麼樣的老闆，就有匹配的組織能力及企業文化。這又是一個眾人抬轎、一起買櫝還珠的故事。所以，看了《原則》一書，也不能完全模仿裡面的原則。

我們不耍心機、不搞無法實踐的方法，也不要中他人圈套，應該聚焦於商業模式創新。摩爾（Geoffrey Moore）的著作中從公司進化的角度切入，闡述企業在生命週期各階段如何創新。現在是商業模式競爭時代，企業營利系統的核心是建立商業模式中心型組織。本章前幾節講到的三端定位模型、飛輪增長模型、SPO核心競爭力模型與Ｔ型同構進化模型，以及後面講到的雙Ｔ連線模型等，它們基於Ｔ型商業模式理論而提出，分別是企業在創立期、成長期、擴張期、轉型期等生命週期各階段進行商業模式創新進化的主要「參照物」，也是企業制定策略規劃的重要依據。

談到商業模式創新時，排在第一優先順序的是「商業模式第一問」：企業的目標客戶在哪裡，如何滿足目標客戶的需求？企業回答好「商業模式第一問」，就要與合作夥伴合作搞一個產品組合（或產品），其中蘊含著滿足目標客戶需求的價值主張，同時這個產品組合還要蘊含著企業（或企業所有者）所追求的營利機制，如圖3-5-1所示。也就是說，產品組合、價值主張、營利機制是「三位一體」的一個整體，其中產品組合是這個整體的實體形式，價值主張及營利機制是這個整體的兩個虛擬形式。為方便表達，常用產品組合來代表「整體」。為協助理解以上的闡述，各位讀者可以再看一下章節3.2後半部分的名創優品案例及圖3-2-2所表示的內容。

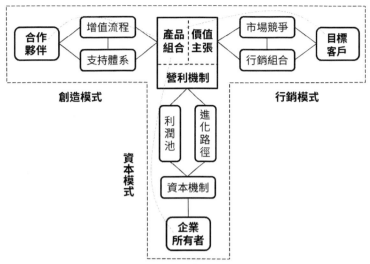

圖 3-5-1　T 型商業模式全要素圖中的商業模式創新重點
圖表來源：《T 型商業模式》

　　T 型商業模式中的產品組合包括三大類：產品關聯組合、產品模組組合、產品策略組合。產品關聯組合是指兩個以上的產品在功能互補上的組合，例如：吉列的「刀架＋刀片」組合、盒馬鮮生的「餐飲集市＋超市＋外賣」組合等；產品模組組合是指產品由很多模組組合而成，像餐飲、醫療服務、工程總承包等諸多整體性產品屬於這一類；產品策略組合是指在策略規劃期間企業按照時間順序陸續推向市場的一系列產品的組合。

　　從實踐來看，90%以上的商業模式創新屬於產品組合的創新。當然，單一產品也是產品組合的一種特殊形式。在豐裕經濟時代，產品創新主要就是讓產品與眾不同，有差異化特色。同理，對產品組合創新也是讓產品組合實現差異化。

　　商業模式的研究者們已經總結了上百種產品組合差異化的「固定搭配」，像一些書籍介紹的 22 種營利模式、55 種商業模式等。他們所說的營利模式、商業模式相當於 T 型商業模式中的產品組合。表 3-5-1 列出了一些常見的產品組合搭配、差異化特點及案例。

表 3-5-1　常見的產品組合搭配、差異化特點及案例
圖表來源：《商業模式與策略共舞》

序號	產品組合搭配	差異化特點及案例
1	刀架＋刀片	基礎產品便宜，耗材貴。例如：吉列剃鬚刀、咖啡機及咖啡膠囊。
2	免費＋收費	免費引來流量，收費創造效益。例如：羅輯思維。
3	產品金字塔	低階產品促銷，中高階塑造品牌與盈利。例如：SWATCH 手錶。
4	功能產品＋品牌	功能保底，品牌溢價。例如：可口可樂、Nike。
5	整體解決方案	系統整合溢價。例如：EPC ／ BOT ／ EMC 等工程總承包類企業、拓璞數控。
6	產品＋服務	產品低價＋服務年費。例如：ERP（企業資源規劃）軟體。
7	硬體＋軟體	硬體保證效能，軟體創造體驗。例如：蘋果手機、數控機床。
8	產品＋金融借貸	分期付款促進銷售＋利息收入。例如：利樂包裝。
9	產品＋速度／時尚	更新換代溢價。例如：Intel 晶片、維密。
10	產品＋心智定位	心智定位促進銷量。例如：加多寶。
11	產品組合乘數	共享流量、品牌或支持體系。例如：迪士尼、亞馬遜。
12	店中店混業	滿足客戶多種需求。例如：盒馬鮮生、85 度 C。
13	培訓＋證書	身分資格溢價。例如：MBA 教育、鋼琴考級。
14	整機＋核心零部件	技術與市場雙重控制。例如：睿創微納、拓璞數控。

序號	產品組合搭配	差異化特點及案例
15	產品＋ VIP 會員	固化高階客戶。例如：航空公司、高爾夫球場、高級會所。

　　如圖 3-5-1 所示，產品組合是 T 型商業模式創新的核心內容，創造模式、行銷模式、資本模式的其他內容要素都在為產品組合的創新、製成或價值實現提供支撐或支持。在創立期，商業模式定位或新產品上市失敗，源於盲目地進行產品組合差異化創新。傳統上可以用波特五力分析模型檢驗一下產品創新是否在市場上可行，現在更要疊加使用本章第 2 節介紹的三端定位模型（圖 3-2-1）進行檢驗。

　　商業模式創新或者說產品組合差異化創新，通常發生在企業的創立期及轉型期。轉型期與創立期有所不同的是，它有很多歷史累積的資本可供使用。大家把轉型期進行商業模式創新稱為開闢第二曲線業務，相應地公司原來的傳統業務就是第一曲線業務，如圖 3-5-2 左圖所示。第一曲線業務的舊商業模式是一個 T 型，第二曲線業務的新商業模式也是一個 T 型。從 T 型商業模式看，企業轉型的新舊兩個商業模式之間存在著緊密的資本模式連線關係，稱其為「雙 T 連線模型」，如圖 3-5-2 右圖所示。

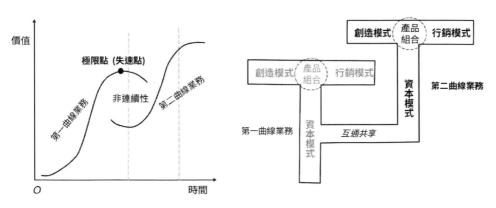

圖 3-5-2　企業第二曲線業務（左）與雙 T 連線模型（右）示意圖
圖表來源：《商業模式與策略共舞》

從雙Ｔ連線模型角度，指導企業轉型有三大原則：①頂層設計獨立性原則、②相似商業模式優先原則、③第一曲線資本利用最大化原則。企業開闢第二曲線業務，是真正的二次創業，就是建構一個新商業模式。新商業模式定位成功後，一個新的生命週期循環又開始了，從創立期到成長期、擴張期、轉型期……

　　鑑於筆者已經撰寫了兩部相關著作可供參考，所以本書僅安排本章共五節篇幅來概要性地介紹商業模式的相關內容。

第4章 企業策略：
讓混沌無疆的策略知識在企業落實

本章導讀

新競爭策略理論有「三改進」：

① 將商業模式與策略分離，將各種策略學派收斂到策略規劃。

② 將80％以上的策略創新、活動聚焦到競爭策略 —— 產品好、盈利多，才是「好策略」。

③ 以商業模式為中心，將競爭轉變為合作，將策略落實到企業經營場景，貫徹採用DPO策略過程模型。

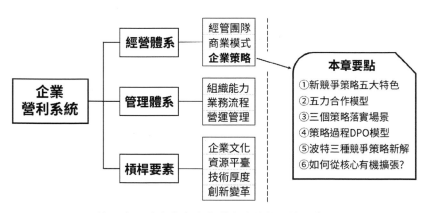

第4章要點內容與企業營利系統的關係示意圖

4.1　商業模式「靜如處子」， 而競爭策略「動如脫兔」

重點提示

※ 對於大部分企業，為什麼說競爭策略就是企業策略？

※ 任正非與柳傳志的競爭策略思想有何不同？

　　策略源於戰爭，戰爭有起、承、轉、合的策略節奏，其中有諸多戰役。例如，蘇德戰爭：

　　—— 起始於納粹德國煽動的種族歧視、滅絕的意識形態及其在歐洲大陸先後發動的一系列侵略、擴張行動。根據納粹意識形態，被征服的蘇聯領土將被「德意志化」的定居者殖民，蘇聯原有的大部分居民將被滅絕或被驅逐到西伯利亞，僅少數居民留下，被作為奴隸。

　　—— 承接於1941年6月22日，納粹德國撕毀《德蘇互不侵犯條約》，與若干從屬國一起，集結了一百九十個師（軍隊）共五百五十萬人、四千九百架飛機、三千七百輛坦克、四萬七千門大砲、一百九十艘軍艦，分為三個集團軍群，從北方、中部、南方三個方向以閃擊戰的方式對蘇聯發動襲擊，德蘇戰爭全面爆發。

　　—— 轉折於史達林格勒戰役及庫斯克會戰。從策略的視野看，史達林格勒戰役是納粹德國遭遇的最重大的失敗，直接造成了蘇聯與納粹德國總體力量的對比發生了根本性的變化。透過庫斯克會戰，蘇聯完全掌握了策略主動權。德軍從此徹底喪失了策略進攻能力，不得不轉入全線防禦。

　　—— 「合」在起承轉閤中代表結束。庫斯克會戰後，蘇聯相繼發動了十次大型反擊戰役，將德軍完全趕出了蘇聯國土。1945年5月9日，納粹德國向蘇聯無條件投降，蘇聯獲得了戰爭的最後勝利。

　　在戰爭中，起、承、轉、合都有一個時點，在歷史長河中也就一剎

那，可以看成一個微分的空間截面，但是其後續的影響是非常深遠的。例如：納粹德國撕毀《德蘇互不侵犯條約》，對蘇聯發動閃電戰，可看成一個空間截面，此後德蘇戰爭全面爆發。據統計，在這場戰爭中，蘇聯共有超過兩千七百萬人傷亡，幾乎涉及了蘇聯的每個家庭。大量德軍在蘇聯嚴寒的冬天裡被凍死或無法撤出蘇聯戰場而被殲滅或俘虜，這極其有力地支持其他國家所參與的反納粹、反法西斯戰爭。在納粹德國為首的法西斯軸心國陣營被徹底擊敗後，德國的領土被蘇聯、美國、英國和法國分割占領，並最終形成了民主德國和聯邦德國。「合」也表示合作，一個新競爭合作的秩序重新建立。主要反法西斯同盟國多次舉行會議商討，最終建立了雅爾達體系，以實現世界由戰爭到和平的轉變。

在戰爭的起、承、轉、合等時點之間，為了達到特定目標，就要制定策略。

管理學家麥可・波特認為：「策略是公司為之奮鬥的一些終點與公司為達到它們而尋求的途徑的結合物」。這個定義太拗口，用公式思維轉換一下，它可以表述為：策略＝目標＋路徑。在企業營利系統中，將策略的內容進一步豐富，用公式表示為：企業策略＝目標和願景＋策略路徑＋外部環境。

根據這個企業策略的公式，美國企業家馬斯克要將一百萬名地球人送上火星！這是他（企業）的目標和願景。為此，外部環境如何，走什麼策略路徑？

根據這個目標和願景，再來看一下所面對的外部環境：說白了，地球與火星就是宇宙中的「大飛機」，在茫茫星際中轉動著，兩者最近距離大約有5,400萬公里，最遠時則超過4億公里。火星上沙丘、礫石遍布，大氣密度只有地球的大約1%，且大部分是二氧化碳，最高溫度27℃，最低溫度-133℃，平均溫度-55℃。關鍵是，火星上很難找到水 —— 至今沒有

可靠的證據表明火星上有水。

　　地球人去火星有需求嗎？即使生活處在「水深火熱」中的那些人，也沒有什麼真實需求。但馬斯克堅信未來有需求，所以要為將來的「壟斷性」生意做好準備。馬斯克的 SpaceX 公司低成本造火箭，賺錢與否是短期的，長期是為人類能夠大批次登陸火星累積技術和力量。他的特斯拉電動汽車在地球上不斷擴產、逐漸優化，就是未來火星上「地球人」的家庭汽車 —— 因為火星上只有太陽能。馬斯克的另一個公司正在試製速度超過 1,000 公里／小時的膠囊高鐵，其未來目標也是在火星上廣泛使用 —— 因為火星上空氣稀薄，接近於真空，這個環境特別適合膠囊高鐵執行。還有馬斯克的「星鏈」公司，到 2019 年在地球上已經發射了四百二十顆小衛星，其實這個應用也是為火星上的「地球人」搞星鏈網路儲備的。

　　有人問「地球人能適應火星的環境嗎？」馬斯克已經開始快速「進化」地球人了。他的腦機介面公司 Neuralink，已經開發出「神經蕾絲」技術。他的五個孩子已經在腦機介面學校進行實訓，有可能成為第一批飛上太空的人類。

　　以上但不限於這些，還會有更多……根據公式「企業策略＝目標和願景＋外部環境＋策略路徑」，它們都是馬斯克應對外部環境以實現目標和願景的策略路徑。

　　除了上述公式思維，金字塔分層思維也有必要。通常來講，企業策略分為三個層次：總體策略、競爭策略和職能策略。

　　總體策略，也叫公司層策略或集團策略，主要回應「企業應該進入或退出哪些經營領域」，是指透過兼併收購、合資合作、內部創業等多元化發展手段，形成一個最優的多商業模式組合。

　　競爭策略，也叫做業務策略，主要回應「企業在經營領域內怎樣參與競爭」，指在一個商業模式內，透過確定顧客需求、競爭者產品及本企業

產品這三者之間的關係，奠定本企業產品在市場上的特定地位並維持這一地位。由此看來，競爭策略是圍繞產品展開的，就是如何打造一個有持久生命力的好產品。

職能策略，也稱為職能支持策略，是按照總體策略或競爭策略對企業各方面職能活動進行的謀劃，例如：行銷策略、財務策略、人力資源策略、研發策略等。

總體策略以競爭策略為基礎，屬於競爭策略之上的策略。有些大型企業（集團）發展出多個商業模式，但是其中只有一個根基商業模式，其他商業模式是從根基商業模式衍生而來的。例如，「淘寶＋支付寶」的組合形成阿里巴巴的根基商業模式，而天貓、菜鳥網路、阿里雲等都是從這個根基商業模式衍生而來。總體策略主要是多元化公司總部層面要考慮的策略。職能策略通常是為競爭策略配合及服務的，可以包含在競爭策略之中。因此，對於絕大多數企業來說，競爭策略在某種程度上就代表了企業策略。

研究競爭策略的專家學者很多，影響最大的應該是美國管理學家麥可‧波特。他提出了三種卓有成效的競爭策略，分別是總成本領先策略、差異化策略和集中化策略。後來出現的競爭策略理論有藍海策略、定位理論、品牌策略等，它們都大致符合之前對競爭策略的定義。

時代不同了，現在有了T型商業模式理論，將商業模式與企業策略區分。它們的共同「上級」是企業營利系統。一個基本的企業營利系統，稱之為經營體系，用公式表示：經營體系＝經管團隊×商業模式×企業策略。其中企業策略的重點依舊是競爭策略，但是為了「隨之而變」，它的內涵與外延等都要進行一次更新，暫且把更新後的競爭策略叫做「新競爭策略」。

與之前的競爭策略不同，筆者提出的新競爭策略有五個顯著特色，如圖4-1-1所示。這五個特色分別是：①以商業模式為中心；②將競爭轉變

為合作；③將百家策略學派或雜談匯聚到策略規劃；④將策略理論落實到企業經營場景；⑤將DPO策略過程模型應用到策略制定與執行中。本章將有六節內容概要性地討論新競爭策略的這五個顯著特色。與產品創新類似，目前的新競爭策略只是一個1.0版本，今後有一個逐步更新的過程。

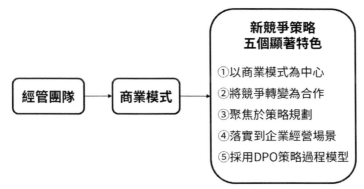

圖 4-1-1　新競爭策略五個顯著特色示意圖

　　傳統上歸屬於競爭策略的理論，例如：波特的總成本領先、差異化、集中化三大策略，藍海策略，品牌理論，定位理論，平臺策略，熱銷策略等，在新競爭策略中被一分為二：它們中的定位與模式部分歸屬為商業模式。如何實施的策略、路徑歸屬為新競爭策略。

　　企業營利系統以商業模式為中心，建立商業模式中心型組織，所以代表企業策略的競爭策略，也應該以商業模式為中心。下面先舉一個反例來說明「如果競爭策略不以商業模式為中心，其後果有多嚴重」。在西元1865年，英國議會透過了《機動車法案》，後被人嘲笑為「紅旗法案」。其中的條款規定：一輛汽車要三個人開，限速為2～4英里／小時，其中一人必須步行在車子前舉著紅旗，不斷搖動，為機動車開道。從馬車到汽車，商業模式變了，還能繼續以馬車為中心的方式，來思考如何操作新事物的汽車嗎？所以這個法案嚴重影響了英國汽車企業的競爭策略。隨後，美國的汽車工業迅速崛起，美國率先成為「車輪上的國家」。

企業家柳傳志說：「任正非比我敢冒險。他確實從技術角度一把敢登上……我基本上領著部隊都是行走50里[03]，安營紮寨，大家吃飯，接著往上爬山。」柳傳志帶領聯想基於整合資源、兼併收購的商業模式，制定企業的競爭策略。任正非曾說：「不在非策略機會點上，消耗策略競爭性力量，要有策略耐性。」華為很少透過收購提高市場占有率，而是基於重度科學研究投入的商業模式，來制定長期發展與競爭策略。

　　以商業模式為中心，如何制定競爭策略？以原來波特教授的總成本領先策略為例來說明。總成本領先就是低成本策略，現在屬於商業模式中的產品定位理論之一。此時的競爭策略就是如何為低成本的產品定位形成一套策略指導方案。

　　參照圖4-1-2的T型商業模式概要圖，首先思考如何實現創造模式的低成本。根據創造模式的公式「產品組合＝增值流程＋支持體系＋合作夥伴」，怎樣設計與搭配產品組合降低成本？例如：透過價值工程減少冗餘配件或功能來降低成本，透過免費數位化產品帶動銷售以降低促銷成本等；怎樣透過增值流程降低成本？例如：外包與自己做哪個成本更低，如何改進流程降低成本等；怎樣透過支持體系降低成本？例如：技術創新可以降低人財物消耗、提升效率，選擇好的廠址可以降低物流及勞動力成本等；怎樣透過合作夥伴降低成本？選擇優秀的供應商以降低成本，協助供應商提升管理、共同技術創新逐漸降低採購成本等。然後思考如何實現行銷模式、資本模式的低成本，還有透過飛輪效應降低成本……按圖索驥，將這些降低成本的思考綜合起來，形成一個策略指導方案，轉變為經營計畫，就真正將新競爭策略在企業落實了。結合以上列舉式分析，有助於我們理解：企業策略（或競爭策略）以商業模式為中心，商業模式是策略的「基座」，策略是攜商業模式而「戰」！

03　1里＝500公尺。

除了以上根據 T 型商業模式概要圖進行空間維度的思考外，以商業模式為中心，還可以從時間維度進行競爭策略思考。基於企業生命週期階段，在企業創立期，產品如何定位？成長期，如何實現指數級增長？擴張期，如何培育核心競爭力？轉型期，如何成功開闢「第二曲線」業務？本書第 3 章給出的基於 T 型商業模式理論的三端定位模型、飛輪增長模型、SPO 核心競爭力模型、T 型同構進化模型、雙 T 連線模型等，可以作為在生命週期各階段「起承轉合」時點重新思考企業競爭策略的主要參考依據，如圖 4-1-2 所示。

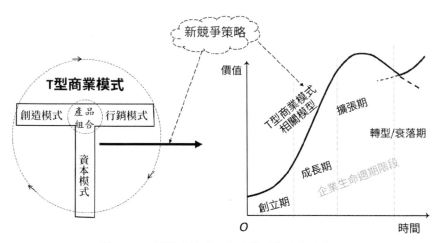

圖 4-1-2　新競爭策略以商業模式為中心示意圖

　　競爭策略以商業模式為中心，要建立在一定時期內相對不變的商業模式基礎上。根據公式「企業策略（競爭策略）＝目標和願景＋外部環境＋策略路徑」，當外部環境在劇烈改變時，競爭策略要即時調整，從這個意義上說：商業模式「靜如處子」，而競爭策略「動如脫兔」。

4.2　太極生兩儀：五力合作模型與五力競爭模型

重點提示

※ 如何讓「開一家咖啡店」更可靠？

※ 五力合作模型有什麼實用價值？

當時的騰訊是個「壞孩子」，只要市場上出現相關的好產品，它就直接抄襲其商業模式，說好聽點也是模仿；利用自己的平臺「恃強凌弱」，堵住中小公司的發展之路；拿著QQ帶來的社交流量、多樣化數據等，壟斷不開放。外界對騰訊的評價是：「走自己的路，讓別人無路可走。」

愛抄襲的騰訊，終於成了網路公敵。2010年7月，《電腦世界》刊登了一篇封面頭條文章，文中把騰訊作為網路公敵進行批判。

那一年，騰訊旗下的防盜號軟體QQ醫生增加了各種防毒功能，後改名為QQ安全中心，不論介面還是業務領域都與奇虎360的防毒十分相似。騰訊這個「壞孩子」歷史必然性地遇上了奇虎360這個「熊孩子」，狹路相逢勇者勝？「3Q大戰」爆發，奇虎360公司推出了欲置騰訊於死地的「扣扣保鏢」新工具，宣稱能「全面保護QQ使用者的安全」，實際上「扣扣保鏢」有兩個極其可怕的後門：①當使用者選擇點選「修復」之後，軟體先是重灌，隨後QQ安全中心就會被360安全衛士替代；②QQ使用者的好友通訊錄等被360安全衛士備份，直接轉變成了奇虎360公司的使用者數據。

「3Q大戰」到達高潮後，由於相關利益方、調解方、政府的介入，雙方各讓一大步，很快結束了對峙。這次慘烈的大戰讓騰訊從封閉與競爭轉向了開放與合作。2010年底，騰訊創始人馬化騰對外宣布，公司進入為期半年的策略調整期，以「開放、分享」為原則實施企業轉型。

2011年1月，騰訊宣布成立首期規模50億元的產業共贏基金，重點投

資那些與騰訊產業鏈相關的中小創業專案；接著，把原先封閉的公司內部資源，包括程式介面、社交元件、行銷工具、QQ客戶端等，開始向外部合作方逐漸開放。現在的騰訊，定位自己是一個聯結器，廣泛地向其他公司尤其是中小創新企業賦能。

　　透過這次策略轉型，騰訊的市值從「3Q大戰」時的3,300億港幣，到2017年8月——只用了六年時間，就大幅躍升到了3兆港幣。

　　　　　　參考數據：張瀟雨，〈騰訊：馬化騰與周鴻禕的「相遇」〉

　　上述騰訊的策略轉型，從競爭轉向合作，企業獲得了巨大的成長。傳統的競爭策略更多強調競爭，而市場競爭在更多情況下是零和博弈，打擊對手讓自己獲得成長。依賴激烈碰撞競爭形成的增長，又讓企業形成路徑依賴，將以「暴力餵養暴力」植入心智模式。像上述「當時的騰訊」那樣，如果四處樹敵，致命的對手也會不期而遇。

　　太極圖啟示我們，競爭與合作是一對矛盾，競爭中有合作，合作中也有競爭，兩者是可以相互轉化的。新競爭策略以商業模式為中心，而商業模式強調合作。從T型行業模式的全要素圖（圖3-5-1）可以看到：圍繞產品組合，有企業所有者、合作夥伴、目標客戶、支持體系（代表核心人才）、市場競爭者等五大類利益相關者。它們是競爭者，也是合作者。從商業模式的角度看，眾人拾柴火焰高，它們都是合作者或更傾向於把競爭者轉變為合作者。因此，為爭取更多的合作或將競爭轉變為合作，將上述企業所有者、合作夥伴、目標客戶、核心人才、市場競爭者建構成一個分析模型，稱之為五力合作模型。

　　合作的對立面是競爭。根據波特五力分析模型，尤其在富裕的經濟時代，現有競爭者、潛在競爭者、替代品競爭者越來越多；供應商努力爭取自己的利益；而顧客到處比價，然後討價還價。通常情況下，產業結構中的競爭力量很強大，而企業能夠獲得的合作力量很弱小。

左邊是五力競爭模型，右邊是五力合作模型，把它們放在一起，如圖4-2-1所示，對我們分析企業的競爭與合作有什麼啟示？

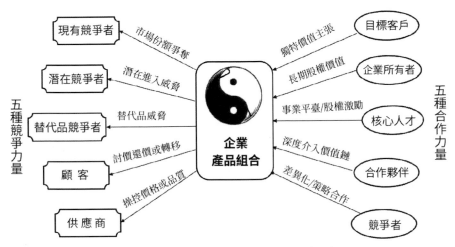

圖 4-2-1　五力競爭模型與五力合作模型

五力競爭模型是對產業結構中主要競爭力量的分析、歸納，而企業在實際中面對的競爭力量還會更多一些，例如：核心人才流失、企業所有者（股東）之間利益爭執或分裂，都可能對企業發展構成威脅甚至致命打擊。

五力競爭模型主要應用在企業對業務領域的選擇與定位方面。具體使用上，企業在創立期尋求產品（或產品組合）定位，或其他生命週期階段計劃進入一個新業務領域、開發一個新產品時，基於擁有的能力和資源，應該用五力競爭模型對比性評估，檢視產業結構中的現有競爭者、潛在進入者、替代品競爭者、供應商、顧客這五種競爭力量有什麼特點、強度大小及減弱競爭的可能性。

例如，在被查出數據造假之前，瑞幸咖啡號稱投入10億元補貼、只用十八個月就實現了那斯達克IPO上市，從而激發了一大批創業者和投資者再創新一個「網路＋咖啡」商業模式的創業投資熱情。尤其對有海外背景的創業者或資本方而言，咖啡非常符合一個好創業或好投資的標

準——容易理解、市場空間大、毛利率高，還容易規模化複製。並且，行業研究也給予了有力支撐：根據國際權威分析機構Frost & Sullivan（弗若斯特沙利文顧問公司）提供的數據，預計到2030年時，中國咖啡市場的規模將達到1,806億元，年增長率將達25%。

　　似乎「網路＋」無所不能，但其真的可以所向披靡嗎？「網路＋咖啡」能夠形成的利潤區，用波特五力分析模型簡要分析如下：咖啡是一個歷史悠久的傳統行業，現有競爭者如星巴克、Costa、雀巢等歷史悠久、品牌力量強大、實力雄厚。潛在競爭者的進入門檻很低，例如，一個情懷滿滿的文藝青年，「瞬間」有個想法，就可以開一間屬於自己的咖啡店。替代品競爭者太多了，像街道上星羅棋布的果汁店、手搖店、茶餐廳售賣的飲料，超市賣的礦泉水、維大力等各種飲料都是咖啡的替代品。上游的咖啡供應商相對比較強勢，因為咖啡行業比較分散，很難統一起來對供應商討價還價。顧客選擇越來越多，生態位上比較強勢，誰優惠力度大、免費贈券或折扣多，就去誰家消費。

　　筆者從事風險投資工作，遇到過很多在咖啡飲料、生鮮賣菜領域的創業團隊，相當部分有「海歸」背景。筆者曾經問多個有國外知名商科教育背景的創業者，他們都學習過五力競爭模型，還能隨口說出其中的兩到三個競爭力量。但是，為什麼不用五力競爭模型分析一下自己的咖啡飲料或生鮮賣菜專案呢？他們說教授沒有告訴怎麼使用，在哪種場景下使用。現今多是從國外引進的工商管理教育。只學會了教條的知識，不僅花了得不償失的高昂的學費，而且常常是無益於實踐的。如果五力競爭模型用錯了場景，例如：在企業經營過程中，與現有競爭者頻繁搞價格戰、欺凌供應商、以次充好欺騙顧客等，那麼學習這些工具模型反而就是有害的。

　　波特發明五力競爭模型的本意，並不是為競爭提供「武器」，而是協助企業認清面對的競爭困境，促進產品差異化，以避開競爭。殊途同歸，

為了與時俱進、更上一層樓，筆者提出五力合作模型。五力合作模型主要應用在以下兩種經營場景：

① 在新進入一個業務領域，進行商業模式或產品定位時，企業先用五力競爭模型、行業研究方法評估，然後再用五力合作模型分析如下問題：如何消解五種競爭力量？哪些競爭力量可以轉變為合作力量？如何挖掘或吸引更多的合作力量？中長期經營期間是合作多於競爭，還是競爭多於合作？等等。

② 在貫徹新競爭策略，制定與執行策略規劃時，結合企業生命週期各階段，企業應當如何聚合五種合作力量？根據五力合作模型，在經營過程中，企業應盡力將各種競爭力量逐漸轉化為合作力量，正如小米創始人雷軍所說：「把朋友搞得多多的，把敵人搞得少少的。」

如圖4-2-1所示，由於新舊競爭策略的術語體系不一樣，五力競爭模型與五力合作模型的構成要素之間並不是一一對應的關係。五力競爭模型中的顧客等同於五力合作模型中的目標客戶；供應商類似於五力合作模型中的合作夥伴；同業競爭者、潛在競爭者、替代品競爭者，在五力合作模型中統稱為市場競爭者。五力合作模型額外增加的兩個合作力量分別是企業所有者與核心人才。

這裡的企業所有者是指企業的全體股東，尤其指那些有優秀合作資源可以支持企業發展的股東。都說「二十一世紀最貴的是人才」，核心人才對於企業成敗的作用同樣不僅不可小覷，應該將其放在策略高度看待。所以，在五力合作模型中，把核心人才、企業所有者都列為重要的合作力量之一。

合作必須有共贏的思維，應用五力合作模型也不例外。對於企業而言，透過減弱五種力量的競爭並不斷加強彼此之間的合作，發揮「1＋1＞2」的協同效應，在於持續建構產品創新優勢，創造更多的顧客。對於五種力量來說，它們要從與企業合作中獲得價值增加，所以對它們而言，企

業要能提供獨特價值吸引。企業應用五力合作模型，應該聚焦於找到彼此的「最大公約數」，從而將彼此利益統一起來。

企業與目標客戶之間，利益本來就是統一的。產品創新優勢越大，越能滿足目標客戶的需求，企業獨特價值吸引必然越大，目標客戶就更願意合作。更多合作意味著目標客戶的討價還價能力減弱，更願意選擇企業的產品及協助口碑傳播。

企業與合作夥伴彼此應該形成利益共同體，共同建構產品創新優勢。對於合作夥伴來說，企業帶來的獨特價值吸引的基本層面是合理利潤率、即時付款、供應商認證等；高階層面的合作及價值吸引是投資入股、建立合作研發或資金互助平臺、匯入管理體系等。

企業所有者（股東）更看重企業的未來可持續發展，這也是企業能為他們帶來的獨特價值吸引。企業爭取股東的合作或協助，應該圍繞長期利益展開。有句話說得有道理：「現在分蛋糕，不如把蛋糕做大！」

核心人才屬於企業的智力資本。但是，企業與核心人才友好合作並不容易，不確定性比較大。實施股權激勵、合夥人分享制、建立優秀文化及分配機制、提供優厚的薪資待遇、協助搭建事業平臺等，都可以成為企業吸引與核心人才合作的獨特價值。

企業與競爭者之間的實質性合作確實很難，也許重點應該放在如何減弱相互之間的競爭，例如：對產品組合差異化創新，就是為了避開市場競爭者。如條件允許，彼此還可以尋求在投資持股、開拓新市場、專利互換等方面的合作機會。

新競爭策略以商業模式為中心，透過五力合作模型，將企業的利益相關者盡量連線在一起，聚焦於彼此協同發展。例如：透過減弱「五力競爭」，增加「五力合作」，法士特從原來的資不抵債，後來成為重型汽車變速器行業的全球領導企業，產品市場占有率連續十四年穩居世界第一。

4.3 策略學派百家爭鳴，如何扎根到企業經營場景中？

重點提示

※ 為什麼說「策略是一門手藝」？

※ 諸多策略理論與經營實踐嚴重脫節的原因有哪些？

※ 如何讓自己更有策略觀念？

在1911年12月之前，還沒有人到達過南極點。所以，那時人類探險家最想去的地方之一，就是南極點。

南極點是在地球的最南端，南緯90度的地方。探險者從南緯82度開始，到了南極點還要順利回去，行程有2,200多公里。那時，有兩個競爭團隊做好了去往南極點的準備：一個是來自挪威的阿蒙森團隊，另一個是來自英國的斯科特團隊。他們都想率先到達南極點，完成這個「首次」的人類創舉。

這是一個有趣的比較，一個是阿蒙森團隊，總共五個人；一個是斯科特團隊，十七個人。憑你的直覺，大家猜誰最後贏了？

這兩支團隊的出發時間差不多。1911年10月初，他們都在南極圈的外圍做好了出發的準備。最終結果卻是這樣的：阿蒙森團隊在兩個多月後，也就是1911年12月15日，率先到達了南極點，插上了挪威國旗；而斯科特團隊雖然出發時間差不多，而且人數還更多一些，可是他們晚到了一個多月。這意味著什麼？沒有人會記住第二名，大家只知道第一名。

故事並沒有這麼簡單！他們不僅要到南極點，而且要活著回去。阿蒙森團隊率先到達南極點之後，他們又順利地返回到原來的基地。斯科特團隊晚到了，不僅沒有獲得榮譽，而且更糟糕的是，他們錯過了返程的最佳時間段，途中遭遇了惡劣的天氣。最後，他們沒有一個人生還，全軍覆沒。

事後有人專門研究了這兩支探險隊的日誌，從中發現了顯著的區別。雖然阿蒙森團隊人少，但是物資準備非常充分，多達3噸的物資。斯科特團隊的人數是對方的三倍多，但是只準備了1噸的物資。

1噸的物資夠嗎？如果他們在探險過程中不犯任何錯的話，可能剛好夠。而阿蒙森團隊準備了3噸的物資，有一個極大的冗餘量。他們充分預想到南極探險將面對環境惡劣、境遇複雜、路徑變更等各種挑戰，所以做好了充足的準備。

另一方面，阿蒙森團隊努力做到：不論天氣好壞，每天堅持前進30公里。在一個極限環境裡面，他們能做到更好，可持續地更好。相反，從斯科特團隊的日誌來看，這是一個有些隨心所欲的團隊，天氣很好就多走一些路，當天氣不好時，他們就睡在帳篷裡，多吃點東西，詛咒惡劣的天氣……

參考數據：美團創始人王興在公司創辦兩週年時的內部演講

策略就是一種計劃，計劃決定成敗。案例中的阿蒙森探險隊，無論是出發前做好充分的物資準備，還是探險途中每天堅持前進30公里，都屬於制定與執行計劃的優秀表現。

在田忌賽馬的故事中，田忌聽了孫臏的建議，以下等馬對上等馬，以中等馬對下等馬，以上等馬對中等馬。馬還是那些馬，只是調換順序，田忌就扭轉了原來的劣勢，贏了齊王，獲得賽馬的冠軍。所謂「運籌帷幄之中，決勝千里之外」，表達的意思是：在小小的軍帳之內做出正確的部署，決定了千里之外戰場上的勝利。先是古代的運籌帷幄，後來就有了現代的運籌學。數學家華羅庚的「沏茶問題」出現在了小學課本中，教給小學生從小要有運籌學思維：沏茶包括洗水壺、燒水、洗茶壺、洗茶杯、拿茶葉、泡茶等六項耗用時間的必備工作。透過運籌學思維，將這六項工作以「串聯、並聯」不同方式組合，就會形成若干種不同流程、總耗時也不同

的解決方案。透過比較，我們可以從中找出耗時最少的那個方案。

　　田忌賽馬的故事告訴我們，具備計劃思維可以更好地獲勝；「沏茶問題」啟發我們，生活中的各項活動都離不開計劃。策略就是一種計劃，通常稱為策略規劃，在經營企業中自始至終存在。有些創業者說是聽馬雲說的，創業小公司不需要策略，策略是大公司的事。馬雲最擅長迷惑「敵人」，早期的阿里巴巴主要是蔡崇信負責策略，後來曾鳴是首席策略官。創業小公司都要經歷九死一生，像案例兩個團隊南極探險的故事，在創業企業中幾乎每天都可能發生。

　　關於策略規劃的作用，各種教科書上已經說得很明白，這裡略作提示：

① 策略規劃中有對外部環境的剖析，可以協助經管團隊發現機會、避開陷阱。

② 策略規劃中闡述了共同的目標和願景，為全體人員指明了奮鬥方向，增強企業的向心力和凝聚力。

③ 策略規劃中的策略路徑及策略方案，可以減少管理人員工作中的盲目和徘徊，有利於改進效率和提升工作品質。

④ 策略規劃是在企業營利系統框架下形成的，以商業模式為中心，兼顧管理體系、企業文化等內容，有利於配置資源、優化組織、提升士氣及提高營運水準等。

⑤ 策略規劃代表著經管團隊的可持續經營觀念，將企業的過去、現在及未來有機地連貫在一起。

　　美國管理學家孔茨（Harold Koontz）及韋里克（Heinz Weihrich）從抽象到具體，把計劃分為：使命、目標、策略、政策、程式、規則、方案以及預算等層次或範圍。也就是說，策略（或策略規劃）是計劃的一種形式。實踐中，凡是策略都應該有一個目標，策略也是一種方案，有一個過程或

程式，並符合一些規則，也有明確的預算等。這說明，策略計劃的內容是豐富多彩的，已經延展到了計劃的多個層次與範圍。

1987 年，加拿大管理學家明茨伯格就提出了策略 5P 理論，即策略包括五個方面的內容：策略是一項計劃（Plan）、一種對策（Ploy）、一種定位（Position）、一種模式（Pattern）、一種觀念（Perspective），策略 5P 中的其中 2P —— 定位、模式，應該屬於商業模式的主要內容。

策略 5P 中剩餘的 3P —— 計劃、對策、觀念，可以再收斂成 1P，這 1P 就是策略規劃。策略規劃中包含了計劃、對策、觀念三部分內容。策略規劃中有計劃的內容，這是它的計劃屬性決定的；有對策的內容，這是應對外部環境變化及競爭挑戰所必需的；有觀念的內容，這是經管團隊參與策略規劃的制定與實施而必然植入思維與認知的。

早在二十世紀後半葉，策略就有設計學派、計劃學派、定位學派、結構學派等十大學派。至今，學者們又對策略進行了成百上千的裂變式創新。這實在是太發散了，隨機式蔓延讓策略流變成為一個理論家自說自話的混沌理論。「百家爭鳴」在文化藝術領域值得提倡，但是在策略創新方面至多謹慎鼓勵。策略決定一個組織的生死，這麼多策略學派及其衍生的裂變學說都給出了不同的「藥方」，最終會讓策略實踐者無所適從。

當依據「還原論」不斷將策略過度細分、切割的時候，代表整合與統一的「系統論」就應該登場了。以上各種策略學派及其後續的裂變與創新，要麼歸商業模式，要麼歸策略規劃，要麼就無家可歸。策略規劃就是企業等組織實踐應用策略理論的一道「關隘」。如果一個創新的策略理論分支，無法在策略規劃中找到自己的位置，那麼這個策略理論就不應該稱為「策略」。

新競爭策略有五個顯著特色，之前講了「①以商業模式為中心」及「②將競爭轉變為合作」，本節前文談及的內容就是「③將百家策略學派或

策略雜談收斂到策略規劃」。儘管策略規劃中要容納諸多策略理論，但它不是「紙上談兵」，而是一項重要的企業實踐活動，所以應該將策略規劃落實到企業經營場景。這恰是新競爭策略的第四個特色：④將策略理論落實到企業經營場景。

有人會將「把策略理論落實到企業經營場景」，看成是經驗學者的一貫做派。也有人批判杜拉克的理論全是經驗歸納，結構邏輯不嚴謹或不符合學術規範。杜拉克自己說：「我建立了管理這門學科，管理學科是把管理當作一門真正的綜合藝術。」理論界及企業界普遍認為，杜拉克是「企業存在目的、事業理論、目標管理、自我管理、客戶導向的行銷、企業文化、知識工作者、業績考核」等管理理念或理論的開創者，後人得以在此基礎上共同建造管理學的理論大廈。

我們的社會是一個複雜巨大的系統。企業是社會的「細胞」，是一個需要與外部環境頻繁互動並處在非平衡態的耗散結構系統。在這個耗散結構系統中，外部環境多變，具有不確定性，人性是複雜的，利益相關主體各具個性化。所以，策略規劃要預測未來，給出指導方案，必然要有科學性的一面，更要有藝術性的一面。華為集團移動解決方案的前總裁張繼立說：「策略規劃是門藝術，策略管理才是科學。」明茨伯格認為：「策略是一門手藝」。如果一些策略理論工作者，依然閉門造車搞研究，過分強調策略理論創新的精密嚴謹性或適用於內部循環的學術方法，僅適用於獲得文憑、晉級職業或申報專案等特定場景。如果這些理論創新被用以指導企業實踐，極有可能出現讓企業「熵增」的後果。

熵用來度量系統的混亂程度，熵增就是讓系統變得更混亂。有個兒童故事是這樣的：小貓在河邊釣魚，小兔子在蘿蔔地看書。一年一年過去了，小貓釣魚遇到了瓶頸，就向蘿蔔地的小兔子求教。小兔子自信滿滿地說：「你的魚餌老化了，唯一不變的是變化！因此，你需要將魚餌換成小蘿蔔頭。」

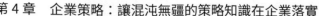

　　企業經營實踐者很清楚，不能把以上策略知識堆砌或適用於學術體系內部循環的策略理論創新，並直接用以指導企業實踐，所以把「④將策略理論落實到企業經營場景」是一項艱鉅的任務。實際上，理論用於實踐的順序是這樣的，策略理論要能在企業策略規劃中找到自己的位置，策略規劃應該落實到企業經營場景。

　　新競爭策略（企業策略）與策略理論兩者在策略規劃這裡「會師」了，如圖4-3-1所示。可以用擬人化的手法將其描述為：策略規劃開始負責新競爭策略的實施，將新競爭策略的目標和願景、外部環境、策略路徑作為自己的核心主題及內容。策略規劃應該主要落實到企業中的三大經營場景：①年度計畫場景、②競爭對策場景、③策略觀念場景。從文藝的角度講，場景就是故事現場；從商業的角度講，場景就是需求現場。

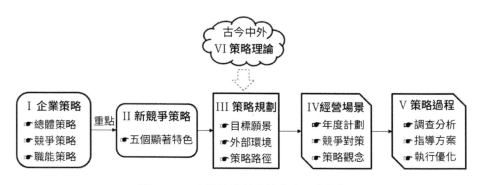

圖4-3-1　企業策略落實的六步思考框架

● (1)年度計畫場景

　　年度計畫可以指一項企業經營管理活動，也可以指一套指導企業經營管理的檔案。這裡所說的年度計畫指前者。年度計畫是連線策略規劃和年度營運預算的橋梁，年度計畫活動根據企業的中長期策略規劃展開。年度計畫通常每年一次，同時也要制定或修訂企業的策略規劃。有的企業每五年搞一次策略規劃活動；有的企業每年都會開一下策略研討會，重新思考

企業策略。無論怎樣做，它們都是有策略的企業。

年度計畫場景是一個例行活動，將策略規劃放在這個場景落實，展現了策略規劃貫透過去、現在和未來並保持持續更新的例行特色。策略規劃為企業指明了前進的方向，像茫茫大海中的導航儀一樣重要。實踐中，95％以上的企業沒有例行的策略規劃活動。對比而言，95％以上的企業高管讀過MBA、EMBA、總裁班等。學者們講起來，這個定律、那個效應、大師經典、諸多知識模組、揭祕理論背景、哈佛大學案例課……聽起來高級又有內涵，而學員們的實踐應用依舊停留在比較低階的層次。管理學正在透過行動網路等各種渠道向企業經營者乃至普通民眾普及，但是管理學在企業中的應用繼續停留在講行銷故事、案例模仿及碎片化知識楔入的層次。

理論傳授及創新離不開實踐，實踐者更離不開理論指導，這是魚和水的關係。知己不足而後進，望山遠岐而前行。學者們也開始注重實踐，有的駐廠調查研究，有的兼職經營管理角色，也有的開始參與創業。企業高管中層不能葉公好龍，更不能隨聲附和，單純為了交朋友、拿文憑而學習。學習管理學不僅是為了降低知識焦慮、發個「與誰同框」的貼文動態，更應該為了解決企業的實際問題，尤其是策略方向問題。只有理論者與實踐者相向而行，縮短理論與實踐之間的鴻溝，才有希望實現這樣一個「小目標」：在廣大企業中，有例行策略規劃的企業占比達到三分之一以上。

● (2) 競爭對策場景

競爭對策場景，是指企業如何面對突發策略問題這個經營場景，屬於非例行的策略規劃落實場景。企業面對的突發策略問題，大部分是源於利益相關者的衝突對抗、自身經營錯誤，少部分是由於外部環境突變，例如：新冠疫情對線下服務業的巨大衝擊。外部環境突變往往影響一大批行業或企業，有一定的平等性和普遍性。

企業的目標客戶、供應商、股東、各類競爭者、關鍵人才等利益相關者，在交易中都試圖獲得更多利益，發生利益碰撞在所難免。所以，這其中突發策略問題較多。例如：競爭者發起價格戰（特斯拉電動車降價）、潛在競爭者跨界侵入企業利潤區（美團與滴滴出行的網約車之戰）、替代品競爭者暴力入侵（「3Q 大戰」）、供應商「斷供」（美國封鎖華為）、目標客戶集體抵制廠商（席捲白酒行業的「塑化劑事件」）、核心人才出現問題（日產前董事長戈恩「跨國逃亡」）等。

由於企業自身犯錯而招致的突發重大策略問題也在增多。例如，由於領導人風險控制能力薄弱、投機慾望強烈，導致資金鏈斷裂的企業，總是週期性大量出現。奶粉中檢測出三聚氰胺，導致消費者集體性、長期性拋棄整個行業。瑞信咖啡營業收入數據造假，招來那斯達克的退市通知及證監會的強烈譴責等。

在經營過程中遇到突發重大策略問題，即競爭對策場景，企業必須立即面對，成立策略專案小組，從策略規劃的三個方面 —— 目標和願景、外部環境和策略路徑結構化分析探索，盡快形成可行的解決方案。非例行策略規劃問題也會被歸入後續的例行策略規劃中，以期望「一勞永逸」地降低這些突發策略問題帶來的後續影響。

● (3) 策略觀念場景

策略觀念場景是指企業策略規劃要在經管團隊的頭腦中落實。這是相當難的一個「系統工程」。有些企業在顧問公司協助下，搞過一次策略規劃，後來就束之高閣了，然後繼續隨機漫步式經營。有些企業將策略規劃蛻變成了年度績效預算，把提升工作效率、促進銷售增長、加強績效考核等當成了策略規劃的主要內容。這些還算有些策略意識的企業，更多企業根本就沒有搞過策略規劃，從哪裡來的策略觀念？在經管團隊中植入策略觀念是比較難的一件事，就像貓咬刺蝟 —— 無從下手。

老一代企業家將擅長抓住短缺經濟中的發展機遇，自稱為有策略觀念，新一代經管管理者希望透過碎片化學習培養自己的策略觀念。大部分教科書是古今中外相關知識的整合，比較有順序地將碎片化的知識整合總匯，與實踐需求之間有一條不窄的鴻溝。所以透過策略教科書學習，並不必然能夠培養讀書者、研究者、學習者的策略觀念。即便這樣，考文憑、搞研究時人們才學習教科書，其他情況大家更喜歡閱讀速食式、標題黨式頭條或公眾號文章。

所謂批判性思維，並不是找出一些錯誤或漏洞，然後將問題放大；也不是那些把「講科學」掛在嘴上的教條主義者，吹毛求疵地批判別人的創新成果。批判性思維應該是先解構、分析透澈、再建構，要給出一些有益建議及可供參考的解決方案。

那麼，經管團隊應該如何培育自己的策略觀念？可以透過「企業策略落實的六步思考框架」入手，如圖4-3-1所示。

● (1)企業策略

企業策略分為三個層次：總體策略、競爭策略和職能策略。企業依靠競爭策略做好了、壯大了，才更需要總體策略；職能策略通常是為競爭策略提供支持及服務的。所以，企業策略的重點是競爭策略。

● (2)新競爭策略

以T型商業模式及企業營利系統理論為支撐，筆者把更新後的競爭策略叫做「新競爭策略」。新競爭策略是指在一個商業模式範圍內，根據外部環境的機遇與挑戰，透過減弱「五力競爭」及增加「五力合作」的一系列措施、手段及路徑，奠定本企業產品（或產品組合）在市場上的特定地位並維持這一地位的策略。

新競爭策略有三大重點內容：目標和願景、外部環境、策略路徑。新

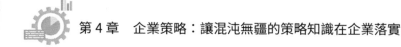

競爭策略有五個顯著特色，分別是：①以商業模式為中心；②將競爭轉變為合作；③將百家策略學派或雜談收斂到策略規劃；④將策略理論落實到企業經營場景；⑤將DPO策略過程模型應用到策略制定與執行中。

● (3) 策略規劃

策略規劃既是策略實踐的「先鋒官」，也是策略理論的「代理人」。圖4-3-1中，新競爭策略與策略理論兩者在策略規劃這裡「會師」。一方面，策略規劃及後續的經營場景、策略過程承擔著新競爭策略的具體實施，將新競爭策略的目標和願景、外部環境、策略路徑作為自己的核心主題及內容；另一方面，古今中外的策略理論透過策略規劃而應用落實到企業經營場景。

● (4) 經營場景

場景就是需求現場。將策略理論「搬運」到企業經營需求現場，匹配到策略規劃中，才能真正開始落實。搞策略創新的專家學者實際上是策略理論的供應方，企業經營現場才是目標客戶。以客戶為中心，不是以更多「庫存」為中心。策略理論無法應用到經營場景，存放到哪裡、複製到哪裡，都占用人類的大腦「庫存」。前文已經闡述，策略規劃主要落實到企業中的三大經營場景：①年度計畫、②競爭對策、③策略觀念。

● (5) 策略過程

為策略規劃找到了落實場景，而具體的制定實施還需要一個流程，稱為策略過程，在下一節將專門進行闡述。教科書講策略過程內容繁多，有的稱為七大步驟，有的分為九個階段，還有策略過程十六步法等。實際上企業實踐者日常事務比較忙，要求理論簡單易用，預留介面能夠根據實際需要擴充套件就行了。在新競爭策略中，策略過程就三個步驟：調查分析、指導方案、執行優化。

● (6) 策略理論

　　如上文所述，策略理論與企業的主要介面在策略規劃，服務於上述五個步驟。

　　在圖4-3-1中，企業策略、策略規劃、指導方案三個概念，有含義相同或相似之處，也有明顯的應用區別。企業策略是一個綜合性說法，大部分企業的競爭策略就是企業策略。策略規劃面向未來，理論連繫實踐，在年度計畫場景、競爭對策場景、經管團隊的觀念場景中落實。指導方案是指制定好、形成檔案的策略規劃。

　　「挽弓當挽強，用箭當用長。射人先射馬，擒賊先擒王。」這是唐代詩人杜甫詩作中的一個片段。這是一首軍事題材的詩歌，說明了核心與外圍的關係。對應杜甫詩歌的啟發，經管團隊培育自己的策略觀念，以上「企業策略落實的六步思考框架」是需要掌握的核心內容。

4.4 「好策略」如何產生？策略過程DPO模型

🔖 重點提示

　　※ 為什麼說調查分析是一個「中心→發散→收斂」的過程？

　　※ 為什麼說《隆中對》是一個策略指導方案？

　　※ 為何一些策略教科書中絕大部分內容脫離實際？

　　※ 有沒有所謂的東方策略、西方策略之分？

　　在新競爭策略中，策略過程可分為三大步驟：調查分析、指導方案、執行優化。為表達方便，將其稱為策略過程DPO模型。DPO分別是Diagnosis（調查分析）、Plans（指導方案）、Optimizing（執行優化）的首字母。

　　書籍《好策略，壞策略》中提及，一個好策略必備三個核心要素包括：調查分析、指導方針和連貫性活動。無論從形式還是具體內容上，筆者提

出的「策略過程DPO模型」與《好策略，壞策略》中的相關表述都有明顯不同。

4.4.1　調查分析

　　阿莫德‧哈默（Armand Hammer）是一位出生在美國的猶太人後裔，由於善於調查分析、捕捉商機，在多個領域經營成功，被後人稱為「幸運之神」。1931年，正值美國第三十二屆總統大選拉開了帷幕。經過調研分析，哈默預設為：羅斯福將在選舉中獲勝。哈默知道，羅斯福嗜酒如命，他如果當了總統，1920年所公布的「禁酒令」就會被廢止。一旦「禁酒令」被廢止，各種酒類的生產量將會大幅提升，其中威士忌會最受歡迎，而威士忌需要專用白橡木桶來進行儲存、運輸。哈默知道，俄國的白橡木產量很大。於是，他很快打通進貨渠道，在紐澤西州建立了一個現代化的酒桶加工廠，取名為「哈默酒桶廠」。當他的酒桶廠建好時，恰好羅斯福勝出。任美國總統不久後，羅斯福就廢止了「禁酒令」。這時候，威士忌酒廠一窩蜂上馬，產量直線上升，需要大量酒桶。但是，由於白橡木原料需要從國外進口，歷時週期長，還有一定的渠道限制，所以能大批次生產酒桶的只有哈默酒桶廠。

　　為什麼哈默可以料事如神？因為他擅長調研分析。就拿羅斯福將會廢止「禁酒令」這事來說，經過調研，哈默是這樣分析的：當時全球經濟大蕭條，美國陷入嚴重的經濟危機，羅斯福當選後必然要透過擴大內需來拉動經濟。羅斯福是一個好酒的人，也是一個很張揚的人，他不會顧慮因個人喜好廢止一部法律而招致的非議……是否建造這個酒桶廠，哈默進行了總體形勢、行業競爭、市場需求、決策者的心智模式及領導風格、自身資源的優劣勢等多維因素分析。

　　　　　　　　　　　　　参考數據：賴偉民，《策略是站在未來看現在》

面對機遇或問題，哈默總要進行一番調研分析，所以他不是簡單「拍腦袋」決策的。機遇來時，「拍腦袋」決策可以取得偶然的成功，但很多情況下機遇伴隨風險而來；更多情況是，機遇沒來，但問題和風險如期而至。經管團隊應該向哈默學習，勤於調查分析，減少想當然的決策。

如何進行調查分析？它是一個「中心→發散→收斂」的過程。根據新競爭策略以商業模式為中心，調查分析起源於商業模式中的產品組合，然後從三端分析（目標客戶、合作夥伴、企業所有者）發散到策略環境分析（個體、行業、總體），再收斂到聚合五點，最後形成逐步的指導方案，如圖4-4-1所示。

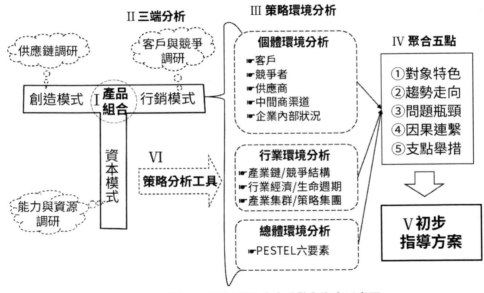

圖 4-4-1　調查分析的邏輯及內容分散與聚合示意圖

● (1) 產品組合

產品組合是商業模式第一問的答案所在，關乎商業模式成敗。產品組合分析的重點是「價值主張、營利機制、產品組合」三位一體所存在的問題及如何改善、優化與提升。

● (2) 三端分析

　　三端分析的重點是分析產品組合的重要利益相關者 —— 目標客戶、合作夥伴、企業所有者，如何提升他們的合作力量及降低他們的競爭力量等。

● (3) 策略環境分析

　　策略環境包括企業所面對的個體環境、行業環境及總體環境。幾乎所有的策略教科書都有這方面的詳細內容，此處不再重複展開。與三端分析有所區別的是，此處的客戶、供應商等已經擴大到所在的整個群體。

● (4) 聚合五點

　　前面三部分的分析是一個由點到面擴散的過程。為了獲得調查分析所需要的結果，必須逆向操作，即由面到點，將擴散後的內容進行收斂。如何收斂？這就要參考圖示的聚合五點。其中的對象特色是指企業自身及與企業密切相關的利益主體，具有哪些影響策略發展的特別之處；趨勢走向是對策略相關因素未來走勢的判斷與預測；問題瓶頸是指企業自身存在的主要問題或瓶頸；因果連繫是指重大影響要素與企業經營之間的因果傳遞鏈條；支點舉措是企業要解決問題瓶頸，實現目標和願景等要採取的策略、手段及尋找的槓桿支點等。

　　以上聚合五點僅是一個參考模板，具體實踐中針對不同的調查分析主題，聚合五點的內容可以增減更改。

● (5) 初步指導方案

　　調查分析的結果是獲得一個初步的策略指導方案。

● (6) 策略分析工具

　　至今已經有五力競爭模型、SWOT分析、波士頓矩陣、安索夫矩陣、五力合作模型、PESTEL 分析模型、三端定位模型、策略地圖、價值網模

型等近百種可以用於調查分析的策略分析工具。

在參考圖4-4-1所示的邏輯及內容進行調查分析時，應該注意以下四點：

① 調查分析要緊貼商業模式，以個體因素為主（80％），行業次之（15％），總體簡略（5％）。這一點與通常的說法有所不同。策略教科書通常是引進繼承、分割組合、結合本土案例的產物，有點像存放知識卻遠離實踐的「空中樓閣」。其中總體環境分析通常放在書籍首章，不僅是重點，而且占用篇幅過大。巴菲特在致股東的信中說：「建立總體觀點或是聽其他人大談總體或市場預期，都純屬浪費時間。」現今社會，各種總體經濟研討會、主題演講、文章觀點等非常受歡迎，似乎每人都希望從中發現一些自己能獨享的機遇。然而現實是錯誤的！如果經管團隊成員大量時間耗費在追隨與談論總體經濟熱點方面，那麼自己的「企業之田」通常是荒蕪的。

② 圖4-4-1所示的是調查分析的「全體場景」。在實際應用中，需要根據策略指導方案的層次有針對性地刪減或增加。例如，企業的五年策略規劃或年度策略計劃，可以參照圖4-4-1的內容及思路，而競爭對策場景下的調查分析就要以問題為導向，圖4-4-1的邏輯及內容只能是一個輔助參考。如2018年初，美團公司建立網約車專案，直指滴滴出行的核心利潤區。對於滴滴出行來說，這就是一個典型的競爭對策場景。如何調查分析、制定策略指導方案？這時，把重點放在總體PESTEL六要素，不但於事無補，還可能動搖軍心、貽誤戰機。正確的做法是以商業模式為中心，知彼知己、知彼解己。例如：行銷模式上，對方採取什麼手段、重點占領了哪些細分市場；創造模式方面，對方服務上有哪些優勢與劣勢，如何透過技術改進自己的產品體驗；資本模式方面，對方的現金儲備如何，自身有哪些可以利用的融資手段補充資金等。

③ 調查分析的重點是預測趨勢。馬雲認為，多數人「看見而相信」，少數人「相信而看見」。筆者認為，「相信」不是空洞的迷信，而是指付出努力，堅持調查分析、不斷探索與嘗試，讓事實、證據、邏輯說話，預測出未來趨勢。透過調查分析、預測趨勢，企業遇到「灰犀牛」或「黑天鵝」等重大危機發生時，可以透過「反脆弱」，先人一步克服困境乃至能夠從危機中獲得收益。例如：早在2019年12月，穩健醫療就透過收集情報，調查分析，對新冠疫情做出預判，大幅提高口罩、防護服的產能。

④ 以問題為導向開展調查分析，遵循基本邏輯過程，得出初步的指導方案，如圖4-4-2所示。無論哪一層級的策略指導方案，都是從提出問題開始的。例如，一個企業的長期策略規劃離不開杜拉克經典三問（見本書章節1.1）。也有專家說，一個科學的策略規劃必須能夠回應「策略四步曲」，即我在哪裡、我將往何方、我如何去、如何走好。如圖4-4-2所示，把問題描述清楚後，透過調查分析，找到根本原因或影響要素 —— 這裡稱為動因。依據動因，在結合調查分析的聚合五點、目標和願景等，設計建構出初步的指導方案。此圖中也包含了What-How-Why西蒙黃金圈法則的創新應用，希望讓大家有一石二鳥的收穫。

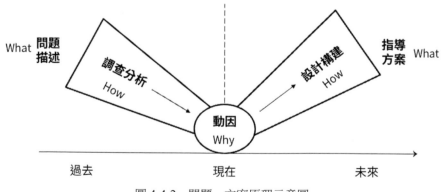

圖 4-4-2　問題－方案原理示意圖

4.4.2 指導方案

透過調查分析獲得了初步的指導方案後，再經過改善優化，直至形成正式的策略指導方案。概括來說，企業的策略指導方案大致有五個層次：願景級長期指導方案、五年中期指導方案、年度計畫指導方案、重大專題指導方案、競爭對策指導方案。

● (1) 願景級長期指導方案

企業的終極奮鬥目標或非常長期（二十年以上）的奮鬥目標，叫做願景。從量變到質變，策略目標無法定量化表達時，就到了願景的「管轄」範圍。願景通常只有一到兩句話，為避免空洞，應該有一個輔助的指導方案。

例如，華為於1997年之前就提出了公司願景 —— 成為世界一流的通訊裝置供應商。隨之配套的有《華為基本法》作為願景指導方案。再如，亞馬遜的願景 —— 成為全球最以客戶為中心的公司，使得客戶能夠線上查詢和發現任何東西。配套的指導方案有如下措施：產品組合中湧現多重飛輪效應，關注自由現金流而非利潤，堅持客戶至上（無限選擇、最低價格、快速配送），信奉長期主義等。反觀一些「逗你玩」式的企業願景，參加一次以勵志、定位為主題的學習，老闆們相互之間激勵 —— 實際是被行銷了，就獲得了企業願景 —— 成為××行業領導者等。這些願景沒有調查分析，缺乏配套的指導方案，所以是空洞蒼白的。

● (2) 五年中期指導方案

前文講到，廣義的策略規劃是指面向未來的企業策略，而狹義的策略規劃通常是指五年期的策略指導方案。在私募股權融資或IPO上市時，企業在商業企劃書或招股書中通常會有一個五年策略規劃。五年策略規劃涉及內容較多，各家企業相應內容精彩紛呈，但必然是以商業模式為中心

的。諸位讀者有興趣的話可以登入證券交易所網站，免費下載、參閱一些申請IPO公司的招股書。

● (3) 年度計畫指導方案

與企業年度計畫相關的策略指導方案，脫胎於企業五年策略規劃，並有所更新以實現與時俱進。很多企業沒有五年策略規劃，它們通常在年度計畫中有策略指導方案的內容，並且每年繼承性持續更新。除了下一年市場及財務目標外，還要在年底計劃指導方案中說明營業收入及利潤增長的支撐邏輯，重點開展哪些策略主題或者叫做「××年度三件大事，十件小事」等。

● (4) 重大專題指導方案

這類似於企業職能策略。有所區別的是，重大專題策略常常跨年度、耗費資源多，對未來影響大，塑造企業長期競爭優勢。例如：一些公司搞的工業4.0策略，或者數位化策略。

● (5) 競爭對策指導方案

上一節詳細講到競爭對策場景。當企業面對突發重大策略問題時，就要盡快有一個競爭對策指導方案。這種場景類似於戰爭對抗場景，可以參照一些商戰案例、《孫子兵法》等制定指導方案。在競爭對策指導方案中，通常以自身商業模式的優勢來應對挑戰方的劣勢，並聚集充足資源進行飽和打擊，以取得決定性勝利。

策略過程包括調查分析、指導方案、執行優化三大步驟，如圖4-4-3所示。企業應該有五個層次的策略指導方案。即使化繁為簡，一個企業至少要有年度計畫指導方案、競爭對策指導方案。指導方案就是制定好的、成文的策略規劃，與企業策略的構成公式保持一致，即指導方案＝目標和願景＋外部環境＋策略路徑。

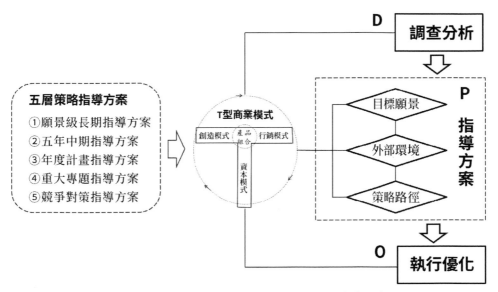

圖 4-4-3　策略過程 DPO 模型／五層策略指導方案示意圖

　　一個企業的目標和願景通常包括：願景、五年目標、年度目標及年度目標的展開。除此以外，還有人用到「策略意圖」，它屬於目標和願景嗎？這個要視策略執行的難度而定，策略意圖為三至十年的策略目標，可以再附加一些策略描述或簡要指導方案。

　　指導方案中應該闡述透過調查分析而總結得來的外部環境概要。這樣可以說明兩點：第一，由於這樣的外部環境，所以企業採用如此的策略路徑，它們之間有一個因果連繫的鏈條；第二，這樣的外部環境是一個基礎，用於分析和比較未來的外部環境變動。某個時點上制定的策略路徑只是一個參考路線圖。如果外部環境有變，應該即時修改策略路徑。

　　如果把商業模式比作戰艦，在一定的外部環境條件下，從現在的位置駛向未來的目標和願景，需要為它設計一條最優的行駛（策略）路徑。為戰艦在大海中設計一條行駛路線，必然要適合戰艦的各方面特點。設計建構策略路徑，必然要根據商業模式量體裁衣，還離不開營利系統其他相關內容的配合，如圖4-4-4所示。

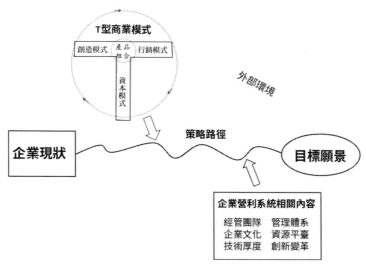

圖 4-4-4　策略路徑設計建構示意圖

　　新競爭策略以商業模式為中心，就是如何打造一個有持續競爭力好產品的策略。在目標和願景的指導下，設計建構策略路徑，通常以 T 型商業模式的產品組合為切入點，展開到行銷模式、創造模式、資本模式各構成要素。例如：完成年度銷售目標、提升產品競爭力，可以從行銷模式四要素「目標客戶、價值主張、行銷組合、市場競爭」如何協同進行思考，也可以從創造模式的產品組合、合作夥伴、增值流程、支持體系四個要素展開思考。並且，如果建構策略路徑需要細化及深入，那麼可以對 T 型商業模式的十三個要素進一步展開，例如：支持體系可以展開為技術創新、關鍵人才、資金資源等，其中技術創新可以展開為基礎科技創新、平臺模組創新、產品應用創新三個遞進層次……策略路徑中也有營利系統其他相關內容的配合部分，例如：管理體系中的組織結構、營運管理如何變革或優化，以適應策略路徑調整的需求。

　　在短缺經濟下或外部環境穩定時，透過商業模式複製，將主要業務流程的階段性策略主題連線起來，就是企業的策略路徑。例如：過去一段時

間，房地產企業就是不斷複製「拿地、挖洞、蓋樓、排隊抽籤」為主業務
流程的商業模式，策略路徑就是沿著時間軸線在選定地區先後布局開發，
循環連線與實現上述階段性策略主題。它們中的佼佼者很快就進入了世界
五百強。在富裕的經濟環境下，且行業中有巨型企業參與時，一個新進入
的企業要面對很多不確定性，所以策略路徑就很難設計。它需要不斷整合
資源，不斷優化、創新或疊加商業模式。這確實考驗經管團隊的策略規劃
能力。例如，小米手機從大廠林立中創立到IPO上市，後來成為世界五百
強企業，其間，小米手機的策略路徑需要不斷調整，且各項工作的分配非
常細緻，一環套一環，有新產品及產品組合的不斷更替、推陳出新，有行
銷、創造、資本模式的不斷創新優化，還要不斷疊加周邊產品、軟體服
務、新零售等商業模式。

　　古代典籍文章《隆中對》是企業制定策略指導方案時，可以參考的一
個優秀範本。在《隆中對》中，諸葛亮對三顧茅廬而來的劉備說的一番話，
就是一套策略指導方案，並符合圖4-4-3所示的「指導方案＝目標和願景＋
外部環境＋策略路徑」這個公式。首先，從目標和願景方面，透過這個指
導方案，讓劉備從當下的寄人籬下境遇，先有一個立足之地，逐步實現三
國鼎立、成為一國君主，然後進一步問鼎中原，最終完成國家統一大業。
其次，從外部環境方面，《隆中對》說：自董卓已來，豪傑並起，跨州連郡
者不可勝數……文中的大部分篇幅都是談外部環境。最後，從策略路徑方
面，諸葛亮建議：首先占據荊、益兩州，守住險要的地方，和西邊的各個
民族和好，又安撫南邊的少數民族，對外聯合孫權，對內革新政治……

4.4.3 執行優化

　　策略執行包括兩部分：首先是將指導方案轉變為營運計畫，然後透過
日常營運讓商業模式產生營利，最終實現策略目標和願景，如圖4-4-5所

示。就像為戰艦設計了行駛路徑，最終戰艦要按計劃行駛才能完成作戰任務或到達目的地。

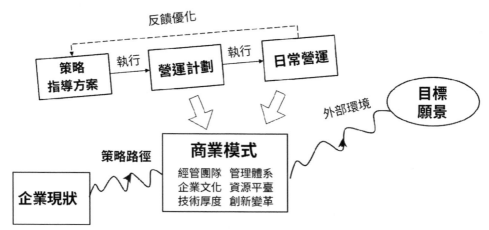

圖 4-4-5　策略指導方案的執行與優化示意圖

　　各利益相關者都在追求自身利益最大化，世界一直在「自轉或公轉」，所以外部環境一直在變。策略指導方案來自人的預測與設計，所以有一定的主觀性。策略指導方案指導企業實際營運的同時，實際營運也在優化策略指導方案，可稱之為策略執行中的優化。在這個互動過程中，經管團隊及策略管理人員的策略觀念也在提升。

　　競爭策略就是如何打造一個有持續競爭力的好產品策略。企業策略中應該以競爭策略為主線，其中形成策略指導方案及將其轉變為計畫體系為兩個中心任務，簡稱為企業策略的「一條主線，兩個中心任務」。筆者與一家大型企業的策略總監曉理先生談及這個觀點時，他頗為激動地回應說：「我 2002 年讀工商管理碩士，那時的策略管理學教材是英文版的，約 20 公分 ×30 公分那麼大本，六百五十多頁。學習的內容主要就是策略環境分析、競爭與合作、多元化與專一化策略、國際化策略、併購策略等一些『深奧艱澀』的知識堆砌。絕大部分中小企業都不涉及這些策略內容。

二十年過去了，現在國內化的策略管理教材依舊是這些知識堆砌，增加了像東方策略、策略選擇、策略實施、策略控制、策略評估、策略創新、策略變革、策略領導力等內容空洞或似是而非的章節。」曉理先生比較推崇平衡計分卡理論，認為這才是企業制定策略規劃及將策略執行落實的「最佳辦法」。

如何將策略指導方案轉變為營運計畫？平衡計分卡理論專門闡述這方面內容。從實踐看來，平衡計分卡理論比較繁雜，不夠簡明，絕大部分企業很難得心應手地有效使用。平衡計分卡的核心邏輯主線是「財務、客戶、內部流程、學習與成長」，即以終為始思考：完成財務績效，需要服務好客戶；而服務好客戶，需要改善內部流程；而改善內部流程，需要員工學習與成長。然後，以始為終執行：透過學習與成長→改善內部流程→服務好客戶→完成財務績效。

應用平衡計分卡比較大的挑戰是，如何學習與成長、改善內部流程、服務好客戶等具體內容的剖析及相互協調，需要企業策略管理人員發揮自己的分解、建構及組合能力。另外，平衡計分適用於那些「人、財、物」充足、業務穩定的大型公司。實事求是地說，對於很多企業來說，透過重點栽培員工「學習與成長」，然後逐級傳遞，就能完成財務績效。這個經營理念並不符合現實。

將策略指導方案轉變為營運計畫有什麼竅門嗎？一句話就是「怎麼來的，就怎麼去」。如前文所述，指導方案的調查分析和策略路徑都是依據 T 型商業模式的構成要素及營利邏輯而展開、建構，所以將策略指導方案轉變為營運計畫時，也是依據 T 型商業的構成要素及營利邏輯逐級分解，形成計畫目錄樹。然後，將這些計畫目錄樹再依據「5W2H」及企業計畫體系展開，就可以得出詳細的年月日營運計畫，如圖 4-4-6 所示。

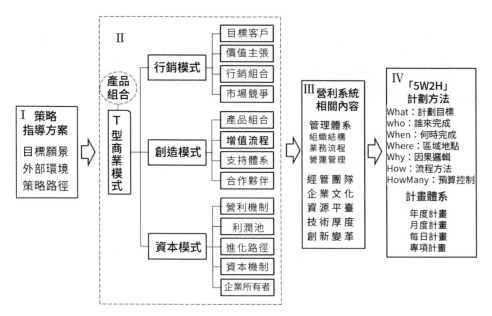

圖 4-4-6　策略指導方案轉變為營運計畫示意圖

　　例如，依據上文的指導建議，A 公司制定了年度計畫（策略）指導方案。其中一項是這樣的：根據行業環境變化、企業產品優勢及行銷能力，預測未來三年內產品組合中的 × 產品銷量將增加 3 倍。A 公司商業模式的主流程為設計→採購→製造→組裝→物流→銷售→維修保養。從指導方案展開到年度計畫，A 公司是這樣根據輕重緩急考慮計畫目錄樹中一些條目的：因為 × 產品有定製化屬性，所以當年 1 ～ 6 月首要是增加設計技術人員二十人，盡快啟動 1 萬平方公尺新廠房建設，增加三家外協合作廠家，根據廠房建設進度訂購裝置及生產線。其次後半年需要增加債權融資 3,000 萬元，大約在第四季度啟動 B 輪融資，× 產品完成第三次更新疊代。還有，根據業務進展，下半年著手啟動兩處的維修保養服務中心建設，從三個技工院校共應徵技術工人兩百五十人……

　　綜上，企業策略過程包括調查分析、指導方案及執行優化三大步驟。企業策略涉及的內容並不少，是否企業都要設定策略管理部？組織結構是

下一章管理體系要討論的內容。對於中小企業來說，一般不必設定策略管理部。經管團隊能夠每年拿出一週時間，集中思考、討論一下企業的年度計畫（策略）指導方案就可以了。對於大型企業而言，可以設定策略管理部，也可以與市場部合併設定，因為兩者的工作內容在很多方面是重合的。

策略就是一種關鍵計畫，所以企業策略的主要例行工作 —— 制定策略指導方案，應該是專案化的。大部分企業每年搞一次，歷時一週左右。偶有企業可能遭遇突發策略問題，需要再做一下競爭對策指導方案，它也是一次性、專案化的。這樣看來，企業策略工作僅需要一個臨時性的專案工作小組。那企業的策略管理部還有存在的必要嗎？大型企業或環境變化劇烈的中型企業，其策略管理部或市場策略部在策略方面的日常工作，主要是蒐集行業情報和利益相關者資訊，調查分析市場資訊，編輯內部策略與市場簡報，監視企業的各項營運數據等。

如果拋開個人偏見，那麼上文中曉理先生提到的策略實施、策略控制、策略評估、策略創新、策略變革、策略領導力等教科書相關章節，有什麼實踐指導意義嗎？

策略實施就是策略執行與優化。通常來說，策略指導方案轉變為營運計畫後，策略執行就轉變為營運管理了 —— 那是管理體系「管轄」的範圍。策略控制、策略評估如何落實呢？這些有點像「閉門造車」的理論名詞，有的教科書中要「闡述」幾章篇幅，但是該說的內容卻沒有。實踐中的「策略控制、策略評估」非常簡單，一些企業堅持召開季度或月度經營分析會，策略部門相關人員參加，協助進行經營偏差分析，如有必要就修改或優化原定的策略指導方案。

策略就是一種關鍵性計劃。根據企業營利系統理論，各種花樣翻新的所謂策略創新、策略變革、策略領導力等不見實用性的空洞內容，不屬於企業策略的範圍。

有沒有東方策略呢？策略就是一種關鍵性計畫。兩千五百年前，《孫子兵法》中有關於兵法策略的論述，「田忌賽馬」是一個「玩娛樂也有策略」的啟發性故事。

4.5　道可道，非常道：波特三種競爭策略新解

🖥 重點提示

* ※ 傳統的競爭策略與新競爭策略之間有哪些異同？
* ※ 策略規劃中如何落實「以商業模式為中心」？

2020 年 3 月，喜茶完成新一輪融資，企業估值超過 160 億元，由高瓴資本和蔻圖資本聯合領投。很多人看不懂了，上一輪融資（2019 年 7 月）喜茶估值 90 億元，在新冠疫情下，喜茶的估值又上漲了 70 億元！有人將喜茶與家樂福作比較：2019 年 6 月，蘇寧易購出資 48 億元收購家樂福在中國 80% 股份。家樂福那可是兩百多家幾千上萬平方公尺的超級大賣場，而喜茶不過是三百多家賣水果茶、奶茶等茶飲的小店！

喜茶創立於 2012 年，原名「皇茶」，2017 年春節後在上海來福士開了第一家店。這家店開業後，為了能喝上一杯喜茶，幾百人分六條通道排隊，等候少則半小時，多則六小時。這也太瘋狂了！每天賣出近四千杯，日營業額達 8 萬元。這是喜茶創始人聶雲宸給出的上海首店數據。同年 8 月在北京開業的喜茶三里屯店同樣瘋狂，平均一天賣出兩到三千杯。一杯 20 多元的喜茶，「黃牛」代購價賣到了 80 元。

上海來福士、北京三里屯，競爭激烈時平均 50 公尺就有一家茶飲店，為什麼喜茶能夠持續一枝獨秀？按照波特的三大競爭策略：總成本領先、差異化、集中化，喜茶屬於哪一個？喜茶的產品售價偏高，比路邊攤高出幾倍，肯定不是總成本領先策略；喜茶面向大眾消費，已經在全國開

店，並在海外布局，也不是集中化策略。所以，喜茶應該是差異化策略。
喜茶的店鋪都在鬧市區，製作現場是開放的，原料就是茶葉、水果、牛奶
之類的一般材料。這幾乎100%「透明」的差異化，為什麼成千上萬家茶
飲店模仿不來呢？

我們用T型商業模式理論來簡要求解一下喜茶「奇蹟」吧。

如圖4-5-1所示，從行銷模式看，首先理解公式：目標客戶＝價值主張
＋行銷組合－市場競爭，轉換成文字表述為：根據產品組合中含有的價值
主張，透過行銷組合克服市場競爭，最終不斷將產品組合售賣給目標客戶。

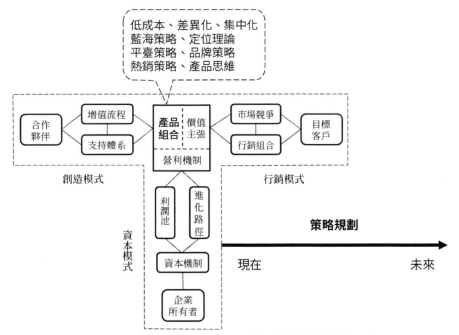

圖 4-5-1　產品定位如何透過 T 型商業模式貫徹實施示意圖

一說到行銷組合或市場競爭，創業者似乎都懂一些，不就是促銷打
折、網紅業配、裂變行銷、價格戰、搶占地盤、迅速將產品上架推廣……
上面的行銷模式公式是企業搞好行銷的第一性原理，喜茶所做的一切，遠
遠不是表面理解的那些行銷絕招那麼簡單。

　　就拿公式中的目標客戶、價值主張這兩項來說，喜茶的目標客戶主要是「千禧一代」、新潮的都市上班族。如何設計建構喜茶產品的價值主張，來俘獲目標客戶的內心呢？按照創始人聶雲宸的透露，透過可量化的口味、口感、香氣、顏值、品味等五個以上的維度，來設計建構喜茶產品的價值主張，以全面俘獲目標客戶的味覺、觸覺、嗅覺、視覺及聽覺系統。味覺這個大家都理解，有人「就喜歡那一種口味」。喜茶選用上等的水果、茶料及牛奶，在每件單品上都堅守「一萬小時定律」，不斷疊代改進，保證味覺上做到最好，讓目標客戶形成條件反射式的依賴性。喜茶向哈根達斯學「口感」—— 哈根達斯冰淇淋入口即溶。如何優化口感呢？好材料、好配方、好工藝。喜茶向香奈兒學「香氣」，將不同食材原料合理地搭配在一起，不僅有聞到的前香，還有潤過喉嚨後散發出來的後香。喜茶在產品顏值上匠心獨具，讓消費者 —— 尤其年輕女性 —— 拿著喜茶的茶飲一起拍照，還能大幅增加自己的「顏值」。所以，大部分的顧客排隊數小時，拿到茶飲後，第一件事就是拍照，轉發貼文動態。從聽覺上說，喜茶透過高水準的 VI（視覺設計）體系，從多維度塑造品牌形象，讓買喜茶的顧客始終站在「鄙視鏈」的頂端，內心讓自己「聽到」一句話：不喝喜茶而喝××茶的那些人有點「LOW」！

　　因此，價值主張不是吹吹牛就算了，而是要透過創造模式不折不扣地化虛擬為現實，最終植入企業售賣的產品、體驗場景等產品組合中。圖4-5-1中，創造模式用公式表達：產品組合＝增值流程＋合作夥伴＋支持體系，轉化成文字表述為：增值流程、合作夥伴、支持體系三者互補，共同創造出目標客戶所需要的產品組合。

　　至於喜茶的創造模式，涉及內容太多了，我們就簡單說一點喜茶做產品的態度。例如：創始人聶雲宸就像一個網路行業的產品經理，以同齡人的同理心鑽研新品，以近乎嚴苛的態度對待每一次優化疊代。他經常泡在

社群軟體，研究年輕消費者的社交習慣，用來反哺產品設計。「我們在研發時是不計成本的，只有經過論證做到很好以後才會推向市場，跟消費者見面，」聶雲宸稱，「我真的很喜歡改東西，所以我不理解很多品牌上市後不改配方，我覺得要麼是偷懶，要麼就是對產品沒有要求。」2017年喜茶研發了幾十款產品，上市只有十款，並且喜茶的產品「永遠測試版」，賣到哪一天，就疊代到哪一天。

　　供應鏈是喜茶真正的壁壘。聶雲宸說，喜茶已深入到種植環節，透過培養一些茶種，然後再找相關茶農幫喜茶種茶，再挑選進口茶葉搭配。「我們的茶都是自己定製的，並非市面上能買到。」聶雲宸稱。

　　圖4-5-1中，資本模式的表達公式：利潤池＝營利機制＋企業所有者＋資本機制＋進化路徑，用文字表述為：利潤池需要營利機制、企業所有者、資本機制、進化路徑四個要素協同貢獻。

　　就像描述一座水庫，利潤池有存量和容量之稱。相關投資商投入的幾10億元，再加上喜茶自身的營利累積，即喜茶擁有的資本總和，代表了利潤池的存量。幾家投資商各自的投委會都形成共識，為喜茶估值160億，代表它未來的發展空間巨大 —— 即利潤池的容量巨大，才能實施這筆投資。企業估值或未來發展空間，這東西可靠嗎？我們分析一下喜茶的營利機制：喜茶的產品標準化程度高，口味一致，有利於連鎖擴張，具有規模效益。顧客排隊買茶，拿走不堂吃，還轉發洞牌貼文協助口碑傳播，單店的銷量就可以做很大，術語叫做部門坪效極高。茶飲可以是高頻消費產品，顧客對價格不敏感，所以喜茶的單店年銷售收入可以做到2,000萬，產品毛利率能有60％左右。喜茶藉助口碑傳播、微信小程式形成重複購買和外賣，行銷費用幾乎為零；大批次直採或培植原料，可以降低採購成本；企業形象好能導流，房租上可以議價優惠……所有這些，又導致企業的總成本不斷降低。投資商有一句心照不宣的「暗語」：當你足夠好，才會遇見我！

透過T型商業模式原理簡要一分析，感覺到喜茶的差異化還蠻難學的。那麼，後來者還有追趕的機會嗎？本書章節3.2中講到了T型商業模式的三個飛輪效應。喜茶憑藉這三個飛輪效應已經「飛行」八年多了，僅僅微信小程式上就有接近三千萬粉絲……這些都是除營利、融資之外專屬自己而不外借的智力資本。「不可勝在己，可勝在敵。」後來者，怎麼追呢？

參考數據：賈林男，
《六個真相讓你明白，喜茶為什麼比你更懂年輕人？》

　　前文說到的總成本領先、差異化、集中化三大競爭策略，其正式表達應該是，美國哈佛大學教授麥可·波特在其1980年出版的《競爭策略》（*Competitive Strategy*）中提出的三大競爭策略：總成本領先策略、差異化策略和集中化策略。在那個年代，還沒有商業模式這個名詞，所以稱之為策略。

　　上述喜茶的案例，是從產品的口味、口感、香氣、顏值、品味等五個維度進行差異化定位，與路邊攤賣的茶區別開來，價格才能高出幾倍，並且銷量上還一直是「熱賣」。一百多年前老福特搞汽車全產業鏈，造出售價260美元一臺的「T型車」，就是屬於總成本領先即低成本的產品定位。筆者所就業的公司曾投資過一家公司，它的主營產品即產品定位是航空專用硬碟。像艾克薩那樣，聚焦在一個細分市場，僅為某一特定客戶群體提供產品或服務，就叫做集中化產品定位。

　　今天來看，上述的喜茶、T型車、航空專用硬碟分別代表了不同的商業模式。因此，總成本領先、差異化、集中化是三種對產品的定位方法，屬於商業模式定位的內容。將產品定位貫徹下去，逐漸商業模式做成了，產品定位就代表著一種商業模式。而這個將產品定位貫徹實施下去，形成及不斷優化商業模式的策略過程，就是筆者前文提出的新競爭策略。

　　產品定位如何轉變為行得通的商業模式？波特提出了價值鏈理論。例

如：如何實現總成本領先？就是將價值鏈的採購、製造、組裝、銷售等各個環節都設法降低成本。現在，價值鏈理論已經屬於商業模式的內容了。在T型商業模式中，創造模式中的增值流程近似價值鏈。現在實現總成本領先、差異化、集中化等產品定位的方法，就是將這些定位貫徹到T型商業模式的三大模式及十三個要素中。更進一步，還可以將這些產品定位貫徹到T型商業模式的三大飛輪效應中。從T型三端的三個垂直維度再疊加三大飛輪效應的三個旋轉維度，這樣長期建構而成的商業模式就很難被模仿了。例如，喜茶從2012年創立，當時只是一個差異化產品定位，商業模式需要依賴「新競爭策略」來完善。以設想的商業模式為中心，經過一年又一年制定並執行競爭策略，至今，喜茶的商業模式已經成熟了。

　　波特還有一個說法：在產品定位上，要麼總成本領先，要麼差異化，企業不能做左右搖擺的「牆頭草」。藍海策略的提出者金偉燦、莫博妮兩位學者就對波特的這個提法不以為然，他們認為藍海策略就可以實現總成本領先與差異化的完美統一。T型商業模式已經從產品定位上升到產品組合定位，理論上總成本領先、差異化、集中化可以整合到一個商業模式中。例如，智慧手機、乘用車及手錶行業常常採用的金字塔產品組合：低階產品以低成本、低價格守護邊界，擴大客戶基礎，獲得私域流量；中階產品主打差異化，是利潤主要來源；高階產品通常採用集中化定位與定製化模式，針對特定群體，塑造品牌。

　　鐵路警察，各管一段。如圖4-5-1所示，傳統上歸屬於競爭策略的理論，例如：波特的總成本領先、差異化、集中化三大策略，藍海策略，品牌理論，定位理論，平臺策略，熱銷策略等，在新競爭策略中被一分為二：它們中的定位與模式部分歸為商業模式，如何實施的策略、路徑歸屬為新競爭策略。

　　新競爭策略有五個顯著特色，其中之一是「以商業模式為中心」。以上

談及的這些產品定位方法，都是以商業模式為中心的重要理論思想。如前幾節所闡述的，透過策略規劃，將這些產品定位方法帶入企業的經營場景，然後落實到策略DPO過程模型，形成策略指導方案，轉變為營運計畫。

兩千五百年前，老子的《道德經》就說：「道可道，非常道；名可名，非常名。」

道可道，非常道：人世間的道理也在變革中前進，需要不斷修正、裂變或更新。原來稱為策略，今天我們要將原來策略理論中屬於商業模式的內容分離出來，並將競爭策略更新為新競爭策略。

名可名，非常名：如果認知有所改變，原來的道理有所改變，那麼原來的名稱也就不太適合了。所謂名不正則言不順。三種競爭策略、藍海策略、熱銷策略、平臺策略等，這些名稱也應該改變一下，怎麼變呢？歷史形成的東西都有棘輪效應，改變名稱是非常難的。

4.6　見樹又見林：企業如何從核心有機擴張？

🗃 重點提示

> ※ 加盟連鎖商業模式的底層邏輯是什麼？
>
> ※ 你的公司有沒有根基產品組合？

遙想2013年，海航集團（簡稱「海航」）曾對外宣稱：「2020年，海航將進入世界五百強前一百名左右，營業收入在8,000億到1兆。」

然而，到了2020年初，在7,000多億負債的重壓下，海航已經漸進「歸零」。在2020年的第六十天，政府領頭成立了「海航集團聯合工作組」，全面協助、全力推進海航集團風險處置工作。

1993年，政府從財政資金中劃撥1,000萬元，組建航空公司，爾後改製為股份制公司。海航要做起來，就要不斷買飛機。銀行因負債率高不肯

放貸，海航領導人就跑去了美國華爾街融資。令人意想不到的是，金融大鱷索羅斯（George Soros）以2,500萬美元現金購買了海航1億股外資股。索羅斯之後，各路資本「聞風而動」，海航很快就完成了首期30億元的私募。

海航也因此成為業界的「資本高手」。此後，海航先後在上海證券交易所、香港聯合交易所完成數輪融資，不僅得到充足的資金支持，還藉此完成了集團跨越式發展，綜合實力大增。

2008年，全球金融危機，海外股市大幅度縮水，海航領導人卻在此時看準國外併購的機會，迅速拉開了海航大規模國際化、產業多元化的帷幕。

2016年，是海航集團併購最為瘋狂的一年。據普華永道（PwC）統計數據顯示，在2016年前十大海外併購交易中，「海航系」占據了三席。經過一系列收購戰，海航已從單一的地方航空公司逐步壯大為覆蓋航空、酒店、旅遊、地產、零售、金融、物流、船舶、科技等多行業的龐大企業，集團總資產也迅速飆升至1兆0155億元，業務遍布世界各地。海航集團旗下共有九家A股上市公司、七家港股上市公司和一家「A＋H」上市公司。

但是，急速下坡的「雲霄飛車」行情很快就來了。2017年下半年，海航總負債規模已高達7,500億元，資產負債率高達70％，資金鏈岌岌可危。2018年，海航快速清理海內外大大小小三百多家公司，拋售超過3,000億資產，創造了一家企業一年處置資產的世界之最。「這不是全部，」海航集團董事長稱，「海航將聚焦主業健康發展。後續還有千億資產在出售的路上。」

有人感嘆道：前兩三年海航「買買買」名動江湖，可以說是不可一世；2017年以後，又遇到如此巨大的流動性困難，債務逼門，「賣賣賣」又出盡洋相。

參考數據：二水，＜從1,000萬起家到負債7,500億，
海航董事長自曝沒錢發薪資＞，環球人物網

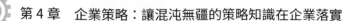

　　企業策略分為三個層次：總體策略、競爭策略和職能策略。本章前幾節重點講了新競爭策略的五個顯著特色，以補充傳統競爭策略在企業經營場景應用與實踐的不足。職能策略包括行銷策略、財務策略、人力資源策略和研發策略等，它們主要支撐及服務於競爭策略，常常包含在競爭策略中，形成一個分不開的整體。

　　總體策略以競爭策略為基礎，屬於競爭策略之上的策略。如果以「20／80原則」看，教科書中80％的部分都在闡述總體策略，只有不足20％的部分討論競爭策略。翻開一些策略教科書，除了開始部分例行的總體環境分析，其餘大部分篇章的內容是一體化策略、多元化策略、國際化策略、收購兼併策略、合作與合資策略、全球市場策略、轉型與再創業策略等所謂的總體策略。究其緣由，也許總體策略方面，激動人心的宏大敘事性案例比較多，媒體傳播廣泛，比較容易撰寫，講授的人也能侃侃而談。

　　現實的應用中，超過99％的企業重點在競爭策略，只有不到1％的企業可能用到總體策略。即使用到總體策略的企業，如果競爭策略不夠扎實，總體策略往往給企業帶來災難性經營後果。上述案例中，海航從「買買買」到「賣賣賣」，據說背後的操盤手都是一些畢業時間不長但是學過一些總體策略的碩士或博士生。在2018年的中國品牌論壇上，海航集團董事長說：「海航趕上了高速成長的好時代，但沒有擺脫野蠻生長，粗糙發展的道路。我們經驗不足，自以為真正有這種掌握全球企業和世界級品牌的能力，所以近兩年來，我們偏離了主業，擴張速度太快，太心急。總而言之，我們自身沒有準備好，所以就出現去年在江湖上『買買買』，海航沒有不能買的，今年又『賣賣賣』，又創世界資產處置之最。」

　　大家都知道，加盟連鎖是一種商業模式。例如：肯德基在全球擁有一萬多家門市，每個門市可以看成是一個小公司，它們的商業模式基本相同。像海底撈、必勝客、喜茶、星巴克等，也是如此。這些企業可以看成

一個集團公司，擁有幾萬個小公司，理論上就是幾萬個商業模式，但是這些商業模式基本相同，可以共享T型商業模式中的創造模式、行銷模式及資本模式，所以加盟連鎖這種整合型的商業模式比較容易成功。競爭策略，就是如何打造一個好產品的策略。由於這些加盟連鎖企業基礎性的競爭策略比較扎實、優秀，所以它們的總體策略層面像國際化策略、收購兼併策略、合作與合資策略等，也是比較容易成功。

2017年之前，海航集團透過「買買買」在全球收購了幾百上千家子公司。每間子公司有自己的商業模式，且都有一個共同的「母」公司。但是它們的商業模式之間，在創造模式、行銷模式及資本模式方面共享的區間極少，只是因為價格便宜就「硬搭配」，雜亂堆放在一起，如圖4-6-1的 I 圖所示。

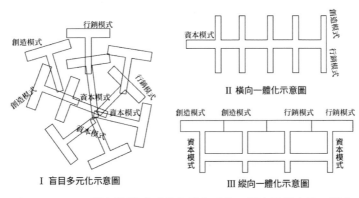

圖 4-6-1　以 T 型商業模式示意盲目多元化、橫向及縱向及一體化

按照系統論，部分形成整體時，就會湧現出原來部分中未曾有的特徵。與加盟連鎖這種商業模式類比一下，其實所謂的一體化策略、多元化策略、國際化策略、收購兼併策略、合作與合資策略等，都可以看成由很多商業模式、按照某個連線關係整合組合在一起而湧現形成的新商業模式。

如圖4-6-1的 II 圖和III圖所示，橫向一體化策略就像肯德基的商業模式，將基本相同的商業模式連鎖在一起；縱向一體化策略，就是創造出一種沿著產業鏈連鎖的新商業模式。所以，實施一體化策略的企業，都是要

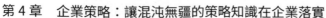

建構一個連鎖類型的整合式新商業模式。多元化策略就是將一些共享程度不高的商業模式堆積在一起，可以稱之為多元化模式。其他像國際化策略、收購兼併策略、合作與合資策略等，只是另一種分類方法，更加豐富了總體策略的內容。

　　我們說過，99%以上的企業重點應該在制定與貫徹競爭策略，它們的產品不夠好，沒有什麼競爭力，與德國、日本成千上萬家隱性冠軍企業、老鋪企業差距較大。德國管理學家赫曼‧西蒙（Hermann Simon）最早提出隱形冠軍企業，是指那些不為公眾所熟知，卻在某個細分行業或市場占據全球領先地位，擁有核心競爭力和明確策略，其產品、服務難以被超越和模仿的中小型企業。德國共有一千四百多家這樣的企業，是世界「隱形冠軍」數量最多的國家，接近全球的一半。日本有超過十萬家以上的老鋪企業，它們在家族內部傳承，用骨子裡的匠人精神將一個產品或一項服務做到極致。隱性冠軍或老鋪企業都算，只要壽命超過了兩百年，就是長壽企業。根據《世界最古老公司名單》，全球經營超過兩百年的公司有五千五百八十六家，其中日本有三千一百四十六家，德國有八百三十七家。

　　還有大約1%不到的企業，蠢蠢欲動，或早或晚需要有總體策略。這些企業中，有像華為這一類，基本不搞收購兼併，走內涵式擴張之路。有像格力、美的、海爾等這一類，主業比較強大，適度多元化搞一些合資或收購，有點失誤也不會傷到根本。還有像阿里巴巴、騰訊、京東等之類，企業有了核心競爭力，便可以圍繞「核心」建構多元化生態圈。在實施總體策略的企業中，其中失敗率最高的就是那些盲目多元化及國際化的企業，像海航集團、春蘭集團……ХХ資本系等。

　　《基業長青》裡所說的「儲存核心，刺激進步」，今天可以理解為企業應該圍繞主業進行擴張與發展。《回歸核心》（*Profit from the Core*）的作者克里斯‧祖克（Chris Zook）說，建議多元化企業回歸核心，然後從核心擴張，以

核心業務為基礎，向外進行一層層的有機擴張，並適時修正自己的核心業務。祖克及其團隊透過多年對全球巨量企業的深入研究和分析，發現那些企業經營中最慘痛的毀滅性災難，超過75%是由多元化經營失敗引起的。

如何「儲存核心，刺激進步」？如何「回歸核心，從核心擴張」？在圖4-6-2中，左圖來自本書章節3.4的圖3-4-2。章節3.4以SPO核心競爭力模型及T型同構進化模型，介紹了奢侈品公司愛馬仕圍繞根基產品組合的擴張與進化之路。根基產品組合就是一個企業的業務核心。更多的例子：「淘寶＋支付寶」組合是阿里巴巴的根基T型產品組合。以此出發，在擴張期阿里巴巴執行履帶策略，接續繁衍了天貓、阿里雲等幾十個產品或產品組合。臺積電成立三十多年來，堅持專一化產品組合進化模式，臺積電的根基產品組合（晶片製程）特別強大。在此之上一個接續一個同構T型逐漸疊加。至今，臺積電為全世界客戶生產近萬種晶片，連續多年在晶片製造領域排名世界第一。

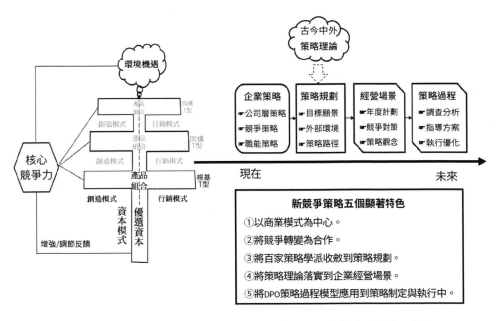

圖 4-6-2　總體策略的根基 T 型產品組合及如何在企業中落實示意圖

總體策略以競爭策略為基礎，屬於競爭策略之上的策略。從基本屬性講，總體策略也是一種關鍵性計劃，應該透過策略規劃在企業落實，如圖4-6-2所示。所以，新競爭策略的五個顯著特色也適用於總體策略。總體策略如何透過策略規劃在企業落實？同樣，如前幾節所闡述的，透過企業策略規劃，將總體策略的相關理論思想，帶入企業的經營場景，然後落實到策略DPO過程模型，形成策略指導方案，轉變為營運計畫。

第 5 章　管理體系：
組織能力 × 業務流程 × 營運管理

本章導讀

　　用碎片化的管理知識直接指導實踐，帶來的失敗風險比較大！大禹治水能成功，在於他不輕信流傳的碎片化知識，不是不切實際的知道主義者。「管理」要透過管理體系才能發揮系統性作用。所以，我們要認真理解這樣一個公式：管理體系＝組織能力 × 業務流程 × 營運管理。

　　為什麼彈丸之地的希臘城邦能夠屢次戰勝強大無比的波斯帝國？打勝仗不在人多，而在組織能力！為什麼在宮廷樂隊吹了多年竽的南郭先生連夜逃跑了？因為齊宣王的兒子繼位後改變了樂師演奏的業務流程。為什麼將「把信送給加西亞」奉為圭臬、強調「請給我結果」的企業越來越少了？因為它們忽視了營運管理的前提條件、過程和步驟。

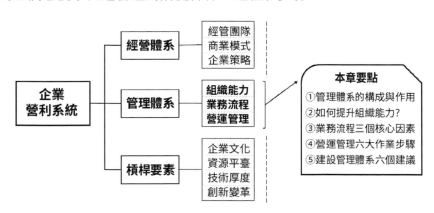

第 5 章要點內容與企業營利系統的關係示意圖

5.1　懂很多，亂如麻！如何釐清管理？

📖 重點提示

※「管理始終為經營服務」這句口號如何落實？

※ 為什麼說只有透過管理體系，「管理」才能發揮系統性作用？

　　古今中外的月亮一樣圓，但是古今中外造「針」的方法大不一樣。「只要功夫深，鐵杵磨成針」這個勵志警句，順帶著一個故事：中國唐代大詩人李白小時候不專心念書，溜到山澗旁玩耍，屢次看到一位老婆婆拿著一根大鐵棒在石頭上磨。李白忍不住好奇，便問老婆婆在做什麼？老婆婆說她在磨一根繡花針。李白大吃一驚，鐵杵這麼粗，什麼時候能磨成繡花針呢？老婆婆說水滴石穿，愚公移山，只要我功夫下得深，鐵杵也能磨成針！老婆婆說完，又低下頭繼續磨針。李白深受啟發，從此開始用功讀書，經過日積月累的努力，爾後寫出了許許多多名垂千古的經典詩篇。

　　在這個勵志故事發生大約一千年後，英國出現了一位經濟學家亞當‧史密斯，他在著作《國富論》中首次提出了分工理論。他說，一個勞動者全憑自己製造衣服上的扣針，按從頭幹到尾的傳統方法完成所有步驟，在當時的機械工具條件下，一天也製造不出一枚釦針。但是，如果換一種方法，把製造釦針的過程分解為抽鐵絲、拉直、切截、削尖、塗漆、包裝等十八個操作步驟，分別由十八名專門的工人完成，那麼生產效率就會大大提高。一個實際的例子是，這十八個步驟是由十位工人完成的，有人可以兼做兩到三個步驟。實際測算下來，這十名工人一天可以製造四萬八千枚釦針，平均每個工人一天可以產出四千八百枚釦針。

　　因為分工可以極大地提高生產效率，所以亞當‧史密斯的理論在當時發揮了很重要的作用。分工帶來專業水準提升，也導致新工具不斷被發明出來。

爾後，拿破崙在法國執政期間多次對外擴張，對火槍、火炮的需求大大增加。有一年，拿破崙需要製造一千把火槍，這在當時算一個大工程。有人建議採用亞當・史密斯的分工理論，把火槍拆抽成幾十個零件，讓不同的技師分別專業化製造，最後再組裝在一起。最後，拿破崙沒有採納這個建議，他說：「如果這樣生產的話，那做槍師傅的手藝豈不是丟了？」

　　進入二十世紀後，美國人亨利・福特（Henry Ford）深受分工理論的啟發，又吸收了泰勒的科學管理思想後，他把職能與勞動分工、製造模組化與流程化、生產線整體營運等這些先進的管理方法全部應用在了他的汽車工廠。管理真正能產出效益！福特公司的T型車售價降到每輛260美元 —— 大約是同類汽車售價的三分之一，仍然有不錯的利潤。從1908～1927年的十九年時間裡，福特T型車共賣出了一千五百五十萬輛，約占同期世界汽車總銷量的50%。

　　透過理論結合實踐，一百年前亨利・福特摸索出的這一套管理體系今天依然有生命力。按照現在的術語體系來說，筆者總結認為管理體系主要包括組織能力（Organizational Capabilities）、業務流程（Processes）、營運管理（Operation）三個部分，為了簡化表達及闡述，將它稱為管理體系OPO模型，如圖5-1-1所示。此模型可以用一個公式表達：管理體系＝組織能力×業務流程×營運管理，轉換成文字表述為：企業以組織能力執行業務流程，推動日常營運管理，周而復始地達成現實成果。在公式中，之所以用「×」連線三個部分，是因為三者必不可少，缺一不可。三者達到均衡時，乘積最大。

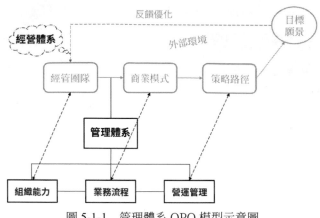

圖 5-1-1　管理體系 OPO 模型示意圖

　　企業營利系統的經管團隊、商業模式、企業策略（目標和願景、外部環境和策略路徑）即經營三要素，構成了企業的經營體系。它們之間的關係可以用一個公式表達：經營體系＝經管團隊 × 商業模式 × 企業策略，轉換成文字表述為：經管團隊驅動商業模式，沿著企業策略的規劃路徑進化與發展，持續實現各階段策略目標，最終達成企業願景。

　　經營體系給出了一個企業營利、成長、進化的邏輯。本書第 1 章曾講到「管理始終為經營服務」，它不應該只是一句漂亮的口號。以 OPO 模型為指導而建構形成的管理體系，為經營體系服務，將企業營利、成長、進化等相關經營邏輯「多快好省」地轉變為日常營運及現實成果。

　　經營體系是管理體系的前提，管理體系是經營體系的衍生。它們之間的關係可以這樣理解：經營體系好比是前面的「1」，而管理體系好比是後面的「0」。當前面的「1」不存在時，後面再多的「0」也沒有意義。也就是說，經營思路不對，管理再好也扭轉不了乾坤。當後面的「0」不存在或打了折扣時，前面的「1」就幾乎成了孤家寡人。也就是說，管理搞不好，經營再好也難做大。從商業發展的歷史軌跡看，遠古時代就出現了商人、以貨易貨的商業模式、做生意的策略等經營三要素，而管理體系是在福特

「T型車」時代逐漸湧現出來的。

在現代企業中,經營體系與管理體系一唱一和、形影相隨,好像一對虛實結合的雙胞胎。圖5-1-1中,管理體系三部分與經營體系三要素之間具有相互對應的匹配與承接關係。管理體系中的組織能力與經營體系中的經管團隊相應對,經管團隊是組織能力的泉源與核心,而組織能力是經管團隊能力的放大與擴張;管理體系中的業務流程與經營體系中的商業模式相對應,商業模式是業務流程的總綱構成和原理依據,而業務流程是商業模式的逐級展開及執行步驟;管理體系中的營運管理與經營體系中的企業策略相對應,企業策略為營運管理提供指導方案,而營運管理將企業策略轉變為現實成果。

前文說,組織能力是經管團隊能力的放大與擴張,那主要憑藉的工具是什麼呢?答案就是組織設計,其重點內容之一是組織結構設計。透過組織設計進行分工合作,企業可以有程序地集結更多高層、中層、基層管理人員及所需員工。「人多力量大」是組織能力擴大的基本途徑。例如:工商銀行約有四十五萬名員工,透過組織設計,他們可以在一個組織結構下集結在一起,彼此之間分工與合作,形成比較強大的整體組織能力。除此之外,關於組織能力,本章第2節將進一步闡述:組織能力的構成、培育與提升組織能力、組織設計的主要內容、矩陣制結構具有的普遍適用意義等。

業務流程是商業模式的逐級展開及執行步驟。商業模式第一問是:企業的目標客戶在哪裡,如何滿足目標客戶的需求?所以業務流程也必須以客戶為中心,圍繞產品組合逐級展開。大多數企業適合採用矩陣制組織結構,這也是以客戶為中心、滿足目標客戶需求的必然選擇。矩陣制組織或流程型組織,都源於商業模式建構,它們都是商業模式中心型組織在管理體系中的表現形式。關於業務流程,本章第3節將進一步介紹:業務流程的層級與分類;流程圖實例、六個構成要素及三個關鍵因素;業務流程中

蘊含的管理職能；上游流程與下游流程、外顯流程與隱含流程、緊流程與鬆流程等。

在OPO模型管理體系中，營運管理將企業策略轉變為實際成果。像「壽司之神」小野二郎的壽司店，全世界僅此一家，訂單供不應求，維持規模不變，不搞連鎖發展，這類企業重點是做好例行的日常營運管理。像海航集團、樂視集團等把企業當成了物品，先是頻繁「買買買」，然後迅速「賣賣賣」，這類企業似乎策略規劃內容非常多，通常人財物資源捉襟見肘，所以營運管理也會比較忙亂。

大部分企業並不像小野二郎的壽司店，也不像海航集團或樂視集團，它們要走專一化成長與發展之路。這些企業策略規劃具有連貫性，每年策略調整的例行或例外內容也會比較多。營運管理必須與企業策略相匹配，所以這類企業營運管理工作中有每年例行的部分，也有許多根據企業策略需要新增加的部分。

坊間有說，一個優秀公司的經管團隊通常是「1個CEO＋3個COO」的組合。除了一個營運長（COO）之外，財務總監（CFO）及人力資源總監（CHO）也是營運長。為什麼這麼說呢？財務總監、人力資源總監都需要精通公司業務，並努力成為營運管理方面的專家，否則純粹的財務管理及人事管理就成了「空中樓閣」，非常不利於公司的成長與發展。關於營運管理，本章第4節將進一步說明：日本工業奇蹟的幕後推手、業務流程管理與營運過程管理的區別、基於PDCA及管理職能，營運管理六大作業步驟。

眾所周知，管理出效益，所以大家都在談管理。如果捨本逐末，那麼與管理相關的碎片內容就太多了。眾多App裡的文章在談管理，媒體網站在談管理，汗牛充棟的書刊數據在談管理，商學院的學子們在談管理……呈現的結果是，懂很多、亂如麻！如何釐清管理？用碎片化的管理知識直接指導實踐，帶來的失敗風險比較大！管理透過管理體系才能發揮系統性

作用。所以，我們要認真理解這樣一個公式：管理體系＝組織能力×業務流程×營運管理。

本章第5節的標題引用了杜拉克的一句話：「管理不在於知，而在於行！」簡要討論了無為而治、自組織等頗有爭議的概念及理論，並給出了企業建設管理體系的六個建議。

組織能力、業務流程好比是管理體系的「土壤」，而營運管理更像是在此基礎之上結出的「果實」。麥當勞在全世界有三萬多家餐廳，經管團隊依靠日積月累、不斷更新修訂的一整套管理體系，就可以讓如此龐大的企業集團「幾十年如一日」井然有序地運轉。隔壁老湯夫婦經營一家速食廳近三十個年頭了。他們兩個「幾十年如一日」全年無休，每天早晨六點起床去菜市場採購，忙到晚上十一點才能回家。為什麼老湯夫婦如此忙碌辛苦，但生意一直做不大？原因之一是他們缺少一套管理體系。

5.2　組織能力：人少打勝仗，人多幹大事

重點提示

※ 如何將眾多個體能力整合化、系統化，以形成強大的組織能力？
※ 為何一些學者喜歡過度解讀矩陣制的「一僕二主」等所謂的缺點？

波希戰爭是兩千五百年前波斯帝國為了擴張版圖而入侵希臘的戰爭。

那時的希臘，一共興起了幾百個以城市為中心的城邦國家，其中雅典、斯巴達這兩個城邦發展較為迅速和強大。而那時的波斯帝國，統一了全國貨幣，修築道路、開通運河、修建水庫，建立了中央集權制度，鞏固了對征服地區的統治，是一個橫跨亞洲、非洲和歐洲三大洲的大帝國。

波希戰爭前後持續了半個世紀，強大的波斯帝國曾三次大規模入侵希臘。

西元前490年春，波斯帝國派五萬遠征軍第一次入侵希臘，於當年9月登陸雅典城外40公里的馬拉松平原。雅典城邦派出一萬重裝步兵前往迎戰。這場發生在馬拉松平原的大戰很快結束，雅典軍隊大獲全勝。

　　馬拉松戰役獲勝後，雅典軍中的長跑健將菲迪皮德斯跑回雅典傳信。他極其快速地跑了42.193公里，報捷後便倒地身亡，這就是馬拉松長跑的來源。馬拉松戰役成為古代戰爭史上以少勝多的範例之一。馬拉松戰役中，雅典軍只有一百九十二人陣亡，而波斯軍則損失了六千四百多人。

　　爾後，波斯帝國又發動了第二次、第三次對希臘的入侵，一次比一次出動軍隊更多，並派出數以千計的戰船。而雅典、斯巴達這些城邦國家一次又一次能夠以少勝多、克敵致勝。例如：在溫泉關戰役中，斯巴達三百壯士與其他城邦的七千軍民共同頑強抵抗波斯帝國十萬陸軍的進攻。在這次戰役中，僅斯巴達三百壯士就殺敵數萬。

　　波希戰爭最終以希臘獲勝，波斯慘敗而告結束。如此強大的波斯帝國怎麼就敗在了希臘的雅典、斯巴達這些城邦國家手上了呢？除了占據天時、地利外，希臘軍隊能夠屢戰屢勝，就更多是人和的原因了。

① 那時的希臘軍隊採用了一種方陣式「組織結構」，他們的步兵會排成八至十二排的方陣，相當於一臺臺的「人肉裝甲車」。作戰時整個方陣一點點往前移動，如果前排士兵犧牲了，後排士兵必須頂上去，直到全部陣亡。為了應付突發情況，方陣一般都呈正方形，在遇到側面或後方威脅時可以自由轉向。

② 當時，雖然世界處在奴隸制時代，但是希臘各城邦國家中已經有了民主政治，其中主權在民是基本原則。在民主政治下，公民為了保持人身自由、維持自身尊嚴，保家衛國、抵禦外敵，即使付出生命代價也在所不惜。

③ 希臘的重裝步兵來自城邦中的貴族和富裕市民。他們有充足的財力購

買精良的裝備，同時還擁有較高的素養，在戰鬥中能夠做到步調一致、令行禁止。在作為主力的重裝步兵行動時，弓箭手、標槍手和輕型馬車兵等由貧民和奴隸組成的輔助部隊將對其提供一定程度的火力支援和側翼掩護。

從現代觀點來看，雖然波斯遠征軍在人數上更占優勢，但是人多勢眾僅僅是資源占優。如果人力資源無法轉化為組織能力，那麼保有更多人力將增加管理複雜度，消耗更多物質補給，優勢反而轉化為劣勢。希臘城邦的軍隊雖然人數少，但是透過恰當的組織結構、作戰流程、激勵制度與文化、優良的裝備及相互合作，組織能力上反而更勝一籌。

管理企業也是如此，由於組織能力上的較大差異，有「同行不同利」之說。同一個行業的諸多企業，幾乎相同的產品、類似的商業模式，隨著行業集中度提高，通常僅有幾家能持續營利，而其餘大部分處於虧損狀態或消失不見了。例如：1987年，華為在初創時註冊資金只有8萬多元，主營業務是代銷香港一家公司的電信交換機，從中獲取差價。當時這樣倒買倒賣電子產品的公司很多，規模比華為大幾倍甚至上百倍的公司也有不少，但是華為的組織能力更勝一籌。三十年間，華為透過持續吸引優秀人才加盟，不斷增加技術研發投入、優化更新管理體系等，逐漸成為一家知名的通訊行業企業。

至今，對於組織能力的認知與討論莫衷一是。例如：策略理論中有能力學派。核心競爭力是能力學派的重要成果之一，但是如何打造核心競爭力，該學派的學者們並沒有系統地闡述清楚。日本學者藤本隆宏提出「表層競爭力」和「深層競爭力」這兩個概念，並認為深層競爭力才是一些行業領導企業的關鍵效能力。顯然，深層競爭力與核心競爭力有些類似。再一個是楊國安先生提出的「組織能力楊三角」，包括員工能力、員工思維模式、員工治理方式三個方面。「組織能力楊三角」的討論焦點是普遍意義上的員

工，與能力學派側重於策略性核心能力有明顯的差異化特色。大學校長梅貽琦說：「所謂大學者，非謂有大樓之謂也，有大師之謂也！」如果這句話用在企業界，那麼就可以強調企業家在組織能力中扮演著舉足輕重的角色。

在管理體系OPO模型中，管理體系＝組織能力 × 業務流程 × 營運管理。簡單來講，組織能力就是企業的能力總和，其大小或強弱取決於以下三個方面：

● (1) 員工個體能力是組織能力的根本保障

這個好理解，百丈高樓也是由一塊塊材料疊起來的。人才是企業最寶貴的資源。蘋果首席設計師強尼‧艾夫（Jony Ive）離職的消息剛一公布，蘋果的市值就應聲蒸發了90億美元。Google公司對入職員工的能力素養非常挑剔，前來應徵者平均要參加多達二十次面試，錄取率只有0.25%。激發員工的學習積極性、職業進取心及開展企業培訓、合作交流等都是提升員工個體能力的有效途徑。

● (2) 組織設計是組織能力建設的「放大器」

透過優秀的組織設計，將人與人連線、人與事組合，形成1＋1＞2的協同效應。鑽石與石墨皆由碳原子組成，只是連線方式不同，一個異常堅硬、價值千金，另一個鬆軟易折、隨處可見。組織設計的內容主要包括：組織結構、組織手冊、員工手冊。它們都是組織能力的基礎構成內容。

隨著公司規模擴大，商業模式更趨於複雜、業務內容更豐富，必然需要設定更多的層級、配置更多的部門、衍生出更多的業務職位。雖然「人多力量大」是組織能力擴大的基本途徑，但是應該透過組織結構設計、組織手冊、員工手冊等，將人與人有序連線、人與事正確組合，將眾多個體能力整合化、系統化，從而形成強大的組織能力。

組織結構表明了企業設定的部門與商業模式的業務活動之間相互對

應、分工合作、管理層級與隸屬關係等。組織結構設計要重點考慮工作專業化、部門化、命令鏈、控制跨度、集權與分權、正規化等六個關鍵方面。通常用一張組織結構圖來簡明扼要地視覺化表達企業中部門與業務之間的各種結構關係。

　　組織結構有直線制、職能制、直線職能制、矩陣制、事業部制等多種形式。如果不是純粹講授知識的話，就要問哪一種更常用，哪一種更有利於培育與提升組織能力？幾個人的小工作坊或工作室，通常有一個管理人員就夠了，重要的事項都經由這個人決定，所以比較適合直線制組織結構。像特大型多元化企業，子公司規模足夠大，子公司之間的產品幾乎沒有什麼關聯，所以可以採用事業部制組織結構。而處於兩者之間的企業大部分以專一化經營為主，企業的產品組合之間有很強的關聯性及相似性，所以適合採用矩陣制組織結構。

　　組織手冊是組織結構功能作用的具體展開與說明，是企業中各部門部門開展工作的依據。組織手冊的內容包括組織結構說明書、管理原則與制度、工作標準與規範、各部門職責範圍、內部合作關係、職位說明、定崗定編等。

　　員工手冊是員工的行動指南，它分為通用化與個性化兩部分。員工手冊的通用化部分是企業規章制度、企業文化與企業策略的濃縮，是企業內的「法律法規」，同時還有展示企業形象、傳播企業文化的作用。員工手冊的個性化部分包括該員工的職位說明、職業生涯規劃、學習與成長計劃等。

● (3) 組織能力在經營管理活動中獲得持續增強與提升

　　組織能力沿著營利系統構成要素展開，包括團隊合作能力、商業模式創新能力、策略規劃能力、管理體系建設能力、文化塑造能力等；沿著商業模式的業務活動進一步展開，包括研發能力、技術創新能力、行銷能力、市場競爭能力、資本運作能力等；沿管理職能展開包括計劃能力、組

織能力、領導能力、控制能力等。這些組織能力的構成內容不是在企業創立之初就有的，也不能指望「天上掉餡餅」，它們都是在企業經營管理過程中得到持續提升的。組織能力不是靜止的，逆水行舟，不進則退。在企業生命週期中，官僚主義及「部門牆」極有可能出現，它們是組織能力提升的巨大障礙。此時，組織能力中的變革創新能力就顯得尤為重要。

　　組織能力是眾多個體能力的整合化、系統化。人與人應該如何連線，人與事應該如何組織？前文提到矩陣制結構適合絕大部分以專一化經營為主的企業。下面就這個問題進行一些簡要闡述。

　　矩陣制組織結構有點像一個縱橫交叉的漁網。縱向是共享的專業職能管理軸線，而橫向上是個性化的客戶或產品軸線。例如，A 企業生產 X、Y 兩種產品，其中 X 產品面向國內市場，Y 產品面向國際市場。在商業模式方面，除了市場行銷有較大差異外，X 與 Y 產品的增值流程基本相似，都是由研發、採購、製造、組裝等環節組成，輔助的財務、人事等職能也是共享的。矩陣制組織結構的簡要形式，如圖 5-2-1 所示。

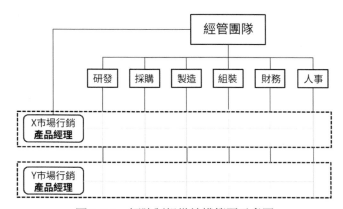

圖 5-2-1　矩陣制組織結構簡要示意圖

　　如果一個公司的產品種類不多，例如蘋果公司，圖 5-2-1 所示的矩陣制組織結構會更扁平化，類似於職能制結構。這樣扁平化的矩陣制結構，就需要一個強大的經管團隊或一個有威望的帶領人來協調橫向客戶（或產

品）軸線與縱向專業職能軸線的業務流程交叉問題。

　　連鎖企業大部分是非常「窄化」的矩陣制組織結構。例如，麥當勞有三萬家速食店，分布在世界各地。參考圖5-2-1，這些店處於橫向的區域客戶軸線，負責成品烹製、客戶服務、安全清潔等直接面對顧客的大部分增值流程，同時它們共享採購、中央配送、研發等總部負責的縱向專業職能。對於非常「窄化」的矩陣制組織結構，總部就要向各橫向分部（或分店）充分授權，以服務好區域內的目標顧客。

　　像華為、IBM等這樣產品眾多並關聯緊密的超大型企業，它們往往採用區域客戶、產品劃分等多重矩陣組織結構。所謂「小前端、大中臺」——換了個名稱，實質上也屬於矩陣制組織結構。諸多「小前端」直接面對客戶提供個性化產品，屬於矩陣制的橫向軸線；「大中臺」就是縱向的專業職能部門的整合與共享。

　　有人會說，矩陣制組織結構存在「一僕二主」、「雙重領導」等不可避免的缺點。順便說一句，矩陣制組織就是流程型組織，否則流程型組織就好像是創造出來的一個無法落實的概念。企業的各層次業務流程上規定了活動的承擔者，所以「一僕二主」、「雙重領導」等引起衝突需要協調的工作內容並不多。如果企業在業務流程建設方面處於一片「荒蕪」或雜亂無章狀態，出現了「一僕二主」、「雙重領導」以外的諸多問題，那麼再好的組織結構設計也會淪為一個擺設。每一種組織結構運轉起來，都有一些需要協調的工作內容。協調也是領導者或管理者的日常工作職能之一。

　　之所以大部分企業應該採用矩陣制組織結構，是因為橫向軸線可以充分滿足產品個性化特色及客戶滿意度提升的需求，有利於為企業培養綜合性經營管理人才，持續提升組織能力；縱向軸線共享專業職能可以降低成本，減少重疊的機構設定，也就降低了管理複雜度，既有利於發揮整體的合作效應，也有利於持續提升組織能力。

5.3　業務流程：增一分則肥，減一分則瘦

📖 重點提示

※ 從業務流程角度分析，為什麼說「海底撈，你學不會」？

※ 哪些屬於緊流程，哪些屬於松流程？

1992 年，尼克・李森（Nick Leeson）被英國巴林銀行派往新加坡任期貨交割主管。不久，他「毛遂自薦」，又兼任交易主管。如果一人身兼交易和交割主管兩職，則會使銀行內控流程的相互制約功能喪失。李森為了獲取更高的個人收入和提高自己在銀行內部的地位，採用虛假帳戶、偽造票據等手段隱瞞交易虧損，並持續投入鉅額資金的錯誤賭注。

1995 年 1 月 17 日，日本神戶大地震，日經指數大幅下跌。李森手裡所有的交易策略都遭受了鉅額損失。由於出現了虧空，維持正常交易的保證金需要重新補足。這在風險管理流程中，本來應該迅速核查造成如此嚴重問題的來源。可是，英國的巴林銀行總部，選擇了確信遠在新加坡的李森可以力挽狂瀾，立刻就批准了 3.54 億美元的追加保證金。拿到了新資金的李森，不甘心就此認輸。他開始豪賭，想憑一己之力力挽狂瀾，於是他持續買入更大份額的期貨多頭合約，盼著日經指數上漲。在這個過程中，被矇在鼓裡的巴林銀行陸續又給予李森 8 億美元現金支持。最終，李森一個人造成的損失高達 14 億美元。因為鉅額虧損無法抵補，曾經輝煌了兩百三十三年的巴林銀行就這樣倒塌了。

參考數據：HiFinance，

〈巴林銀行是如何倒閉的？〉，知乎／百度百科

至今還有不少人討論「巴林銀行是如何倒閉的」。有人說，1995 年時李森也才 28 歲，肯定是年紀輕、膽大妄為造成的。有道是，自古英雄出少年，巴菲特 8 歲就開始投資股票了。有人說，李森出身中產階級，虛榮

心重、太自私、缺少道德感。這種說法也不對，難道高貴出身的人就不自私、不虛榮，道德高尚嗎？反例太多了。

　　導致巴林銀行倒閉的最根本原因是合規或風控流程存在嚴重漏洞，及不認真執行已有的相關流程。例如：李森身兼交易、交割主管兩職，既是運動員，又是裁判員。日經指數大幅下跌多日後，巴林銀行總部卻繼續給予李森多達10億美元的資金支持。李森常年採用虛假帳戶、偽造票據等手段隱瞞鉅額交易虧損，一直沒有被發現及問責，反而獲得了更多的分紅獎勵及授權信任。

　　合規或風控流程都屬於企業的業務流程，尤其被金融類企業所重視。在管理體系OPO模型中，管理體系＝組織能力×業務流程×營運管理。一個企業的業務流程之所以重要，是因為它讓商業模式及策略指導方案可落實與執行，轉化為可供日常營運的具體行動步驟。在T型商業模式中，有一個創造模式的公式：產品組合＝增值流程＋合作夥伴＋支持體系。這裡的增值流程就是為形成產品組合，企業必須開展的業務流程，它通常是一個企業的主幹流程。不僅創造模式，而且讓行銷模式、資本模式轉變為可執行的活動，同樣也需要依賴一系列的業務流程。

　　一個企業的業務流程可以簡要劃分為產品增值流程和輔助支持流程。產品增值流程主要對應T型商業模式中的「增值流程」，是面向目標客戶需求而形成產品組合的一系列連貫性活動，它包括主幹流程及其分支流程。輔助支持流程主要對應T型商業模式中的支持體系等相關要素，例如：技術創新流程、財務管理流程、人事行政管理流程等。

　　舉例來講，某風險投資機構圍繞產品增值流程的主幹流程為融資、投資、管理、退出四大類活動 —— 從業者將其簡稱為「融投管退」；其中每一大類活動都可以再分解為分支流程；分支流程的某些活動步驟還可以再進一步展開為下一級的分支流程，如圖5-3-1所示。

在圖5-3-1中，是將「投資」活動展開為下一級的分支流程，主要包括專案接觸、調研評估、投資決策、協定簽署、付款交割等五項基本活動。為了進一步說明，又將「協定簽署」這項基本活動進一步展開為具體的業務流程 —— 協定簽署流程圖。

圖5-3-1下半部分所示的協定簽署流程圖，從商務談判到協定存檔等，是一系列預先規定好「關於如何操作與執行」的步驟。按照管理學對計劃的定義，流程（或叫程式）是計劃的一種形式 —— 流程是在執行之前預先制定的，所以可將流程圖看成是一種業務如何執行的計劃檔案，是管理中計劃職能的展現。

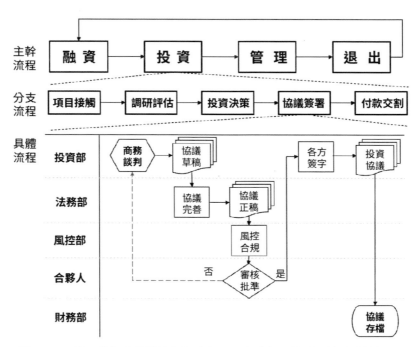

圖 5-3-1　某風險投資機構的主幹流程、分支流程及其展開的具體流程圖

管理有四大職能，除了計劃職能之外，還有組織、領導及控制職能。按照流程圖執行業務流程，要即時組織所需要的人、財、物及資訊，這是發揮管理的組織職能。流程執行中出現了例外情況，例如，新來的員工出

現了工作失誤，就需要出面糾正及協調，這是發揮管理的領導職能。假如有員工消極怠工或徇私舞弊，相關管理人員還要即時檢查、審計，這是發揮管理的控制職能。這裡需要指出的是，業務流程的執行屬於企業營運管理的範疇。

需要說明的是，雖然流程圖等業務流程管理檔案屬於計劃類檔案，但是它們與組織設計類的檔案一樣，都是相對固定可以重複使用的管理檔案，已經轉變成為了企業營運管理所能依託的「基礎設施」。一個企業的「基礎設施」好，營運管理才順暢，管理體系才能真的好！

按照教科書的說法，一項具體的業務流程通常包括六個要素：

① 客戶，是指流程服務的對象，對外來講是企業的目標客戶等利益相關者，對內來講是流程輸出結果的接收者。

② 價值，是指流程運作的功能作用及為客戶帶來的好處，例如，保障產品品質、提高營運效率、降低費用或成本、增強風險控制、減少推諉爭論及提升合作水準等。

③ 輸入，是指運作流程所必需的資源，不僅包括傳統的人、財、物等有形資源，而且包括資訊、關係、計畫等無形資源。

④ 活動，是指流程運作的各個步驟環節。

⑤ 連線關係，是指活動之間的相互關係，把流程環節從頭尾串聯起來。

⑥ 輸出，是指流程運作的結果，它通常承載著流程的價值。

雖然以上業務流程六要素的說法比較全面，還具有普適性，但是實踐中要關注具體、關鍵的因素，才能把工作做好。在圖5-3-1中，協定簽署流程應該重點關注承擔者、實現方式、作業標準三個因素，這三個因素應該歸屬於流程六要素中的「輸入」。

在具體流程中，明確誰是活動的承擔者很重要：一來可以明確責任，增加工作者的積極主動性；二來減少推諉爭論，讓人與事對應，促進承擔

者提高專業水準。在圖5-3-1中，明確投資部負責擬定協定草稿，負責專案的投資經理平時就非常有必要提升這方面的專業水準，並在商務談判中將具體協定條款逐項落實到位、表達清楚。

實現方式在具體流程中也非常重要，常常可以協助突破流程中的瓶頸，並使之成為流程關鍵點。在圖5-3-1中，如果該投資機構的風控部建立了協定風險點數據庫，並採用人工智慧進行自動比對，那麼該流程中風控合規的稽核效率及品質都會大幅提高。

作業標準為流程活動承擔者提供了一個清晰的結果導向的工作模範或標準。在圖5-3-1中，如果該投資機構長期以來一直採用比較簡要且本土化的協定文稿，且將歷史協定文稿歸納整理，已經形成法務部的作業標準，那麼一位新入職的法務人員就可以很快改掉其習慣的冗長拗口「國外翻譯體」協定文稿風格。

並且，對於通常的具體流程來說，承擔者、實現方式、作業標準這三個業務流程關鍵因素具有普適性，可以用於解決流程關鍵點的困擾及瓶頸問題，同時有利於業務流程的優化疊代。例如，在成語典故「濫竽充數」中，新繼位的齊湣王更改了御用樂團的演奏流程，讓樂師們一個一個獨立表演吹竽。這讓人與事相互對應，落實到具體承擔者，所以不會吹竽的南郭先生不得不溜之大吉，而技高一籌的樂師就會由此脫穎而出。

現在，各企業都使用行動網路與客戶端召開視訊會議。這是開會的實現方式變了，所以就能突破傳統會議流程的時空及物質條件限制。為什麼日本「壽司之神」小野二郎的壽司店能夠捏出享譽世界、別具一格的美味壽司？在產品增值流程中具有獨特的作業標準是一個重要原因。

對於大部分製造型企業，產品增值流程（通常也是主幹流程）一般包括研發、採購、製造、組裝、銷售、售後等若干大類活動步驟。就像濁水溪水系的上中下游，各大活動步驟之間是上中下游的串聯關係。在串聯連

線關係的流程中，上游的問題將會累積到中下游。甚至由於長鞭效應，上游活動的品質、工期、成本嚴重制約著中下游活動的品質、工期及成本。例如，如果奶製品企業在上游的採購環節出現嚴重的監控疏忽，導致原奶混入雜質，即使後續的生產包裝流程採用先進的無塵無菌潔淨工廠，與全球領先的智慧化生產線，那麼該企業最終也不可能生產出合格的奶製品。

　　由於線下服務類產品涉及人與人之間的更多接觸與溝通，所以業務流程中承擔者的積極主動性、創造創新性將成為企業的競爭優勢。例如，在海底撈就餐排隊時，提供擦皮鞋、修指甲的服務，還提供水果拼盤和飲料，還能上網、打牌、下象棋等，這些全部免費！打一個噴嚏，服務員就吩咐廚房做碗薑湯送來。很多但不限於餐飲企業，經常到海底撈實地學習取經。這些企業最終為海底撈貢獻了收入，但就是學不會，模仿不來。究其原因，海底撈「變態」服務外顯流程的背後有諸多隱含流程。例如：創始人堅持善待下屬，能夠有效指導管理層成長。管理層成員堅持以身作則，能夠長期成為員工效仿與學習的服務榜樣。企業捨得付出代價為一線服務員提供舒適的生活環境等。海底撈別人學不會，是因為這些隱含流程別人學不會。如果再挖掘隱含流程背後的原因，那是因為大部分企業不具備這方面的基因。

　　根據流程中各項活動的嚴謹程度，有緊流程與鬆流程之分。對於緊流程，像上等零部件的精密加工流程、高危業務的作業流程、金融產品的交易及風控流程等，通常有齊備的業務流程管理檔案，例如：流程圖、作業標準、第三方檢查制度等，活動承擔者要不折不扣地嚴格按照流程管理檔案操作與執行。對於鬆流程，流程管理檔案只是指導性的就不太需要。這樣可以給活動承擔者很大的發揮空間，例如：市場行銷人員去拜訪一位老客戶、設計師對產品包裝進行設計、客服經理去處理一起非常棘手的客戶糾紛等。

所謂建立流程化組織，就是以客戶或產品為中心，設計與優化組織結構（通常是矩陣制），建構主幹流程與各分支流程等健全的業務流程體系。所謂流程變革或優化更新，就是打破官僚型企業的「部門牆」，採用數位化、智慧化手段，建立以客戶為中心，快速響應的市場化流程體系。

5.4　營運管理：企業應該有多少個營運長？

🗍 重點提示

※ 戴明協助日本產品「鹹魚翻身」的方法論是什麼？
※ 為什麼說每個管理人員都是自己的營運長？

　　小說《把信送給加西亞》（*A Message to Garcia*）講述的是美國陸軍中尉羅文，將一封重要書信，成功送達古巴島起義軍首領加西亞的故事。

　　十九世紀末，西班牙殖民地軍隊對古巴起義軍的殘酷鎮壓，已經損害了美國在古巴的經濟利益。西元 1898 年 2 月 15 日，美國派往古巴護僑的軍艦「緬因」號在哈瓦那港爆炸，美國遂以此事件為藉口，要求懲罰西班牙。兩個月後，美國與西班牙兩個國家相互宣戰，美西戰爭爆發。

　　戰爭開始，當時的美國總統麥金利（William McKinley）急需將一封決定戰爭命運的書信，祕密送到古巴起義軍首領加西亞手裡。但是，加西亞是一個被西班牙軍隊恨之入骨的人。由於被西班牙軍隊到處追殺，加西亞躲進了古巴的山區叢林中，居無定所，行蹤不定，沒有人能知道他的確切地址。當時也不像現在，一百二十多年前根本沒有任何無線電通訊裝置。

　　美國情報局長瓦格納對書中主角羅文說：「你必須把總統的這封信送給加西亞。你能夠在古巴東部的某個地方找到他。你必須自主計劃行動。這個任務是你的，你必須獨自完成。」在沒有任何護衛的情況下，年輕的羅文孤身一人就立刻出發了。他沒有任何推諉，不講任何條件，歷盡

艱險，多次突破敵人的重重包圍，走過危機四伏的戰火之地。徒步三週後，他以絕對的忠誠、責任感和創造奇蹟的主動性完成這件「不可能的任務」——把信交給了加西亞。

在過去的一段時間裡，很多企業老闆將「把信送給加西亞」奉為圭臬，培訓或開會就對員工大談「忠誠、責任感、創造奇蹟」等。「像羅文那樣，不要為過程中的困難找藉口，請給我結果！」一些老闆如是說。

1950年代，一些日本工廠開始在第二次世界大戰後的廢墟上重建。大家普遍認為，日本員工忠誠，有責任感和工匠精神。而當時的日本產品價格低廉、粗製濫造，被世界認為是「垃圾產品」的代名詞。一些日本企業把工廠開到美國鄉村，以便讓產品能貼上「美國製造」的標籤。

十多年後，奇蹟發生，日本產品全面翻身，逐漸成了品質優異的代名詞。到1980年代，日本製造的汽車、機床、電視、機車、相機等成千上萬種產品成功行銷全球。日本製造全面超越美國，竟把美國產品擠得沒有還手能力。

誰是日本產品「鹹魚翻身」的幕後推手？美國管理學家戴明（Edwards Deming）。1960年，日本天皇將日本的「瑞寶章」頒發給美國人戴明，理由是：「日本人民把日本產業得以重生並成功行銷全球，歸功於戴明在此的所作所為。」

1950年，戴明對日本工業振興提出以較低的價格和較好的品質占領市場的策略思想。隨後，戴明提出在實踐中完善的PDCA管理改善理論及管理十四條原則，在日本企業中獲得全面且持續的貫徹。

PDCA循環強調在企業產品形成過程中持續改善品質、降低成本。因此，日本企業在第二次世界大戰後得以全面振興，能夠長期在世界市場占有重要的一席之地。其實推廣用之，PDCA循環也是企業營運管理的基本核心。PDCA循環包括四個階段，即PIan（計劃）、Do（執行）、Check（檢

查）和 Action（處理）。在企業營運管理中，四個階段不停地、週而復始地運轉，促進營運品質不斷改善、營運成本不斷下降、營運績效不斷提升。

營運管理向上對接於企業策略，將策略指導方案轉化為日常營運。在管理體系 OPO 模型中，管理體系＝組織能力 × 業務流程 × 營運管理。企業的營運管理就是以目標客戶為中心，透過產品組合為目標客戶創造價值的過程，也是商業模式的創造模式、行銷模式、資本模式構成要素，協同飛輪效應營利循環的日常化與具體化過程。在管理體系中，營運管理基於組織能力和業務流程等空間維度上的要素存在，主要表現為在日、週、月、季、年等時間週期維度上對企業的相關業務進行週而復始的過程管理。

如何搞好營運管理？以前，很難找到一個統一的說法。通常來說，營運管理包括業務流程管理、營運過程管理兩大方面。業務流程屬於企業各相關部門涉及的具體業務內容。教科書談到的供應鏈管理、生產管理、產品開發管理、銷售管理、財務管理、人力資源管理等，是關於該學科涉及的業務模組構成及相關知識理論體系，例如：人力資源管理可以抽成人力資源規劃、應徵與配置、培訓與開發、績效、薪酬福利、勞動關係六大業務模組。業務模組展開為一系列與企業特點密切相關的具體業務流程後，才能應用於企業營運管理實踐中。這些內容，上一節（章節 5.3）已經簡要闡述。在管理實踐中，肯定不能玩假的，而是要追求在一定時間週期內持續形成營利績效、實現經營目標，所以營運過程管理應該是關注的重點。

為了便於實踐操作，營運過程管理應該劃抽成若干個作業步驟。結合 PDCA 循環、管理職能及現代營運管理理論，筆者將企業的營運過程管理劃分為目標分解、計畫落實、精益執行、指導監控、績效考核、持續改進六大作業步驟，簡稱為「營運管理六大作業」，如圖 5-4-1 所示。

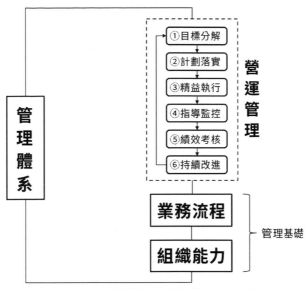

圖 5-4-1　營運管理六大作業步驟示意圖

● (1) 目標分解

　　管理學的理論認為，目標屬於計劃的一部分。俗話說，目標刻在石頭上，而計劃寫在沙灘上。目標不要輕易改變，而計劃可以有所調整。營運管理的目標主要是指營運週期的總體性目標、關鍵性指標。目標分解有兩個方向：一個是沿著年、季、月、週時間維度展開，另一個是沿著公司、部門、班組、個人展開。現在各大科技、網路公司紛紛採用的OKR（Objectives and Key Results，目標與關鍵成果）工作法，就是一種目標分解的方法。OKR工作法，不僅設定目標，而且也明確達成每個目標所需要、可衡量的關鍵成果。這些關鍵成果勾勒了實現目標的大致路線圖，並且根據內外環境因素的變化，定期對路線圖進行一些必要的校正。一直以來，有些公司採用KPI（Key Performance Indicator，關鍵績效指標）績效考核，為了結果考核時有據可依，也需要事先進行目標分解。

● (2) 計畫落實

　　計畫落實有兩重含義：其一是計畫制定，指每個營運管理週期開始，企業相關人員參與制定計畫的活動；其二是形成計畫檔案，指形成用文字、圖表等格式表述計畫內容的管理檔案。計畫制定遵循一定的程式或步驟，屬於業務流程管理的一部分。制定計畫時，可以參考「5W2H」、「SMART」（Specific：具體的，Measurable：可以衡量的，Attainable：可以達到的，Relevant：具有相關性的，Time-based：有明確的截止期限的）、「WBS」（Work Breakdown Structure，工作分解結構）、時間四象限法等一些相關工具。「凡事豫則立，不豫則廢。」《孫子兵法》裡講：「多算勝，少算不勝，況無算乎」。計畫檔案就是做事之前的思考與準備，包括對人、機、料、法、環及檢測等相關資源的輸入、使用、輸出的具體落實與安排，在營運管理過程中必不可少。因為計劃檔案中含有目標的詳細展開、相關工作策略、預算方案、採用的政策、相關的程式與規則等，所以計劃檔案不僅是計劃職能的書面展現，也是組織、領導、控制職能的書面展現。

● (3) 精益執行

　　由精益生產擴充套件到精益管理，它們都屬於精益執行的一部分。精益生產重點在現場問題解決，是源自豐田生產方式的一種現場管理哲學。透過不斷創新總結，現在精益執行已經累積許多管理工具，包括看板管理、層級會議、根本原因分析、8D 法、5Why 分析法、5S 管理、Andon（安燈）系統、視覺化管理法、消除七大浪費等多達幾十種。稻盛和夫說：「答案在現場，現場有神靈。」任正非說：「讓聽到炮聲的人呼喚炮火！」科學恰當採用各種管理工具，不斷解決現場問題，堅持改善改進，是精益執行的核心內容。

(4) 指導監控

領導者應當是教練，多指導少命令。員工是企業的智力資本，靠自己贏得信任但要接受檢查。《高效能人士的七個習慣》（*The 7 Habits of Highly Effective People*）的作者柯維（Stephen Covey）曾說，一個教練式領導者會問員工五個問題：工作進展如何？你在學習什麼？你的目標是什麼？我能幫你做什麼？我作為一個幫助者做得怎麼樣？監控屬於管理中的控制職能，對於計畫執行、現場管理不可或缺，尤其對於涉及重點、關鍵、高危、高風險業務的流程或過程管理更加重要。控制包括事前、事中及事後控制。對於營運管理，透過事前控制，可以防患於未然；透過事中控制，即時糾正偏差與失誤；透過事後控制，發揮亡羊補牢的作用，即時總結經驗教訓。

(5) 績效考核

已經在目標分解、計畫落實作業中設定了細化的目標要求，才能執行對結果好的績效考核。像平衡計分卡、KPI、OKR 等既是目標分解工具，也是績效考核工具。作為營運管理的重要作業步驟之一，績效考核必不可少，但也常有不少副作用。索尼前常務董事天外伺朗在《牛津商業評論》發表的文章中寫道，績效主義毀了索尼。但又有人說，績效主義成就了華為團隊，也讓亞馬遜、特斯拉取得巨大成功。績效考核沒有錯，關鍵在如何考核。抱怨 KPI、績效主義沒有用，而在於經管團隊是否肯下功夫，不斷探索與持續改進，找到適合企業的績效考核方法。

營運管理是對過程的管理，從目標分解→計畫落實→精益執行→指導監控→績效考核，是一個前者影響及決定後者的「串聯電路」，並建立在持續提升組織能力、不斷改進業務流程等基礎管理之上。像前文提到一些企業老闆存在的心智模式——「不要為過程中的困難找藉口，請給我結果！」如此這般的企業，遠離了營運管理的真諦。

《把信送給加西亞》描述的是執行一個簡單任務的艱險歷程，是一次

極其偶然的成功。它可以是一個企業文化故事，但並不適合廣泛應用於企業營運管理場景。如果忽視營運管理的前提條件及過程步驟，過分依賴所謂的熱情、忠誠、責任感，那麼管理績效和結果常常會令人失望，企業的競爭優勢終究難以建立。

● (6) 持續改進

　　其實，前述營運管理的五項作業都需要持續改進。之所以將持續改進再列為第六大作業，是因為在每一個營運週期的結束要有一個總結活動，稱為復盤。它不僅是對以往持續改進的一個歸納總結，更重要的是為了「下一個更好的開始」。德國大眾的 KVP（持續不斷改進）、中國法士特集團的 KTJ（科學改進、提高效率、降低成本）、日本豐田的 Kaizen（改善）小組活動等，都為持續改進提供一些優秀的參考模範。

　　企業營運管理有公司、部門、班組等很多個層級。它們應該分別採用多長時間的營運週期，是否都要貫徹以上六大作業步驟呢？一般來說，對於公司層的營運管理，至少要有向董事會彙報的年度營運週期，以上營運管理六大作業步驟必不可少。部門層適合採用季度或月度的營運週期，以上六大作業可以適當簡化。對於班組的操作層來說，例如機床操作工、計件組裝工等，通常要細化到每週／每天的營運週期，根據以上六大作業步驟的核心思想，可以設計一個簡要的、標準化的營運管理作業流程。

　　以上六大作業步驟，既適用於公司層的總體營運管理，也適用於產品開發、採購、製造、行銷、財務、人事等部門或班組的營運管理，經適當簡化後也可以用於個體的自我營運管理。從這個意義上說，總經理是公司層不可推責的營運長，各部門負責人都是本部門的營運長，每個管理人員都是自己的營運長。

5.5 杜拉克：管理不在於知，而在於行

📖 重點提示

※ 企業搞自組織的前提條件是什麼？

為什麼人們成了「知道主義者」，但不去連貫行動呢？

大約四千年前，神州大地經常洪水氾濫，廣大百姓時常流離失所。透過各部落首領的舉薦，當時的部落聯盟首領堯將治水的任務委任給了鯀。鯀這個人有知識、懂得多，備受尊敬，但是經常消極怠工，不肯到實地調研，而是根據「兵來將擋，水來土掩」這些流傳下來的碎片化知識指導治水。有洪水的地方，鯀就命令當地百姓取來土石、木塊等材料去堵水。鯀負責治水九年，洪水不僅沒有消退，而且每次堵水過程中，都會死傷很多人。後來，舜接替堯，成了新的帝王。鯀治水無功且有過，被舜革職流放了。

舜將治水的任務重新委託給了大禹。雖然大禹是鯀的兒子，但是他並不全然接受父親所傳授的知識，而是帶領幾位助手，跋山涉水，風餐露宿，走遍各地。大禹經常左手拿著準繩，右手拿著規尺，走到哪裡就測量到哪裡。在實踐中，大禹發明了一種「澇季觀測、旱季施工」疏導治水的新方法。他將中國先分成九個州，看成一個整體進行治水，透過疏通水道的方法，使得各江河水系都能夠順利東流入海。大禹治水十三年，三過家門而不入。咆哮的大水被馴服，昔日被淹沒的農田變成米糧倉。那些流離失所的百姓又能築室而居，終於過上了幸福富足的生活。

老子的《道德經》有講「無為而治」。如果曲解了它，就會像大禹的父親鯀那樣，抱住一些歷史累積的碎片化知識，便認為自己什麼都懂，以紙上談兵代替現場調查測量，把消極怠工看成「無為而治」。現在，一些專家對「無為而治」有不同的解釋：第一，管理企業不可強為，要順其自然；第二，企業制度就是「道」，領導者不要亂加干涉，應該以制度約束員工的行為；

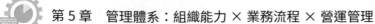

第三，領導者要充分發揮員工的創造力，做到自我實現，走向崇高與輝煌；第四，只要不違背客觀規律，遵循規律順勢而為，企業就能所向披靡。

這樣的解釋，有點像「兵來將擋，水來土掩」、「管理就是管好人心」、「管理就是管得有理」、「管理就是勞累別人」等，聽起來有些道理。鯀就是拿著這類碎片化知識去治水的，結果是一敗塗地。筆者認為，如果真能實現「無為而治」的話，應該像大禹治水那樣，之前必定要付出艱苦卓絕、披荊斬棘的「笨功夫」。況且，我們現在處於「VUCA」時代環境，與老子那時「數千年如一日」的穩定環境已經大有不同，所以「無為而治」越來越難實現。

我們不追求「無為而治」，但是透過建立管理體系，可以一定程度地實現管理「自動化」。

大約2013年，筆者曾去霍尼韋爾工廠考察霍尼韋爾營運系統（HOS）。回憶當時，上午九點開始上班，首先是十五分鐘班組層會（內部簡稱「T1」層會）。霍尼韋爾的班組層會，並不是組長訓話，而是全體班組成員每人拿一個數據夾，站在一面2公尺×1.5公尺大小、布滿圖表掛板的看板前討論問題。組長更多是傾聽記錄，而員工輪番積極發言，討論的問題包括：昨天A產品出現品質問題，主要原因是什麼；B-2物料沒有及時送到，應該讓採購部督促一下；今天C產品額外增加六個製造任務，需要從其他班組借調兩名員工等。霍尼韋爾的營運層會共有公司、部門、班組三個層次，分別簡稱為T3、T2、T1。T3、T2層會與班組的T1層會形式上差不多，只是時間順延半小時。這樣T1（班組）層會的問題就會在T2（部門）層會即時得到關注，T2層會累積的問題就會在T3（公司）層會即時得到討論。

當時我就在想，這有點像傳說中的「自組織」或自動化管理，中小企業也可以這樣搞。次年，傳說很快變成了現實，啟盈營運系統（EOS）出現了。EOS脫胎於HOS，是由康永生先生創立並逐步完善的。康永生從霍尼韋爾離職後，致力於協助離散製造類中小企業建立EOS，經過五年的創業

打拚，先後服務了十多家中小企業。儘管初步取得了一些成績，但是也有一些問題困擾著康永生。其中最主要的問題是，透過六個月努力，這些民營企業都能初步建立起EOS。但是，康永生的服務團隊離開幾個月後，有幾家企業的EOS就不能正常運轉了，甚至再過一到兩年，個別企業又退回到原來的營運狀態，那些看板、層會、圖表掛板等幾乎形同虛設。

究其原因，是中小企業基礎管理薄弱。根據OPO管理體系模型，管理體系＝組織能力×業務流程×營運管理。而EOS或HOS更多聚焦在營運管理六大作業的第三步驟——精益執行，透過突破長期困擾企業的現場管理瓶頸，帶動企業整體營運水準的提高。這也不能說成是「橘生淮南則為橘，生於淮北則為枳」。事實上，HOS是建立在其優秀的管理體系基礎之上。霍尼韋爾創立於西元1885年，起家產品是發電機及自動控制產品，已經有近百年管理體系的建立、優化與完善歷史。而部分中小企業，平均壽命三到五年，像組織成長、業務流程、營運管理這三個管理體系的構成部分，都是比較初階或仍然處在從零開始階段。

現在，也有專家在倡導自組織，常常引用的例子有：一群南飛的大雁，自發排列成整齊的「人」字形；上百萬隻螞蟻可以非常有秩序地組織起來，搜尋與運送食物……但是，人是高等動物，受教育水準越來越高，精緻的利己性普遍存在，已經不太可能激發出本能反應式的簡單自組織行為。

德國學者赫爾曼・哈肯（H. Haken）認為，如果一個系統靠外部指令而形成組織，就是他組織；如果不存在外部指令，系統按照相互默契的某種規則，各盡其責而又協調地自動形成有序結構，就是自組織。依據他組織與自組織的區分，換一個角度看，市場是一隻看不見的手，市場經濟下的企業就近似一個自組織。

每個企業像生物體一樣都有生命，都是一個相對獨立的系統。企業從零開始逐漸成長，並不是依靠外部指令，而是依據經營管理的一些原理及

規律。筆者提出的企業營利系統，就是對這些經營管理原理和規律的一個系統化歸納。依據企業營利系統的相關原理，轉化為企業全員各盡其責而又協調自動的經營管理行動，就是在接近自組織地促進企業進化與發展。

　　我們把企業營利系統的構成圖做一個變形，更方便討論經營體系與管理體系，以及兩者構成要素之間的關係：經營體系三要素包括經管團隊、商業模式、企業策略，管理體系三個構成部分包括組織能力、業務流程、營運管理，如圖 5-5-1 所示。

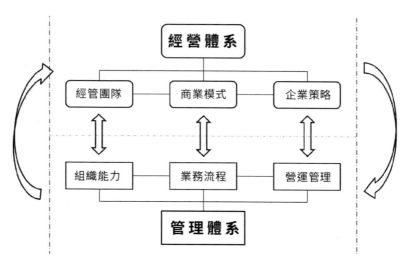

圖 5-5-1　管理體系與經營體系相互促進及組成要素相互對應示意圖

　　本章第 1 節已有闡述，經營體系決定管理體系，管理體系為經營體系服務，並且討論經營體系三要素與管理體系三個構成方面之間的相互對應關係。企業的進化首先是經營體系的進化，然後管理體系跟隨進化。企業是商業模式中心型組織，商業模式是整個企業營利系統的中心，也是經營體系的中心。當一個企業的商業模式變了，不僅經管團隊要相應改變，一段時間內的企業策略要有改變，並且管理體系的組織能力、業務流程、營運管理都要隨之做出相應改變。例如：2019 年，阿里巴巴公司發布了新商業模式 —— 阿里巴巴商業作業系統，顯然與二十年前「阿里鐵軍」時代的

商業模式已經有很大不同。商業模式變了，企業營利系統的其他方面必然要隨之調整與變革。阿里巴巴的執行長張勇曾說：「每年一次調整，商業設計與組織設計是企業首位，不可推卸的責任。」其中商業設計主要是指商業模式設計，而組織設計可以理解為整個管理體系的設計。

經營體系為管理體系指明改進方向，管理體系也反作用於經營體系。乘用車行業有一百多年歷史，已經是非常成熟的行業。由於全球範圍內經營要素的自由流動及霍特林法則導致的模仿博弈，各廠商的經營體系（經管團隊、商業模式、企業策略）逐漸趨同。在乘用車行業，經營體系為管理體系指明的主流改進方向是持續提升功能與品質、管控成本。在此方針指導下，日本豐田汽車用近七十年時間建設而成的以精益生產為特色的管理體系日漸完善，反作用於經營體系後，讓企業湧現出了強大的競爭力和營利能力。相比於美國、歐洲國家的老牌汽車廠商，豐田汽車能夠後來居上，產銷量全球範圍數一數二，營利能力更勝一籌。

如何建設企業的管理體系並讓它日趨完善與強大？下面給出六個概要性建議。

① 建構優秀的經營體系是建設好管理體系的重要前提。經營體系的三要素：經管團隊、商業模式、企業策略（新競爭策略），分別在本書第2、3、4章進行具體討論。

② 根據本章重點討論的OPO管理體系模型公式：管理體系＝組織能力×業務流程×營運管理，企業應當持續提升這三個構成部分的建設水準，加強它們之間的合作關係。

③ 將傳統管理體系向數位化管理體系轉型。

④ 為管理體系引進自組織理念，開展自組織管理活動。像HOS的層級會議那樣，透過營運系統的特定設計，讓各級員工主動參與到企業管理活動中來。

⑤　借鑑與學習知名企業的管理體系或相關模組內容，例如：豐田生產方式（TPS）、西門子的工業4.0、奇異的六標準差管理、華為整合產品開發（IPD）體系、法士特的KTJ、霍尼韋爾營運系統、啟盈營運系統、海爾全方位優化管理法（OEC）、IBM流程管理體系、江森商業營運體系（BOS）等。

⑥　建設管理體系需要連貫性持續行動。管理體系的三個構成部分 ── 組織能力、業務流程、營運管理，理解起來並不複雜，但想要高效運轉，就需要連貫性持續行動。早在1950年代，在美國管理專家戴明的指導影響下，豐田公司開始建立自己的管理體系，直至今日一直在連貫性持續行動。管理類各科教科書中通常集合了古今中外內容齊全的各種知識模組，讓我們了解到一個又一個相關「知識總成」。對照本章談及的OPO管理體系模型，這些諸多內容浩瀚的「知識總成」能否指導企業建立管理體系？時代在進步，傳播媒體和知識平臺增加很多，懂管理的人越來越多，而能使用管理的人卻增加不多。杜拉克說，管理不在於知，而在於行！

大禹治水能成功，在於他不輕信流傳的碎片化知識，不是不切實際的知道主義者。大禹治水十三年，三過家門而不入，他一直在連貫性持續行動。丹麥哲學家齊克果曾說，大多數人不具備關於他們自己的意識，不具備連貫性的觀念。他們不是依據精神特質而存在，卻是讓「隨意發生的事情」控制自己，主導自己的行為。

經營體系三要素「經管團隊、商業模式、企業策略」，是本書談及的重點內容。本章用5節篇幅所簡述的管理體系，必定存在掛一漏萬。這只是拋磚引玉，供大家實踐參考並批判改進。

第6章　槓桿要素：
企業文化＋資源平臺＋技術厚度＋創新變革

本章導讀

　　為什麼說「做大做強」為企業帶來的副作用越來越大？一個持續提升技術厚度、不斷創新變革的企業，經管團隊才能真正享有熊彼得（Joseph Schumpeter）提出的「企業家三樂」：成功的快樂、創造的快樂、建立一個理想國的快樂。

　　槓桿是能夠省力、以小力撬重物的有效工具。企業文化、資源平臺、技術厚度、創新變革，它們是如何發揮槓桿作用的？

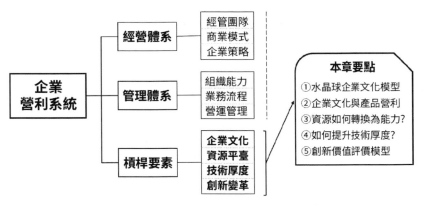

第6章要點內容與企業營利系統的關係示意圖

6.1　企業文化：結構洞上的人物有多重要？

🗐 重點提示

※ 為什麼說老闆是企業最重要的結構洞人物？

※ 為什麼阿里巴巴要搞價值觀考核與獎懲？

※ 為什麼說建設企業文化，就是要持續打造一個好產品？

帕蒂‧赫斯特出生在美國的洛杉磯，是世界傳媒大亨威廉‧赫斯特的孫女，是一位令無數人艷羨的千金名媛。1974年，19歲的帕蒂在加州大學柏克萊分校讀大二。一個午夜，帕蒂和她的男朋友在學校公寓裡被三個陌生人打暈帶走了。

一個反政府恐怖組織「共生解放軍」（SLA）隨後宣稱，是他們綁架了帕蒂。SLA開出了釋放人質的條件，其中之一是：要求赫斯特家族提供8億美元的贖金，並給加州貧困者免費發放食品。當時的8億美元可算是一筆鉅款，赫斯特家族無法馬上辦到。

兩個月之後，SLA派人給赫斯特家族送來一盒錄音帶和幾張照片。在錄音裡，帕蒂語氣平靜地說：「我已加入共生解放軍，和隊友一起為人民和自由而戰。」在附帶的照片裡，帕蒂戴著貝雷帽，手拿機關槍，站在共生解放軍的橫幅前。幾天後，帕蒂參與了一起SLA策劃的銀行搶劫案。監控清晰地錄下了她的身影，帕蒂手持槍械，協助這些極端分子作案。

短短兩個月時間，帕蒂從千金名媛變成了銀行搶劫犯，其間，發生了什麼？

她被蒙著眼睛，關在SLA總部的衣櫥裡，重複聽著SLA成員激進的信仰和死亡威脅，不時遭受到SLA各種非人般的蹂躪。經過一系列不見天日的日夜「洗腦」與摧殘，帕蒂的心理防線徹底崩潰，最終成了犯罪分子的幫凶。

由於屢次製造恐怖事件，帕蒂與SLA成員都成了美國FBI的通緝要犯。沒多久帕蒂被捕了，被判有期徒刑三十五年。後來，經過家人的努力斡旋，帕蒂刑滿兩年就出獄了。再後來，帕蒂嫁給了自己的一位保鑣，生了兩個女兒。多年後，帕蒂成了一名作家，她的女兒又長成了一代名媛。

參考數據：英國報姐，
〈從鉅富千金到銀行劫匪，天使被逼成了精神病〉

僅僅兩個月時間，帕蒂從鉅富千金變成了銀行劫匪，雖然是在脅迫之下，但也可見恐怖組織「洗腦」文化的威力。一些傳銷性質的組織採用「洗腦」文化，讓成員不斷招募新人，讓一個又一個人上當受騙，甚至傾家蕩產。

其實，文化的正向作用非常強大。人類從茹毛飲血的原始社會，發展到精神與物質極其充足的現代社會，歸根究柢是先進文化造成了促進作用。現在是創業維艱、奮勇爭先的商業時代，多少人生逆襲，多少企業從小到大，背後都有優秀文化的支撐與凝聚作用。

2000年時阿里巴巴還處在創業期，由於生養孩子幾年沒有工作的童文紅，透過應徵成為阿里巴巴的櫃臺接待。雖然櫃臺接待工作看起來很簡單，但是再就業不易，童文紅還是相當珍惜這份工作。為了能盡快熟悉這份工作並作出特色，她常在閒暇時刻總結工作心得，不斷提高工作品質。有同事要出差，她會提前準備好交通資訊；來訪客戶有疑問，她會努力幫助解答；哪個部門缺人手有困難，她都是盡心盡力去幫助和解決。有句話說：你足夠好，才能得到上天的垂青。童文紅從櫃臺接待起步，經過十多年時間，一步一步做到阿里巴巴集團首席人力官、菜鳥網路董事長，並成為阿里巴巴二十七名合夥人之一。

從櫃臺接待到集團高管，童文紅的成長之路，有幸運、機遇及自己的奮鬥，更離不開阿里巴巴優秀的企業文化。有人說，阿里的文化太強大了，其貌不揚的馬雲帶領團隊造就了一個世界排名前十的網路企業。有人

說，阿里巴巴的文化太厲害了，不僅吸收及培養幾百個像蔡崇信、王堅、童文紅那樣出類拔萃的人才，而且離開的「阿里人」中至少有兩百名成了中國五百強企業的高管。還有人說，馬雲為維護企業文化也是拚了，堅持搞價值觀考核，多次掀起內部反腐風暴，不念私情「揮淚斬馬謖」，對功勳卓著的集團執行長、公司總裁等人物也堅持追責到底。

一直以來，企業文化「管轄」的範圍很廣泛，經營管理中的任何事情都可以與文化掛起鉤來。例如，對於華為的成功，有學者總結了八大文化：狼性文化、床墊文化、工號文化、壓強文化、危機文化、服務文化、服從文化和自我批判文化。後來又有學者補充說，華為還有軍隊文化、客戶至上文化、奮鬥者為本文化等。提起賈伯斯，人們說他為蘋果打造了產品至上的文化。說到海底撈，人們將其稱為「變態」服務文化的開創者。美國3M公司以創新文化著稱，西南航空是僕人領導力文化，Google的文化特色是辦公區內安裝了很多滑梯，聯想公司的文化是不能稱呼高管領導為××總等等。

因為語言、文字就是文化，所以學者們研究起「文化」來，就可以無所不包。關於什麼是文化，已經有了兩百多條定義，這似乎還不足夠。但是，如何建立一個優秀的企業文化？回答好這個問題，對於企業家及創業者，才具有實際意義。

我們借用黃金圈法則來探索一下。賽門‧西奈克（Simon Sinek）提出的黃金圈法則可由三個同心圓表示，如圖6-1-1所示。

最外層是What——企業文化的行為或表現是什麼？前文中列舉的帕蒂、童文紅等，其實介紹的是一些文化行為或表現，回答的是What層面「現象」類問題。對於「現象」類問題，雖然可以東施效顰地進行一些模仿，但是並不能真正幫助企業建立一個優秀的企業文化。

黃金圈的中間層是How——用什麼模型或方法塑造企業文化？後文

將給出「水晶球企業文化模型」。

　　黃金圈的最內層是Why —— 探索企業文化形成的原因，它有什麼功能與作用？常聽到說，企業文化就是老闆文化。這個說法有一定道理，後文的水晶球企業文化模型會談到，老闆是重要的結構洞人物，幾乎與企業的每一位員工「連線」，一言一行都會對企業文化產生影響。但是，老闆帶頭盲目建設企業文化，常常也是令人啼笑皆非的。有這樣兩個見諸報端的資訊：

① 2017年末，江西南昌某公司年會上，老闆推出一個企業文化團練專案。他讓全體員工集體跪地，一對一地輪流互相搧耳光，美其名曰「培養員工狼性文化」。

② 2015年9月，瀋陽某火鍋餐飲公司的幾百名員工，在廣場上一排一排輪番為管理層、老闆下跪，口中喊著「感謝企業給了我們工作機會」等響徹雲霄的口號。後來記者採訪這家公司，負責人說他們每天早晨都這樣安排（員工下跪及喊口號），為的是增強企業凝聚力。

　　建設企業文化有什麼功能和作用？標準答案是：導向作用、凝聚作用、約束作用、激勵作用、調適作用、輻射作用等。這樣的回答，通常也是考題，全答對了的學生就是「學霸」。這樣教科書式的回答，雖然言簡意賅，也言之有理，但就是不切實際，對於實踐幾乎沒有指導意義。

　　關於企業文化形成的原因、功能和作用，圖6-1-1下面的簡圖都表示出來了：員工→文化→產品→客戶→持續營利→員工→文化……企業文化是原因，也是結果，它是一個不斷循環的過程。企業文化是為了持續打造一個好產品；好產品才能不斷創造顧客；顧客盈門，企業才能持續營利；企業持續營利，員工不斷增加收入，才有持續建設企業文化的積極性；企業有了文化，才能做出一個又一個好產品……這樣不斷循環，透過日積月累，優秀的企業文化就形成了。

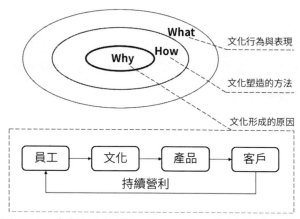

圖 6-1-1　企業文化的 Why-How-What 黃金圈法則示意圖

　　如果讓「企業文化就是老闆文化」這句話更有道理的話，那麼老闆們就要深刻了解到：建設企業文化的主要功能作用或者說「首因」，就是要打造一個好產品。好產品自己會說話，客戶至上也才能落到實處。員工參與創製好產品、積極服務客戶，本身就代表了企業文化。員工不斷增加收穫，他們就會積極建設企業文化。「以客戶為中心，以奮鬥者為本，長期堅持艱苦奮鬥」，任正非的這句金科玉律，是華為的核心價值觀，就基本代表了企業文化建設的精髓。

　　企業文化是企業營利系統的槓桿要素。企業文化建設活動，發揮以一當十的槓桿作用，直接或間接地必須與打造產品、創造顧客建立起連線，這才是康莊大道。我們不斷重複的商業模式第一問：企業的目標客戶在哪裡？如何滿足目標客戶的需求？其實也是將產品、客戶放在第一優先順序的順序上。從這個角度說，建設企業文化就是經管團隊帶領全體員工，眾志成城、上下同欲，持續打造一個優秀的商業模式。

　　再回到黃金圈的中間層 How ── 用什麼模型或方法塑造企業文化？可以用水晶球企業文化模型（簡稱「水晶球模型」），如圖 6-1-2 所示。它主要參照美國學者特倫斯‧迪爾與阿倫‧甘迺迪共同提出的企業文化五種要

素學說，這五種要素分別是：企業環境、價值觀、企業英雄、風俗和禮儀、文化網路。

　　與兩位美國學者的理論有所不同的是：第一，水晶球模型將核心價值觀放在了中心位置，而其他五個類似的要素圍繞核心價值觀而展開，都是為了維護、傳播、說明、踐行核心價值觀。筆者認為，企業文化建設的內容不能太廣泛，一鳥在手勝過雙鳥在林，能夠搞好核心價值觀就足夠好了。第二，將企業英雄改成結構洞人物。企業英雄是指那些讓全體員工學習的榜樣。雖然說榜樣的力量是無窮的，但是讓人才走個性化發展之路也很重要。而且，企業英雄不常有，也不好判斷。結構洞人物是指那些在企業的組織結構或人際網路中造成關鍵性連線作用的人物。看一下企業的組織結構圖可知，除了老闆、相關主管是關鍵結構洞人物之外，像公司櫃臺、人事經理、財務出納、總經理助理等諸多職位人員，他們與企業的每一個部門甚至每個人都會有業務接觸（連線），都可能是重點結構洞人物，他們的一言一行對企業文化的影響很大。第三，增加了一個要素——文化考核與獎懲。這一項確有必要，來自實踐啟發，也是實踐的需要。像阿里巴巴的價值觀考核與獎懲就比較成功，對建設企業文化大有裨益。

　　繼阿里巴巴之後，很多企業以不同形式也在踐行價值觀考核與獎懲。至於為什麼叫做水晶球模型？答案是：其一，總要有個好聽易記的名字。其二，外面五個要素圍繞處於中間的核心價值觀，具象上似一個球體——稱為水晶球，對應企業文化無處不在的空間氛圍特性。其三，比喻企業文化像水晶球那樣晶瑩、透明，還有點神祕感，更需要用心維護。

　　參見圖6-1-2，下面對水晶球企業文化模型的六個構成要素進行一些簡要的解釋與說明：

圖 6-1-2　水晶球企業文化模型示意圖

● (1) 核心價值觀

核心價值觀是企業文化的中心要義。美國學者菲利浦·塞爾茲尼克說：「組織的生存，其實就是價值觀的維繫，以及大家對價值觀的認同。」價值觀是企業生存、發展的內在動力，是企業行為規範與制度的基礎，是把所有員工連繫到一起的精神紐帶。

市場瞬息萬變，新技術不斷湧現，產品要經常更新換代，社會鼓勵人才流動。我們常講，以不變應萬變！那麼，什麼是企業中相對不變的精神信仰呢？企業不是一個宗教類團體，但是又必須打造團隊，眾志成城，上下同欲，所以核心價值觀應運而生。

價值觀與核心價值觀有什麼區別嗎？兩者是等同的。筆者更喜歡用核心價值觀這個概念，因為實踐中為了方便傳播與考核，價值觀的內容不能太多，一般不要超過七條。如果企業價值觀的條數太多，那麼水晶球文化模型「管轄」不過來，就可能低效或失效。

核心價值觀與產品、客戶有什麼關係？通常企業的核心價值觀可以分為三個層次：第一層次，對員工有哪些要求？例如，阿里巴巴六脈神劍核心價值觀（下文簡稱「六脈神劍」）中有三條：誠信、熱情、敬業。第二層次，對團隊集體有什麼要求？六脈神劍中有一條：團隊合作。第三層次，如何對待產品與客戶？六脈神劍中有兩條：客戶第一、擁抱變化。其中

「擁抱變化」展開的含義就是「適應環境變化，不斷提升自我、不斷進行業務與產品創新」。這三個層次是一個金字塔結構。第三層次「如何對待產品與客戶」是基於第一層次和第二層次基礎之上的。

● (2) 結構洞人物

前面說到「結構洞人物對企業文化的影響很大」。所謂企業文化就是老闆文化，因為老闆是企業「第一號」結構洞人物。雷軍是小米公司最關鍵的結構洞人物。柳傳志雖然退休了，「子彈」總會飛一會，所以他依舊還是聯想最關鍵的結構洞人物。任正非自稱是華為的文化教員，他寫的相關文章不僅對華為，甚至對整個企業的文化建設都產生了不小的影響，所以任正非是華為當之無愧的「第一號」結構洞人物。

結構洞人物應該是企業核心價值觀的帶頭執行人和維護者，但是一些企業不僅沒有明確的核心價值觀，而且重要結構洞人物的所作所為常常不利於企業文化建設。例如：

A企業的財務出納是創始人小姨子，人事經理是創始人小舅子。這兩兄妹仗著自己屬於「嫡系部隊」，經常插手公司採購、基建業務，對於員工前來辦理財務報銷或人事業務更是吹毛求疵、蠻橫指責。

老薛曾是B公司的二號人物，之前做過重要貢獻，深受老闆敬重。現在老薛退休了，但是利用自己的影響力，常常組織B公司骨幹人員聚會。逐漸他成了公司的「第二人事部及宣傳部」，干涉人事及傳播小道消息，多次讓公司「一把手」的工作陷入被動局面。

老魏是C科技公司創始人的大學同學，從事業部門離職後來到C公司任職行政總監。老魏積極肯幹，也愛張羅校友、同學的事，不僅透過各種手段往C公司安排了三十多個老校友、同學的子女，而且又說服人事部從母校招收了一大批畢業生，並在C公司內成立了母校的校友分會，經常利用工作時間組織一些校友聯誼活動。

● (3) 企業環境

從廣義上說，企業環境包括所處的總體環境、行業環境及個體環境等。這裡重點是指企業的文化環境，包括所處的地理位置、廠容廠貌、企業形象等重點內容。對於企業環境的選擇和設計，應該有利於傳播和維護企業核心價值觀。

● (4) 文化網路

文化網路是指與傳播、弘揚及維護企業價值觀相關的文化傳播渠道、連線網路及相關內容數據的統稱，通常包括內刊、網站、企業社群、內部論壇、移動辦公軟體、例會、培訓、通知檔案、培訓數據、資訊簡報等。文化網路廣泛存在於企業之中，不僅造成了上下左右、內外交錯的渠道作用，而且承載著企業的核心價值觀，為各層次各部門以及全體員工所共享。

● (5) 文化儀式

文化儀式是指企業內的各種表彰與獎勵活動、聚會及文化體驗遊玩活動等。它可以把企業中發生的某些事情戲劇化和形象化，來生動宣傳和展現企業的核心價值觀。透過舉辦這些生動活潑的活動讓全體員工領會企業文化的內涵，造成「寓教於樂」的作用。企業文化不能沒有儀式感，但是不能為了儀式感而搞一些花哨無用的儀式。

● (6) 文化考核與獎懲

文化考核與獎懲，其重點就是核心價值觀的考核與獎懲。很多企業的價值觀都是流於形式，成了掛在牆上的口號。馬雲曾經說過，價值觀不是虛無飄渺的東西，是需要考核的。在企業文化建設方面，阿里巴巴、華為、京東等諸多企業都有價值觀考核與獎懲。

在 2003 年前後，阿里巴巴開始把價值觀和績效考核結合起來，虛事

實做。當時，阿里巴巴人力資源部將六脈神劍核心價值觀中的各項內容細化成五個行為等級，共三十項考核細則，並且價值觀考核和績效考核各占50%權重，考核結果用於獎金和晉升。華為建設企業文化的源頭可以追溯到《華為基本法》的制定，透過制度、流程把企業文化變成每個人的自主行動，從此使每一位華為人都明顯帶有企業的DNA。

華為將核心價值觀「成就客戶、艱苦奮鬥、自我批判、至誠守信、開放進取、團隊合作」納入職位或職位考核，並且盡量多採用絕對量化指標進行評價。如果讀者對華為、阿里巴巴的價值觀考核與獎懲有進一步了解的興趣，請網上搜尋「價值觀考核」，可以查閱到很多詳細數據。

京東創始人劉強東在一次講話中曾經談到企業的用人與考核原則。他表達了這樣一個觀點：企業中有一類員工，能力非常強，業績非常好，但是他的價值觀跟企業的價值觀不匹配。這類人可以稱為「鐵鏽」，企業要在第一時間除掉「鐵鏽」。如果有一天他對公司進行破壞，會造成很大的影響力和殺傷力。對於「鐵鏽」，不管公司業績有多大的損失，一分鐘都不留！

企業文化是企業營利系統的一個槓桿要素。結合前文的闡述，核心價值觀的三個層次皆有助於建設企業營利系統，有助於經管團隊帶領全體員工，眾志成城、上下同欲，持續優化、創新商業模式，在企業策略各個階段致力於建構長期競爭優勢，如圖6-1-3所示。

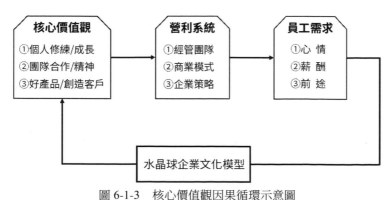

圖 6-1-3 核心價值觀因果循環示意圖

哲學家康德說：「人是目的，而不是工具。」透過水晶球模型，全體員工積極踐行與維護企業核心價值觀，持續建構優秀的企業營利系統。這對企業員工有什麼益處，他們為什麼要這樣做呢？一個優秀的企業營利系統、企業文化可以滿足員工的三大基本訴求：心情、薪酬、前途。對應而言，員工的工作心情與經管團隊的溝通方式、人際能力等密切相關；員工薪酬高低與企業的商業模式直接相關；員工的職業前途與企業策略發生關聯。圖 6-1-3 就是圖 6-1-1 下面虛線框圖的詳細展開版，從核心價值觀→營利系統→員工需求→水晶球企業文化模型→核心價值觀……踐行與維護核心價值觀就是塑造企業文化。這既是原因，也是結果，是一個不斷循環的過程。

6.2　資源平臺：人脈廣、圈子多，有利於企業發展嗎？

重點提示

※ 用「鵝肝效應」說明為什麼資源太多會壞事。

※ 在企業「營利場」的作用下，內外資源怎樣轉變為核心競爭力？

在很久以前，三個士兵離開戰場後，又在不見人煙的荒嶺小道連續趕了兩天的路，來到了一個小村莊，他們又餓又渴。當時兵荒馬亂年代，這裡的村民見到三個士兵後，紛紛把吃的東西全藏起來了。

儘管三個士兵都懂點廚房的手藝，在行軍打仗時常為軍閥首領們做飯，但是怎奈「巧婦難為無米之炊」。眼看天要黑了，再不吃東西，恐怕就要餓死了，士兵們被逼出了一個絕招。他們弄來一些洗淨的彩色石頭，對著遠處的村民說：我們要煮一鍋全世界最好喝的石頭湯。這種石頭湯非常美味，是官家貴族吃飯的配方，不僅可以強身健體，而且能治風溼病、

關節痛。如果誰能貢獻一口小鍋子，他就可以品嘗一大碗美味石頭湯。

　　有一位村民很好奇，也希望讓孱弱的孩子有機會喝上一碗石頭湯，身體變得好一些，就率先回應道：我願意把家裡的小鍋子拿出來。

　　三個士兵把石頭和山泉水都放進小鍋子裡，開始熬製起來，稍後又對村民說：如果這湯裡加一些胡蘿蔔和馬鈴薯，這湯就會更好喝。還是老規矩，誰能貢獻一些胡蘿蔔和馬鈴薯，誰就有機會喝上一大碗石頭湯。

　　很快就有村民拿來了上等的胡蘿蔔和馬鈴薯。如法炮製 —— 村民們或許為了好奇、為了強身健體或為了治風溼病、關節痛，也許就是從眾心理作怪！沒多久，村民們貢獻的牛肉、高麗菜、大麥、牛奶、鹽、胡椒等各種上好食材及佐料已經放滿大半鍋了。

　　一個多小時以後，美味的石頭湯就做好了。三個士兵信守諾言，讓參與貢獻的村民都喝上了美味的石頭湯。這麼一吃一喝，三個士兵與村民們消除了距離，晚上就在這個村子安全地住了下來。

　　後來，三位士兵說服了幾個富裕的村民拿錢入股，在附近的城鎮上開了一家小餐廳。再後來，三位士兵把餐飲酒店生意做得非常大，連鎖分店遍布海內外。

　　　　　　　　　　參考數據：〔法〕馬西婭・布朗，《石頭湯》故事書

　　就像這三位士兵，多數成功的創業者或企業家也有類似經歷，當資源短缺、限制條件苛刻時，反而喚醒了他們沉睡的創造力，在種種限制中找到了解決問題的線索。

　　企業就是一個資源平臺。辦企業需要人才資源、資金資源、客戶流量資源、供應商資源、資訊資源等。當你足夠好，資源便紛至沓來！

　　2020年在中國的應屆畢業生就有八百七十四萬人，這些是潛在的人力資源。中國有三萬多家風險投資機構，資金資源充沛，民間熱錢洶湧，就是很難找到優秀的企業可以投資。至於供應商資源、客戶資源、資訊資源等，中

國有十四億人口、三千多萬家中小企業、數以千萬計的媒體資訊平臺。

發現周邊資源多了，有人就想做個資源整合者。一個令他們興奮的故事是：一個聰明的商人透過一番巧妙包裝，說服比爾・蓋茲將女兒嫁給了自己兒子，又以這個身分讓兒子當上了世界銀行的副總裁。事實上，比爾・蓋茲比那些投機分子要聰明且謹慎得多；即便有世界銀行，也不會「這樣」應徵副總裁。這本來是杜撰的一個笑話，很多人卻深信不疑，走上了資源整合之路，都期望著突然就整合進來一個冤大頭，然後從他身上大賺一筆。這樣做的一些人，比較勉強的成果是，一些資源整合者確實是「人脈廣、圈子多」，但是浪費了大量時間，一事無成，維護這些資源還需要成本。如果遲遲無法變現的話，資源就成了「燙手的山芋」。也有更差的結果，例如：有個叫張三的資源整合者，整合進來一個更厲害的「資源整合者」，不僅讓張三傾家蕩產了，而且還惹上了法律糾紛。

也有人將「一手好牌」，打得稀爛。海航集團、樂視集團等也許因為資源太多，能夠不斷從股市上融資，人才也不缺，合作者接踵而至，最後把各方資源都坑了，自己也難獨善其身。

馬雲有一個創業真經，是說「錢太多會壞事」。1999 年 10 月時，蔡崇信幫馬雲搞定了高盛、軟銀共 2,500 萬美元融資。突然有了 2 億元，窮小子往往是沉不住氣的。那時的阿里巴巴立即在香港和英國設立了辦事處，在矽谷成立了研發中心，在日本、韓國等國家成立了合資公司，還把總部搬到香港。不到半年，獲得的 2 億融資就花掉一大半。資源見底，馬雲徹底慌了。有了資源約束限制和緊迫感，阿里巴巴團隊才激發出創造力，然後「阿里鐵軍」誕生了，淘寶、支付寶先後出現了……

為什麼資源太多會壞事？一個解釋是「鵝肝效應」：在矽谷模式中，從天使輪→A 輪→B 輪→C 輪……融資確實能協助企業快速成長，但是餵了太多資本而承受不了超高成長的壓力，最終企業會崩潰。就像鵝肝好吃，

實際上是填充式餵養導致的脂肪肝。這些年有大量IPO失敗、獨角獸死亡案例，根源都在於「鵝肝效應」。

另一個解釋是《逆轉》書中提出的倒U形曲線理論：最開始的時候，增加資源有利於企業發揮優勢。就像一個倒置的U，資源增加到臨界點（倒U形頂點）附近時，資源增加帶來的優勢就逐漸減少了，然後增加的資源反而會給企業帶來劣勢。

有人說，我們資源極度短缺，尤其是缺錢，有了錢就有了一切。有人會問，如何能更好地利用資源？有什麼可以參考的理論嗎？

社會上人、財、物及資訊等各種資源很豐富。短缺資源的企業可以先從自身找問題，對標先進或標竿性企業，然後進行一下自我批判，也許會有解決方案。關於資源管理方面的理論，有些大學會開一門選修課叫做「企業資源管理」，講一些資源管理的概念與內容、任務和原則、意義和影響、新變化和新趨勢方面的內容。另外可供參考的就是策略資源學派、能力學派提出的一些學說。持續五十多年了，研究這兩個策略學派的學者很多，至今資源與能力的概念及區別還沒有討論清楚。

每個企業都需要人才、資金、客戶流量、供應商、資訊等多種資源，所以每個企業都可以看成是一個資源平臺。在企業營利系統中，資源平臺是其中重要的槓桿要素。槓桿是能夠省力及以小力撬重物的有效工具，資源平臺如何發揮槓桿作用呢？

就像電磁場，企業也有一個場，叫做企業營利系統場（簡稱「營利場」），如圖6-2-1所示。營利場可以看作經營體系三要素、管理體系、槓桿要素等相互作用、發生非線性反應而綜合在一起的能量場。外部的各類相關資源進入企業後，在營利場的持續作用下，一部分轉變為物質資本或貨幣資本，還有一部分轉變為智力資本。並且，有些智力資本還可以進一步躍升更新，成為企業競爭力或核心競爭力。

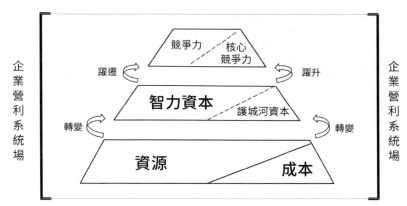

圖 6-2-1　資源、智力資本及核心競爭力在營利場中的轉換、躍遷示意圖

「天下沒有免費的午餐」，無論是股權激勵、股權融資、貨幣購買，還是資源互換等，外部輸入企業的人才、資金、客戶流量、供應商、資訊等多種資源都是有成本的。並且，如果企業獲得或擁有的相關資源無法即時轉換為資本，它們還會發生儲存成本、貶值損失，甚至歸零變負，造成損失。

企業擁有的各種資源是企業家手中的牌，而智力資本是打牌的水準。資本是能夠為企業帶來增值的各種資源或能力，包括物質資本、貨幣資本、智力資本三大類別，其中物質資本及貨幣資本的增值也依賴智力資本的水準，所以企業應該重點關注所擁有的資源如何轉化為智力資本。

美國學者托馬斯·斯圖爾特認為智力資本是「公司中所有成員所知曉的能為企業在市場上獲得競爭優勢之事物總和」。他提出了智力資本的「H-S-C」結構，就是企業的智力資本價值展現在企業的人力資本、結構資本和客戶資本三者之中。參照學者李平的文章＜企業智力資本「家族」及其開發＞，對人力資本、結構資本和關係資本簡要解釋如下：

企業人力資本由企業家資本、經理人資本、職員資本和團隊資本構成。具體到知識或能力等表徵現象，則主要展現為管理能力、創新能力、技術訣竅、有價值的經歷、團隊精神、合作能力、激勵程度、學習能力、

員工忠誠度和受到的正式教育和培訓等。

組織資本（原文中叫做結構資本）是指當員工離開公司以後仍留在公司裡的知識資產，它為企業安全、有序、高效運轉以及職工充分發揮才能、提供平臺。它主要由組織結構、企業制度和文化、智慧財產權、基礎資產構成。其中，企業制度和文化展現為組織慣例、工作流程、制度規章等；智慧財產權展現為專利、著作權、設計權、商業祕密、商標等；基礎資產展現為管理資訊系統、數據庫、文獻服務、資訊網路技術的廣泛使用等。

關係資本是指企業與所有發生連繫的外部組織之間建立的關係網路及其帶來的資源和資訊優勢。關係資本表現為兩大類：一是指企業與外部利益相關者之間建立的有價值的關係網路；二是在關係網路基礎上衍生出來的外部利益相關者對企業的形象、商譽和品牌的認知評價。組織間的關係網路一般由企業與股東、消費者、供應商、競爭對手、替代商、市場仲介、政府部門、高校和科學研究機構等組成。

概括來說：人力資本附著在員工身上。當某員工離職了，他（她）的人力資本也就離開企業了。組織資本是指當員工離開公司以後能留在公司裡的共享知識資產，即員工帶不走的智力資本。組織資本是結構資本的另一個名稱，筆者認為用「組織資本」更貼切一些。關係資本主要是由與企業相關的客戶資源、供應商資源、股東資源、大學科學研究部門資源等轉化而來的智力資本。企業與它們形成了密切合作關係，在優秀的營利系統下，關係資本可以不斷為企業帶來增值及營利。企業外部的廣泛客戶資源相當於通常說的流量，而老顧客組成的私域流量基本等同於關係資本。

優秀的企業營利系統就是能將更多的內外部資源轉變為企業的智力資本，而智力資本是形成Ｔ型商業模式中飛輪效應（或複利效應、指數增長等）的核心要素，也是企業能夠持續營利的最重要驅動力。

　　巴菲特有個護城河理論，包括「供給側的規模經濟、需求側規模經濟、品牌、專利或專有技術、政策獨享或法定許可、客戶轉換成本」等六個方面，這裡稱它們為護城河資本。它們不是屬於組織資本，就是屬於關係資本，都是企業的智力資本，如圖 6-2-1 所示。

　　從前文談及的智力資本構成可知，各類經營管理能力也屬於智力資本。根據市場競爭或企業發展需要，將一些重要能力從智力資本中挑選出來，加以重點培育，最終打造成為企業的競爭力。諸如此類的企業競爭力包括：產品競爭力、服務競爭力、品牌競爭力、品質競爭力、成本競爭力、行銷競爭力、創新競爭力、資本競爭力等。例如：消費者難以分辨飲料的利弊，所以飲料企業通常重點培育品牌競爭力。市場上有百萬家火鍋店，口味、裝修難分勝負，海底撈就提升服務競爭力。格蘭仕及奧克斯，避開格力、美的與海爾，在家電行業重點塑造成本競爭力。在創業階段，滴滴出行依靠資本競爭力殺出了重圍。

　　在諸多企業競爭力中，最值得關注的是核心競爭力，本書章節 3.4 已經有簡要的闡述，書籍《商業模式與策略共舞》第 4 章可以找到具體、詳細的闡述。

6.3　技術厚度：
　　做大做強有何副作用？如何成為長壽企業？

📖 重點提示

※ 讓產品更有技術厚度，能給企業及企業家帶來什麼好處？

※ 從企業營利系統角度分析，如何讓產品更有技術厚度？

　　在 2019 年舉辦的一場藝術品拍賣會上，畫家冷軍的作品《肖像之相 —— 小姜》最終以 7,015 萬元成交。這幅油畫是冷軍於 2011 年創作的作

品。從事繪畫四十年來，冷軍作畫肯下功夫，對待藝術相當「苛刻」和嚴謹，並且一年只畫一幅油畫，絕不「超產」。

冷軍的繪畫風格是超寫實。例如《肖像之相 —— 小姜》這幅畫，冷軍透過油畫的方式，把女子穿著那件毛衣的各種細節極端逼真地呈現出來。大家看到這幅畫，都不知道冷軍是如何畫出來的。

冷軍的油畫作品非常逼真，如果不細看大家都以為是照片呢！這就是超寫實油畫的風格。關於冷軍的油畫，還有這樣一段逸事：2001年，冷軍個人畫展在深圳美術館展出時，舉辦方曾被一位美術老師的觀眾投訴：「畫家把一些油畫拍成照片開展覽，畫展成了攝影展，我們觀賞者感覺被欺騙！」聽說此事，冷軍哈哈大笑。

冷軍油畫裡的人與物，有靈魂、有風骨，藝術地再現了人眼看到的真實，而不是相機拍到的真實。由於對當代題材與內容的切入，冷軍用普通的畫筆，把顏料和思想混合，透過層層油彩，帶給觀賞者的是沉默、冷峻和深刻。他的作品畫面絲毫畢現，形象細緻入微，讓觀賞者精神上形成全面的張力，心靈受到震顫，感受到一種驚心動魄的力量。

冷軍走精品創作路線，一幅油畫可以賣7,000多萬。而在中國油畫第一村 —— 深圳大芬村，油畫是透過「生產線」畫出來的，會砍價者100元就可以買三幅低階一些的仿製世界名畫。顯然，大芬村走的是規模與範圍路線，兩百多家畫廊、兩千多名畫家和畫工，每年生產及銷售到國際市場的油畫達到了一百多萬張。

我們引進一個概念叫做「技術厚度」，來表達一個企業其產品的「精品化」程度。對比於大芬村批次出產的「普通」油畫，冷軍「一年只畫一幅」的油畫技術厚度更深。

技術厚度的含義與技術壁壘不太一樣。技術壁壘的正式含義是：為了保護產品的競爭力，一個國家的海關對國外產品進入國內所設定的各種技

術標準、引數要求而形成的障礙與關卡。技術壁壘的另一個含義是指「企業產品中含有的讓競爭對手很難模仿的技術」。

　　技術厚度的含義與核心競爭力的含義也不一樣。技術厚度側重於描述或衡量產品的技術含量多寡、等級高低等精品化程度，而核心競爭力是指企業能夠在市場上持續成功擴張產品組合的能力。

　　在技術厚度即將成為新一代經營管理指導方針之前，創業者、企業家一直都希望將企業「做大做強」。「做大」是指產品品種多、銷售規模大；「做強」是指產品的技術含量高、競爭力強。魚和熊掌不可兼得，能兼得者寥寥無幾。「做大」與「做強」經常相互矛盾。因為心智模式，以及歷史、文化的慣性，因而為了「做大」長期忽略「做強」。

　　經濟進入「新常態」後，伴隨著經濟增長速度的下降，大部分企業再去一味追求「做大」，已經非常不划算。首先，絕大部分追求「做大」的企業，壽命非常短，收不回投資本金就死亡了。其次，確實有一些依靠歷史機遇而「做大」的企業，但它們面臨著「八億件襯衫換一架波音飛機」的營利困境。由於利潤率低，承受不住人工、材料的價格波動，這些企業經常也面臨著現金流不足、惡性競爭的困局。熊彼得在《經濟發展原理》中說，企業家有三大快樂：成功的快樂、創造的快樂、建立一個理想國的快樂。而一味追求「做大」的企業，老闆們一直處於「創業難，守業更難」！很難享受到熊彼得所說的「三大快樂」。

　　撇開「做大」，單說「做強」也存在不少問題。理論及傳媒界將「做強」闡述為科學研究投入大、產品競爭力強、進入國際市場。企業界認為「做強」就是「炫耀」：蓋一些高大氣派的辦公樓和廠房，買一些先進裝備，引進一些高階人才，搞一個研發中心。做這些事的企業家，還是可靠的。另類一些的「做強」，他們的操作就有些離譜了。例如：不擇手段設法打垮競爭對手。老闆名片上一大串「高階」社會職務或頭銜，經常在媒體上描

繪企業的未來，像海航那樣不斷搞兼併收購、策略合作。

　　鑑於以上這些問題，撇開傳統的所謂「做大做強」，筆者將技術厚度也作為企業營利系統的槓桿要素之一。大部分企業不應該去追求「做大做強」。那是千軍萬馬一起去擠獨木橋，結果一定是橋下淒涼一片，哀鴻遍野！應該長期持續提升產品的等級和精品化程度，打造有技術厚度的產品，成為一個有技術厚度的企業。因為有技術厚度的產品生命週期長，所以讓企業比較長壽。

　　一個行業的友商企業多如牛毛，只能有幾個佼佼者或一個領導者。「不謀萬世者，不足謀一時；不謀全局者，不足謀一域。」受此啟發，經管團隊在討論企業願景時，要減少使用公司「要成為××行業領導者」這樣的表述，而應該優先考慮技術厚度或壽命持久這個方向。引用數學的微積分理論來說，有幾十年以上壽命的企業，其積分後的總營利也是相當可觀的。

　　通常來說，產品的技術厚度與企業壽命是正相關的，如圖6-3-1所示。並且，根據能量守恆定律，在一段時間內，企業一門心思提升產品的技術厚度時，就要限制產品在規模與範圍方面的「奢望」。

　　日本的一些中小企業，甚至一些作坊類企業，更注重產品的技術厚度。根據相關專家的觀點，這源於日本企業中的職人精神。如何詮釋職人精神？日本「壽司之神」小野二郎有一段著名的感悟：「我一直重複同樣的事情以求精進，總是嚮往能夠有所進步。我繼續向上，努力達到巔峰，但沒人知道巔峰在哪。即使到我這年紀，工作了數十年，我依然不認為自己已臻於至善，但我每天仍然感到欣喜。我愛自己的工作，並將一生投身其中。」日本有許多長壽企業，其產品具備更深的技術厚度，源於這種「要把一件事情（或產品）做到極致的態度」。

　　技術厚度不僅是中小企業的「專利」，大企業的產品同樣可以有優秀

的技術厚度。臺積電聯席執行長魏哲家在2019年6月的一次行業論壇上說：「臺積電過去五年投資了500億美元用於半導體工藝研發、生產。」臺積電已經於2020年成功量產5nm晶片，領先其他世界知名廠商；臺積電的3nm工藝晶圓廠已經在建設中了，預計2021年啟用；已經啟動2nm工藝的研發，計劃2024年投入生產，這是要挑戰矽基工藝極限！

　　如圖6-3-1所示，大部分有技術厚度的企業將沿著比較狹窄的「規模與範圍」通道向前發展。也存在一類企業，當產品的技術厚度從A點提升到臨界點E時，就可能迎來需求規模的爆發性增加。相當部分的《財富》世界五百強企業起初的規模都比較小，它們總有一個時期在持續提升產品的技術厚度。當技術厚度到達臨界點E時，就可能迎來需求規模的爆發性增長，然後是產品範圍的逐漸擴大。

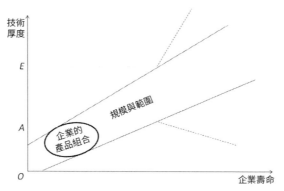

圖 6-3-1　產品技術厚度與企業壽命正相關示意圖

　　在產品方面長期累積的技術厚度更有利於企業形成核心競爭力。例如，本田公司在發動機產品所累積的技術厚度，更有利於形成核心競爭力，讓企業能夠成功進入機車、汽車、割草機、發電機、輕型飛機等不同的終端產品市場。再如富士公司，利用自身在影像膠片領域七十年的技術厚度累積，成功進入化妝品和醫藥產品領域。這樣的中外企業還有很多，例如英特爾、華為、微軟、IBM、阿里巴巴等。

簡單表述來說，技術的不斷創新、優化、疊加、應用就是技術厚度。什麼是技術？技術是解決問題的方法、技能和手段的總和。根據聯合國的相關定義，技術是關於製造一項產品，應用一項工藝或提供一項服務的系統知識。所以，技術不僅是指與產品開發相關的科技及工程技術，企業營利系統的相關組成內容中都含有技術。

最能為一個企業長期代言的「形象物」，不是演藝及體育明星，也不是企業家或「大咖」，而是它經久不衰的產品。我們說一個企業有技術厚度，往往指它的產品有技術厚度，而產品的技術厚度蘊藏於企業營利系統中。

如何建構企業營利系統，讓企業的技術厚度更深？

首先，就經營體系三要素來說，經管團隊中要有「技術派」；商業模式中的產品組合要有較高的技術含量，企業策略要聚焦於技術厚度的提升，而非一味地追求規模和範圍。

經管團隊中要有「技術派」，並非指其中要有資深的技術專家。雖然賈伯斯不是技術專家，大學肄業也不是理工科學生，但賈伯斯是不折不扣的「技術派」。「技術派」通常是技術至上主義者，打造客戶喜歡的好產品是他們最重要的核心價值觀。像前文所述的日本職人就屬於「技術派」。德國隱形冠軍企業中，其經管團隊中，「技術派」也是不可或缺的。

另外，經管團隊中的「第五級經理人」有利於企業提升技術厚度。柯林斯（James Collins）在《從優秀到卓越》（Good to Great）中曾寫到「第五級經理人」有三大特徵：①公司利益至上；②擁有堅定的意志，要有永不放棄的決心，無論遇到多大困難和阻力，也要千方百計實現目標；③保持謙遜的個性，從不居功自傲，也不喜歡拋頭露面、招搖過市。

商業模式是營利系統的中心要素，而產品組合是商業模式的核心內容。回答商業模式第一問「企業的目標客戶在哪裡？如何滿足目標客戶的

需求？」，就是打造有技術厚度的好產品，超越目標客戶的期望。有些產品本身就具有較深的技術厚度，例如：半導體晶片、民航客機、高階機床、自動駕駛車輛等，技術厚度的提升似乎永無止境。有些產品本身技術厚度就不深，例如：咖啡、果汁、文具紙張、服裝鞋帽等。

　　企業營利系統中的技術厚度能否發揮槓桿作用，的確與企業選擇的商業模式及其產品組合有極大的相關性。不可否認，持續打造產品的技術厚度也不是適合所有的企業。但是，眾多平庸者中，總有出類拔萃者。同樣是開一間咖啡店，星巴克就有更深的技術厚度。到星巴克臻選烘焙工坊看一下，裡面琳瑯滿目的「對象」及服務還是有一定技術厚度的。開一個賣米的傳統店鋪似乎很簡單，臺塑集團創始人王永慶在16歲時，就將這門生意做到了無人企及的技術厚度。

　　如果產品組合確定了，那麼持續提升技術厚度就要依靠T型商業模式中的創造模式、行銷模式、資本模式共十三個要素及相關模型與理論。關於這方面內容，本書第3章及筆者的相關商業模式書籍中都有具體的闡述。

　　前文有所闡述，企業策略要長期聚焦於提升產品的技術厚度，而不再一味盲目地追求「做大做強」。對於絕大多數企業來說，企業策略的重點是競爭策略。競爭策略主要回答「企業在一個經營領域內怎樣參與競爭？」持續提升產品的技術厚度就是最好的答案之一。第4章重點闡述新競爭策略，其中如何制定各層次策略指導方案是重點內容，所以提升產品技術厚度的相關策略也要列入這些重點內容中。

　　其次，在管理體系三個構成部分中，組織能力持續增強、業務流程不斷優化疊代、營運管理越來越精細化等，都會有利於增加產品的技術厚度。本書章節5.3中曾講到，業務流程優化疊代時，應重點關注承擔者、實現方式、作業標準三個因素。例如，像心臟手術、晶片製程、太空梭登

陸火星等產品或服務，其技術厚度不斷增加，與相關業務流程中的承擔者能力持續提升、實現方式（例如：工藝軟體、技術裝備）越來越先進、作業標準越來越精細化等都有非常密切的關係。

最後，回顧本章講到的企業文化、資源平臺及預習下一節闡述的創新變革，它們也與提升產品的技術厚度密切相關。從常識上就可以理解，優秀的產品背後通常有優秀的企業文化、優秀的人財物資源平臺、「可靠給力」且不斷提升的創新變革能力。

「做大做強」為企業帶來的副作用越來越大，而關於技術厚度的討論只是一個開始。一個持續提升技術厚度的企業，不僅能獲得可持續營利及成為一個長壽企業，而且這些企業的掌門人真正在追求熊彼得提出的「企業家三樂」：成功的快樂、創造的快樂、建立一個理想國的快樂。

6.4 創新變革：路走對了，就不怕遠

重點提示

※ 如何用三端定位模型評價一個企業創新？

※ 創新與變革有哪些連繫與區別？

1990年代，摩托羅拉公司那個耗資高達60億美元的銥星計劃，起源於公司工程師巴里的妻子的一個抱怨 —— 巴里的妻子說，她在加勒比海度假時，無法用手機連繫到客戶。

之後，巴里與另外兩名工程師想到了一種創新方案來解決這個問題：由七十七顆近地衛星組成一個星群系統，讓使用者從世界上任何地方都可以打電話。後來，這個方案被當時摩托羅拉的決策部門批准了，並被稱為銥星計劃。實施後的銥星系統與原有方案稍有不同的是，衛星總數降到六十六顆。

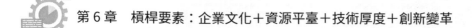

1998 年 11 月 1 日，銥星系統正式投入使用時，命運卻和摩托羅拉公司開了一個很大的玩笑。由於技術進步、使用者基數激增導致的成本和資費下降，原來採用地面訊號傳輸系統的手機已經全面普及。大家都知道，在尚不久遠的功能手機時代，手機越做越小，商家為了賺取通話費，紛紛無償贈機。而依託於銥星系統的衛星行動電話，由於本身存在諸如「手機體積大、特別笨重、執行不穩定、價格昂貴、不能在室內和車內使用」等不足，導致該專案從開業到申請破產保護，在全球也只發展了五萬多位使用者。

創新是有一定風險的。即便像摩托羅拉這種有完善的決策機制、眾多一流專家顧問的跨國大廠公司，創新專案最終失敗所付出的代價也是非常慘重的。

創新也是有極大價值的。熊彼得說，創新是企業家對生產要素的重新組合。創業往往意味著要有一個創新的商業模式，然後持續不斷地更新疊代。成熟企業面對同質化競爭，也只有透過技術與產品創新，才能找到差異化成長與發展之道。同時，創新還可以提高企業管理效率，降低營運費用和成本。

創新與變革有所不同，也有緊密連繫之處。創新是指為了獲得收益而改進原有或創造出新的事物，變革側重於改變原有事物。透過創新替代了舊事物，也是一種變革；透過變革去掉舊事物，也需要新的事物補充。由此看來，創新與變革又難捨難分地緊密連繫在一起。在企業營利系統中，將創新與變革合在一起討論，合稱為「創新變革」。本節將側重於闡述創新的部分。

在企業經營管理活動中，創新變革必不可少，如何趨利避害？創新變革發揮了像槓桿一樣的作用，促進了企業營利系統優化疊代、成長與發展，所以稱之為企業營利系統的槓桿要素，如圖 6-4-1 所示。事實上，企

業營利系統的各個構成內容也都與創新變革相關 ── 可能自身需要創新變革或為創新變革提供支持。企業有自身的生命週期，所以企業營利系統是一個生命系統。在一個生命系統中，部分是無法單獨存在的，部分與部分相互關聯，有機地連線在一起。就像人體有運動、消化、呼吸、泌尿、生殖、內分泌、免疫、神經、循環等九大子系統，它們互相關聯，有機連線成為一個「完整的人」。人體系統中的某個子系統不能單獨分離出來，也就不能獨立存在。同樣，創新變革是在企業營利系統範圍內的創新變革，與其他「子系統」相關的創新變革，它不能被單獨分離出來，也不能獨立地存在。

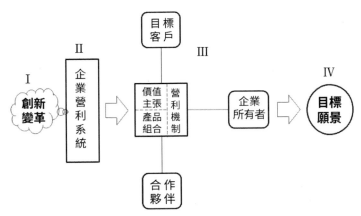

圖 6-4-1　創新變革與企業營利系統、三端定位模型、目標和願景的關係示意圖

　　圖6-4-1分為四個部分，Ⅰ與Ⅱ部分是分別表示創新變革和企業營利系統，Ⅲ部分是T型商業模式「三端定位模型」，Ⅳ部分表示企業的目標和願景。可以這樣理解：從企業營利系統出發進行創新變革，它應該符合T型商業模式「三端定位模型」，併為實現企業的目標和願景服務。

　　創新與創意、發明、創造等概念有所不同。創新依賴創意、發明、創造，但創新是為了獲取商業化收益，為組織的成長做出貢獻。經常有企業老總說「我的公司有××件發明專利」。發明專利不等於創新，如果不能

商業化，只是費用負擔，或有一點點廣告宣傳的價值。也有一些企業，經常透過喝茶聊天、腦力激盪激發創意，如果發現了好創意，老闆們會非常激動，以為發大財的機會來了。前文摩托羅拉的銥星系統，起源於一個創意，其中有很多發明專利，實施過程中有各個方面的創造，但是銥星系統不能商業化應用，不能獲得收益，所以不是一個成功的創新。

創新能夠帶來巨大的商業化收益，所以一直是大熱門話題。研究創新的學者很多，關於創新的課程培訓比比皆是，書籍文章汗牛充棟。如何評價一個創新？也許理論方法已經有很多了，圖6-4-1再給出一個新方法 —— 用三端定位模型評價一個創新。如果大家再複習一下本書章節3.2後半部分的三端定位模型及圖3-2-2的相關內容，那麼將非常有助於理解下文的相關闡述。

以前文的銥星系統為例，我們用三端定位模型分析如下：它所提供的衛星行動電話，不僅訊號差、速度慢、存在延遲，而且裝置價格貴，資費很高。從產品組合的價值主張來說，它無法很好地滿足目標客戶需求。如果市面上沒有替代品，喜歡嘗鮮者或必需者還可以接受。如果市面上出現像Nokia那樣價廉物美的功能手機或現在具有作業系統的智慧手機，銥星系統的客戶只會越來越少。從產品組合的製成過程來看，當時微電子技術處於萌芽成長期，能夠提供衛星裝置、衛星發射、行動電話、通訊設施等製造或服務的合作夥伴非常稀少，而且價格相當昂貴。這樣的條件下，目標客戶不滿意，合作夥伴不好找且價格昂貴，營利機制必然不成立，企業所有者就會為這個創新付出巨大代價。

之前曾講到，三端定位模型主要用來評價商業模式創新或新產品創新。我們知道，一個企業的創新活動包括很多方面。在企業營利系統範圍內，除了商業模式創新之外，還有策略創新、管理創新、文化創新等。這些創新是否也可以用三端定位模型評價？

企業是一個商業模式中心型組織，企業營利系統的中心內容是商業模式。企業的一切創新都是圍繞商業模式展開的，最終反映在目標客戶的價值主張或企業的營利機制等這些商業模式要素方面。例如，甲企業要請A顧問公司做一個管理創新專案。為了評價這個管理創新專案，甲企業的經管團隊可以用三端定位模型問三個問題：A顧問公司提供的管理創新能否對產品組合有所貢獻？它是否提升了讓目標客戶受益的價值主張？是否改善甲企業自身的營利機制？採用5Why工具，對這三個結構化問題追根溯源，就可以一定程度上杜絕「為了創新而創新」。

　　本書第4章主要談企業策略，新競爭策略的相關內容就是一種企業策略創新。本章第1節重點闡述了企業文化創新。為了解決目前企業文化建設形式僵化並與經營管理脫節的問題，我們創新提出了水晶球企業文化模型。該模型聚焦於建設、優化和維護企業核心價值觀，而核心價值觀的第一要務就是堅持「產品致勝，客戶至上」。

　　T型商業模式有三大部分十三個要素，涉及的創新內容很多，例如：創造模式創新、行銷模式創新、資本模式創新及其進一步展開的產品組合創新、價值主張創新、營利機制創新、增值流程創新、供應鏈創新（或合作夥伴創新）、技術創新（或支持體系創新）、資本機制創新、行銷組合創新等。在使用還原論將一個事物細抽成「碎片」的時候，我們不能忘記「聚焦到核心」和用系統化思維評價。三端定位模型就是這樣一個「聚焦到核心」和系統化評價的工具。商業模式區域性或要素層面的創新，都要用三端定位模型評價一下。

　　參見圖6-4-1，從Ⅰ創新變革到Ⅳ目標和願景，中間有一條核心軸線，代表企業的核心業務。可持續成長的企業都需要一個核心業務為基礎，透過創新變革逐漸培養核心競爭力，進行一系列沿著「核心軸線」的擴張。無獨有偶，克里斯‧祖克在《回歸核心》和《從核心擴張》（*Profit from the Core*）中指出：什麼是企業的最佳成長路徑？專注於一個強大的核心業務，從各個方向和各個層面創新開發其最大潛力；以核心業務為基礎，創造一套可重複運用的擴張模式，向周邊領域進行一步一步地擴張，讓企業有機增長；選擇適當的時機，透過創新來重新界定自己的核心業務。

華為、阿里巴巴等企業之所以有今天，是因為它們以核心業務為基礎，持續沿著「核心軸線」發展，不被諸多的「時代機會」誘惑，專注於實現自己的目標和願景。

創立於 1932 年的樂高積木是全球著名的玩具品牌。2000 年左右，樂高公司整套積木系統的專利過期，很多仿製品冒出來了，樂高遇到生存危機。隨後，樂高開始一系列業務創新：大幅擴充產品線，做了很多新玩具，比如：嬰兒玩具系列、模仿芭比娃娃系列、玩偶玩具系列等。除此之外，樂高公司創辦了樂高培訓教育中心；模仿迪士尼，建設起樂高主題樂園等。

幾年之後，樂高公司的這些創新業務不但沒有任何進步，而且給公司帶來嚴重的現金流問題。新任執行長上任後，下決心砍掉那些偏離核心的所謂創新業務，堅持「回歸核心」── 從核心業務出發，沿著「核心軸線」創新。路對了就不怕遠，很快樂高公司就起死回生了。當時新任執行長說了這樣一句話：我們非常容易忽略的是「樂高的獨特性」。樂高的獨特性或者講樂高的核心競爭力是什麼？它獨有的「積木搭建系統」。

傑弗里・摩爾所著的《公司進化論》內容重點是在企業生命週期內，如何進行創新管理。《公司進化論》的英文版名為《*Dealing with Darwin*》，意即「達爾文主義的經營」。達爾文主義的理念就是持續進化、適者生存。自然界的進化是被動的、緩慢的，而企業的創新與進化是主動的，且速度越來越快。外部環境從來都是變化的，所以企業的創新與進化一直在持續，永遠不停歇。

本節講創新變革，側重點在企業創新的範圍、評價、路徑及目的。至於如何變革，可以重點參考約翰・科特（John Kotter）所著《領導變革》（*Leading Change*）一書中的變革八步法：①製造強烈的緊迫感；②建立一支強而有力的指導團隊；③確立正確而鼓舞人心的變革願景；④溝通願景，認同變革；⑤更多地授權，促進成員採取行動；⑥取得短期成效，以穩固變革的信心；⑦拒絕鬆懈，推動變革進一步向前；⑧固化變革成果，形成企業文化。

第 7 章　系統思考：
如何讓 2 + 2 = 蘋果？

本章導讀

　　西元1988 ～ 1997年、1998 ～ 2008年、2007年～ 2018年，前後三段十年左右的時間，華為的年營業收入分別增加了88億、1,110億、6,000億，差值特別大，這就是非線性增長。為此，需要一個優異的耗散結構，一個持續強勁的增強迴路和調節迴路。任正非善於系統思考，不斷反熵增、遠離平衡態、有效耗散營利……既能揮舞企業家的豪情萬丈，又不踰越保守主義邊界。

　　凱文·凱利（Kevin Kelly）在《失控》（*Out of Control*）中說，在系統湧現的邏輯裡，有可能2＋2＝蘋果。像華為、阿里、蘋果那樣，我們的企業如何湧現，才能成為行業領導者？

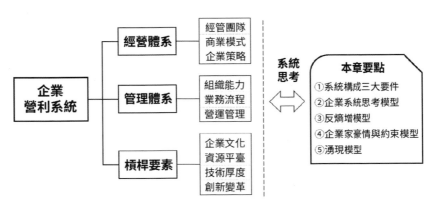

第 7 章要點內容與企業營利系統的關係示意圖

7.1　營利地圖：
　　　不要用瑣碎的忙碌，掩蓋系統上的無知

🗃 重點提示

※ 為什麼說「菩薩畏因，眾生畏果」？
※ 如何將策略指導方案繪製成一張營利系統地圖？

　　研究系統動力的丹尼斯・舍伍德在其著作《系統思考》中講了這樣一個故事：

　　一個歐洲小國的女王，試圖促進國家經濟繁榮，一位大臣給了她四個建議：①向鄰國發動戰爭；②嘗試亞當・史密斯的經濟理論；③推廣喝早茶及下午茶的風俗；④給城市中多生孩子的家庭提供補貼。女王應該選哪一個？財富是由人創造的，人口越多則經濟越繁榮，所以女王選擇了④。

　　結果怎樣呢？這位女王等待二十年，也沒有看到期待中的經濟繁榮。而鄰近國家的一個海港城市經濟卻一直在高速增長。女王苦悶之時，來到這個海港城市做客，市長給她端上來一杯茶……合乎邏輯的「補貼生育」，沒有效果；毫無道理的「茶文化」，卻帶來了經濟繁榮。這還有天理嗎？

　　我們用系統思考的方法來分析此事的蹊蹺之處。一個系統包括三個構成要件：要素、連線關係、目標或功能。系統中的要素很多，我們將對目標成敗有重要影響的因素稱為關鍵變數。系統中的連線關係有因果鏈、增強迴路、調節迴路、滯後效應等。

①　**關鍵變數**：「經濟繁榮」是女王這個國家系統追求的目標，她選擇了「城市人口」作為關鍵變數。

②　**因果鏈**：系統中因素很多，它們之間有因果連繫，可以用因果鏈來表達這些因果連繫。例如：生育補貼帶來人口增加；經濟繁榮，導致城市移民增加。另一方面，人口增加導致居住空間擁擠，又造成了疾病

蔓延、死亡人數增加。

③ **增強迴路**：增強迴路又叫做正回饋，指因與果之間相互促進，因增強果，果反過來又增強因，形成了一個相互增強的迴路，一圈又一圈循環增強。例如：生育補貼增加了城市人口，更多人創造財富，促進經濟繁榮；經濟繁榮，吸引外來移民，再創造更多財富……因增強果，果增強因。

④ **調節迴路**：調節迴路又叫做負回饋，是指某個輸出結果，反過來抑制了原因的輸入，抵抗系統變化或讓增強迴路失效，促使系統趨於穩定。例如：城市人口增加，導致過度擁擠；過度擁擠，造成疾病蔓延；疾病蔓延，降低了出生率，增加了死亡率，又反過來減少了城市人口。

⑤ **滯後效應**：原因與結果之間有個時間差，導致了反應延遲，這就是滯後效應。孩子出生，二十年後才能再生孩子；新增人口，幾十年後才會死亡。因果之間，相差幾十年，讓迷失在現象中的女王，難以做出準確判斷。

我們似乎找到了問題的關鍵。「生育補貼」刺激人口增長，這是增強迴路；「疾病蔓延」抑制人口增長，這是調節迴路。因為忽視了「疾病蔓延」這個調節迴路，又由於滯後效應，最終讓女王白白浪費了二十年的努力。

可是，為什麼「茶文化」這個聽上去不可靠的選項，能給那個海港城市帶來經濟繁榮呢？

因為當時的歐洲的城市排汙系統很落後，市民喝的生水都很不衛生，導致病菌傳播和疾病增加，所以死亡率居高不下。而喝茶，首先要把水燒開，這個步驟就殺死了很多病菌，提高了公共衛生水準，抑制了疫病的流行。後來，那個海港城市所在的國家，大力推廣「茶文化」……逐漸成了稱霸世界的「日不落帝國」。

參考數據：劉潤，《商業洞察力30講》

企業是一個營利系統，抽象來看也包括三個要件：要素、連線關係、目標或功能。企業營利系統的構成要素包括：經營體系三大要素（經管團隊、商業模式、企業策略）、管理體系、槓桿要素（企業文化、資源平臺、技術厚度、創新變革），如圖 7-1-1 所示。連線關係與前文相同，常用的有因果鏈、增強迴路、調節迴路、滯後效應等。目標或功能對應企業營利系統的「目標和願景」。針對特定的目標和願景，我們從所在的企業營利系統中找到一個或幾個關鍵變數，作為統領系統運動變化的「先鋒官」，也是分析或建設一個系統的重要入手點。

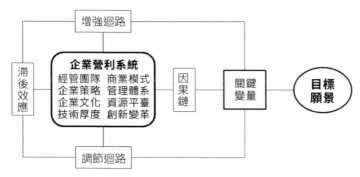

圖 7-1-1　企業營利系統的要素、連線關係、功能或目標等構成要件示意圖

　　下面對企業營利系統的要素、連線關係、功能或目標等構成要件進行一些簡要的解釋和闡述。

●（1）目標和願景

　　它在系統三大要件中的說法是「目標或功能」。企業營利系統的功能是「透過持續創造顧客營利」，最終展現在一個又一個企業目標的實現。企業的目標向上更新，各階段策略目標連線起來，就是企業願景。企業的目標向下展開，是兩組目標體系：其一，從長期到短期的策略或戰術目標，例如：五年策略目標、年度目標、季度目標、月度目標；其二，從上至下，公司整體、部門、班組、個體的目標逐級展開。

● (2) 關鍵變數

　　為實現企業目標，先要找到一個入手點，從企業營利系統中找到一個或幾個關鍵變數。俗話說，貪多嚼不爛，通常找到一個最關鍵的變數即可。企業營利系統的功能是創造顧客及營利，所以絕大部分情況下，關鍵變數都應該在商業模式的構成要素範圍內尋找。

　　講到亞馬遜的案例，混沌大學創始人李善友說，貝佐斯把所有資源都投入在不變的事物上。哪些是亞馬遜認為的「不變」呢？目標客戶有長期不變的三大需求：第一，無限選擇；第二，最低價格；第三，快速配送。亞馬遜為實現策略目標挑選關鍵變數時，通常從這三個「不變」的範圍中選擇。

　　與亞馬遜的三個「不變」類似，對於電商企業來說，目標客戶的需求不外乎「多、快、好、省」──品種多、物流快、產品好、價格低。針對自身特色、所處階段，電商企業可以從中挑選一個或幾個作為關鍵變數。

　　在企業實踐中，針對不同的企業目標、策略對策目標或部門目標，對應的關鍵變數也是大相逕庭，有可能是重複購買率、顧客滿意度、客單價[04]、淨利潤，也有可能是合格率、產出量、融資額、留存使用者數或月活使用者數等。

● (3) 因果鏈

　　為實現目標，從關鍵變數出發，透過構成結構，找出因果相關變數因素，並畫出一系列因果鏈。有人說：「白痴讓事情變得更複雜，智者讓事情變得更簡單。」沿著因果鏈，順藤摸瓜，找到與之相連的「原因變數」，然後驅動原因，解決問題。這就是：菩薩畏因，眾生畏果。

　　例如：甲企業品質部門有一項年度目標是，A類新產品的品質合格率從90％提升到97％，並選定配置×裝置為這個品質改善系統的唯一關鍵變數。以×裝置為入手點，沿著裝置獲得因果鏈，順藤摸瓜，找到裝置供應

04　顧客平均購買商品的金額。

商、工程安裝公司、購置資金、銀行貸款、擔保企業等一系列相關原因變數，再沿著裝置運轉因果鏈，找到操作人員及培訓、附屬裝置及工具、材料供應、業務流程、環境達標及場地準備等相關原因變數。釐清因果鏈後，後續就是協調各部門配合，共同驅動原因、解決問題，獲得結果、實現目標。

● (4) 增強迴路

　　對於實現目標，如果需要某一個或多個關鍵變數因素連續增長，這就用到增強迴路。像月活使用者數、營業收入、利潤等關鍵變數，都是需要連續增長的，所以其中要設定增強迴路。咖啡飲料、網約車等服務企業，都會用到裂變行銷來增加留存使用者總數或月活使用者數。裂變行銷就含有至少一個增強迴路。例如：顧客小欣購買了一次這類服務，同時她還獲得幾張下次購買此服務的優惠券。如果她推薦一位好友購買此服務，不僅她的好友享受免單待遇、幾張優惠券，而且她本人還可以再獲得一次免單機會。她推薦的好友越多，她獲得的免單機會就越多。她推薦來的好友，也同樣享受如此「裂變」帶來的免單或優惠待遇。

　　增強迴路與複利效應、滾雪球、指數增長、飛輪增長、贏家通吃、馬太效應等叫法不同，它們背後的數學原理是相似的。在企業營利系統中使用增強迴路，找到關鍵變數及後面的原因後，下一步就要為它們配置人才、資金、物料等相關資源。

● (5) 調節迴路

　　筆者剛開始工作時就在想，企業是如何從「小不點」逐漸做大做強的？筆者的師父給出的答案是「狠狠地賺錢，慢慢地花錢」。「狠狠地賺錢」用到增強迴路，而「慢慢地花錢」就用到調節迴路。企業的成本費用要控制好，不能盲目地快速增長；現金儲備不能過少或突然驟降，防止出現經營危機；員工隊伍、股權結構要穩定等，這些都用到調節迴路。人的

體溫為什麼能一直保持在37℃？因為調節迴路在發揮作用。當人體的溫度低了，身體就會增加代謝，提供需要的熱量；當溫度高了，身體就會排汗，帶走熱量。就像體溫調節，企業的調節迴路如此循環不斷地發揮作用，就能控制住那些不應該盲目增長或下降的指標了。

● (6) 滯後效應

　　開一個小吃店，早晨買菜，中午賣飯，只用半天現金就回籠了，資金的滯後效應不明顯。如果像華為海思那樣搞晶片研發，投入很多年，每年投入幾十億上百億，遲遲看不到利潤，這就有明顯資金回籠滯後效應。像新品開發、人才培養、產品製造、股權投資等，企業經營管理的諸多活動都會存在滯後效應。滯後效應有一定的副作用，克服的方法有：提前預測，盡早啟動可能滯後的活動或專案；建立資金、人才、物料的安全儲備或緩衝池；縮短因果鏈，減少滯後；採用工業4.0或工業網路等科技手段，減少滯後效應。

　　圖7-1-1可以作為企業的一張系統營利地圖，從系統思考的角度協助經管團隊做到「狠狠地賺錢，慢慢地花錢」。避免用瑣碎的忙碌，掩蓋系統上的無知！它尤其有益於協助企業各層面制定策略指導方案，根據實際狀況和需要繪製，然後掛在牆上，成為經管團隊能看到的「作戰」地圖。

7.2　企業是一個耗散結構系統，如何避免熵增？

🗐 重點提示

　　※ 智力資本與反熵增有什麼關係？

　　※ 企業如何才能做到有效耗散？

　　曾經的獨角獸公司熊貓直播倒閉了。2019年12月，熊貓直播與數十位投資人達成協定，近20億元鉅額投資損失全部由專案實控人承擔。熊

貓直播倒閉的原因可以總結為經營失敗與管理混亂的「雙殺效應」。

倒閉之前，熊貓直播的經營失敗表現在：經管團隊內耗、「佛系」、不作為。在直播平臺這個發展迅速的行業，熊貓直播已經逐漸掉隊，與主營業務相關的各項數據不增反降，在排行前一百的主播中找不到一位熊貓直播的主播。

關於熊貓直播的管理混亂程度，我們聽聽它的主播怎麼說。主播阿超說：「熊貓的主播是所有直播平臺裡最舒服的。我們平時播四五個小時，人數掉了也不管。等到月底瘋狂補時長，然後拿全額薪水。一件事走程式少則半個月，多則一兩個月，還不定有結果。」主播顏丟丟說：「大部分員工上班就是打遊戲。一部分員工早上十點到公司打卡，但沒有到公司上班，而是回家繼續睡覺，到了晚上六點再打一次，一天的工作就結束了。」另外，主播外出做活動，費用不僅報銷，而且隨隨便便就能報好幾萬……一個趕上了直播風口、資金雄厚、老闆自帶流量的大公司，硬生生變成了「養老院」。

經營失敗與管理混亂都會讓企業熵增。熵是衡量系統混亂程度的度量，熵增，表示系統變混亂。如果一個企業持續熵增，混亂到一定程度，那麼它就走向死亡。如何反熵增？有兩條路徑：一條是透過經營發展引進負熵流，另一條是透過管理提升持續減熵值。

1998年，亞馬遜成立才三年，規模還很小，創始人貝佐斯就在致股東信中明確提出：我們一定要反抗熵增。至今，亞馬遜在全球擁有七十五萬員工，企業市值達到1.34兆美元（2020年6月26日）。貝佐斯是如何反熵增的？網上有很多相關媒體報導或研究數據，簡要歸納為：其一，從經營發展上引進負熵流，重視「自由現金流」和「可選擇權」，以電商平臺為依託，沿著核心業務不斷擴張，開闢一個又一個新事業。其二，從管理提升上，有這樣一些減熵的做法：①抵制形式主義；②小團隊，整個亞馬遜都要按照不多於十人的「兩個披薩團隊」模式進行重組；③保持系統開放。

自由學者王東嶽說：「隨著時間的推移，任何組織一定會變得渙散化、官僚化、失效化並最終走向死亡，這中間最大的力量就是因為組織的熵增。」

物理學家薛丁格（Erwin Schrödinger）說：「自然萬物都趨向從有序到無序，即熵值增加。而生命需要透過不斷抵消其生活中產生的正熵，使自己維持在一個穩定而低的熵水平上。生命以負熵為生。」

管理學家杜拉克說：「管理要做的只有一件事情，就是如何對抗熵增。在這個過程中，企業的生命力才會增加，而不是默默走向死亡。」

企業家任正非說：「華為發展的過程就是對抗熵增的歷程，組織的發展就是建立一系列耗散機制，化解熵增，即熵減。否則組織越來越臃腫龐大，而效率則會越來越低下。」

本書前面幾章重點闡述了企業營利系統，其中有很多內容相關於經營發展，也有內容相關於管理提升，它們都是反熵增的重要方法或手段。在諸多企業的反熵增實踐中，還有很多非常有效的做法，筆者將它們概括總結為：穩健成長、提升智力、開放優化、有效耗散，如圖7-2-1所示。

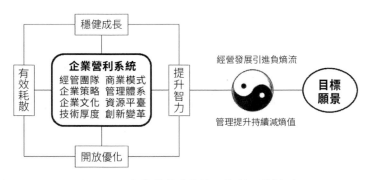

圖 7-2-1　企業營利系統的反熵增思維模型

● (1) 穩健成長

穩健成長就是沿著核心業務有機擴張，不能盲目多元化，不能冒進。奧坎剃刀原理說，「如無必要，勿增實體」。增加實體，看起來有利益，但

是還帶來了持續的熵增。如果企業開闢的新業務太多、太散，還期望它們高速成長，這時資源或能力就可能跟不上，那麼它們不僅不會帶來負熵流，而且會讓企業熵增、陷入經營管理混亂。

　　透過總結國內外企業案例，學者張瀟雨認為，企業無法穩健成長而最終導致失敗有以下五大原因：①產品沒人要；②無法保持專注；③增長不能量化，如果依靠稀疏的客戶隨機購買，那麼產品銷售就具有較高的不確定性；④沒有預算及投資報酬意識，隨意亂花錢；⑤動機錯誤，如果長期為了錢而經營企業，那麼更容易去投機，承受不住所謂「機會」的誘惑而偏離自己的核心能力。對照來看，這五個方面都無法為企業帶來負熵流，反而不斷帶來熵增讓企業消亡。

● (2) 提升智力

　　提升智力就是持續增加企業的智力資本。舉個極端的例子，如果讓一群狼來管理一個很好的企業，這個企業很快就完蛋。在經營管理方面，人比動物強大，是因為人有智力。同理，同一個行業中好企業與壞企業的差別，更多是企業之間智力資本的差別。提升企業的智力資本，可以持續改善經營業績，為企業引進負熵流；促進管理水準提高，不斷減熵值。智力資本包括人才資本、組織資本和關係資本。如何提升智力資本呢？可參照章節 6.2 的相關論述。下面列舉一個華為引進人才，提升公司人才資本的案例。

　　2009 年，加拿大北電網路公司申請破產，Nokia 和愛立信拚命爭搶它的資產、裝置、技術、專利等。而這一切，華為都瞧不上。

　　北電網路的一個工程師拖著疲憊的身體回到家裡。所在公司破產了，他覺得自己的未來一片黑暗。

　　這時，一位獵頭公司的高階合夥人來到他家裡，拿出一份錄用通知對他說，華為公司對他非常敬重，希望他到華為工作。他現在的年薪是 12 萬美元，華為給他 24 萬美元，另加 3 萬美元特別津貼，一共是 27 萬美

元。他所在的辦公室是在二樓靠窗的一個位置。願意的話，明天就可以去上班，現在就簽合約。

● (3) 開放優化

當系統趨於封閉時，熵增會變得更嚴重。所以，避免熵增的有效方法就是，建立一個能和外界不斷進行能量、物質、資訊交換的、流動的開放系統。這樣的開放系統叫做耗散結構系統，是由一位叫普里高津 (Ilya Prigogine) 的科學家提出。他也因為提出這個理論獲得 1977 年的諾貝爾化學獎。生命體屬於耗散結構系統，企業屬於生命體，所以企業營利系統也是耗散結構系統。

只有與外部環境頻繁進行人才、資金、物質、能量與資訊交換，才能為企業持續引進負熵流、避免熵增。首先，企業要保持人才培養方面的開放性，包括人才的吐故納新、內部輪崗流動、消除「部門牆」與官僚主義、引進外部優秀人才等。其次，企業與利益相關者之間保持開放性，包括持續疊代產品以超越客戶期望、不斷探索新的細分市場、持續吸納優秀供應商、透過私募股權融資等。最後，企業要保持與外部環境資訊溝通的開放性，包括跟蹤競爭者的發展動態、了解總體經濟動態、洞察行業發展趨勢及相關科技創新進展、持續向外界學習等。

開放系統的內部也需要不斷自我優化。對於企業營利系統來說，包括對經管團隊、商業模式、企業策略、管理體系（組織能力、業務流程、營運管理）、企業文化、資源平臺、技術厚度、創新變革等相關內容的持續優化與提升，讓經營管理的空間結構及時間次序更有序、更規範、更精益。

● (4) 有效耗散

對於企業這樣一個耗散結構系統來說，一邊從外界吸收能量、物質及資訊資源，一邊在內部發生各種新陳代謝反應，透過吐故納新，持續促進自身

進化與發展。前者是一個吸收過程，後者是一個耗散過程。耗散促進成長與進化，也為了更好地吸收。如此不斷循環，就是生命體的成長與發展。

華為創始人任正非說：「公司長期推行的管理結構就是一個耗散結構。我們有能量一定要把它耗散掉。透過耗散，使我們自己獲得一個新生。什麼是耗散結構？你每天去鍛鍊身體跑步，就是耗散結構在發生作用。為什麼呢？你身體的能量多了，把它耗散了，就變成肌肉了，變成堅強的血液循環了。當多餘的能量被消耗掉了，糖尿病也不會有了，也不會肥胖了，身體也苗條了、漂亮了，這就是最簡單的耗散結構。」

透過企業耗散結構系統的有效耗散，華為把營利耗散於技術創新、人才培養和引進；炸開人才金字塔的塔尖，勇於探索科技領先的「無人區」；開放合作，厚積薄發，讓企業持續獲得新生。

企業是一個生命體，而生命以負熵為生！企業將引進的外部資源及自身營利，持續耗散到人才資本、組織資本和關係資本等智力資本中，讓經營更有成效，讓管理更有秩序。透過有效耗散，既避免了熵增，也有利於持續為自身引進負熵流。

7.3　公司進化：
企業家的萬丈豪情與營利系統的保守邊界

🗃 重點提示

※ 如何理解非平衡態、非線性與企業成長、進化的關係？

※ 樂視集團提出的「生態化反」，為什麼有些不可靠？

華為的一位高管回憶說：「在 1993 年，有一段時間，華為連薪資都發不出來，任老闆（任正非）給我們簽借據，說我們會成為中國最大的通訊企業。我們當時都笑了，怎麼可能，我們都活不下來。」現在，華為 5G 技

術全球第一，自研麒麟晶片。2019年，華為的營業收入幾乎等於百度、阿里巴巴、騰訊三家的總和。

原南德經濟集團董事長牟其中300元起家，做了三件大事「飛機易貨、衛星發射、開發滿洲里」，讓他名震江湖，一度成為中國首富。他還揚言要把喜馬拉雅山炸出一個洞，讓印度洋的暖風吹到中國，改變那裡的自然環境，將青藏高原乃至整個大西北的貧瘠土地都變成富饒的魚米之鄉。

2003年，在淘寶問世的時候，馬雲說：「就算用望遠鏡，也找不到阿里巴巴的競爭對手在哪裡。」當時B2B平臺慧聰網創始人立刻透過媒體回應：「馬雲能說出這種話，不是其他企業家無能，就是馬雲自己無知。要不是他的望遠鏡有問題，就是他的眼睛有問題。」

美國企業家馬斯克的目標和願景是要將一百萬地球人送上火星！為此，他成立SpaceX低成本火箭製造公司，推出特斯拉電動汽車，做星鏈網路，正在試製速度超過1,000公里／小時的膠囊高鐵，創立腦機介面公司⋯⋯這些有點「瘋狂」的創業，都是為「將一百萬地球人送上火星」做準備的專案。

在2013年12月12日的「中國經濟年度人物」頒獎典禮上，小米創始人雷軍向格力董事長董明珠提出1元「賭約」：小米網路模式將在五年之內戰勝格力的傳統製造模式，五年後看小米與格力的營業收入高低來論輸贏。董明珠霸氣回應：「要賭就賭10億」。立下賭約的2013年，小米的營業收入為316億元，格力的營業收入為1,200億元。2018年，小米手機產品出貨量一億多部，全球排名第四，總營業收入達1,749億元；格力電器總營業收入達到2,000億元，歸母淨利潤達到262億元。

2013年，海航集團曾對外宣稱：「2020年，海航將進入世界五百強前一百名左右，營業收入在8,000億到1兆。」然而，到了2020年初，在7,000多億負債的重壓下，海航已經漸進「歸零」。有人感嘆道：頭兩三年

海航「買買買」名動江湖，可以說是不可一世；2017年以後，又遇到如此巨大的流動性困難，債務逼門，「賣賣賣」又出盡洋相。

企業家的「豪情萬丈」及創業者誇下的海口，有的已經兌現了，有的事業失敗了。辦企業、搞事業有巨大風險，也有「成功之路」可循。本書章節2.2中曾講到企業家精神追光燈模型，它包括「使命、願景、目標客戶、奮鬥者、核心價值觀」五個方面內容。尤其提到，企業的使命和願景組合起來，自始至終、以終為始地往復貫通，就是企業家精神的「浩然之氣」。

將企業家的「豪情萬丈」形象一些表達：企業家肩負企業使命，攜企業營利系統向目標和願景出發。出發點與目標和願景的位置之間圍成了一個營利圓錐體，其兩側是保守主義邊界，擺動幅度比較大的那條曲線叫做企業家豪情線，如圖7-3-1所示。

有人說，企業家的腎上腺素水平比較高，經常有豪情萬丈的決策。如果這些決策比較可靠，企業家豪情線落在保守主義邊界之內，就會為企業帶來營利累積；如果這些決策非常不可靠，企業家豪情線跑出保守主義邊界，那麼就會給企業帶來風險。

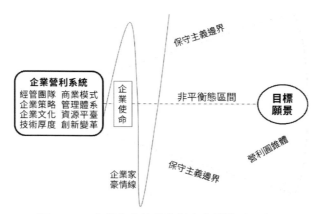

圖 7-3-1　企業家豪情線與保守主義邊界示意圖

企業營利系統之所以能夠不斷趨向目標和願景，是因為它的內部始終處於非平衡態。這就像飛機發動機，由於處於非平衡態的高溫高壓氣體持

續向後噴射，才能促進飛機不斷高速前行。優異的耗散結構系統有四個主要特點：開放性、負熵流、遠離平衡態、非線性。遠離平衡態即處於非平衡態。上一節講了開放性與負熵流，下面看看非平衡態和非線性對於企業營利系統成長與進化的主要影響。

　　非平衡態的對立面是平衡態。當熵增到極大值時，耗散系統處於最混亂的狀態，這時就處於平衡態。試想在一個房間的整個空間雜亂地堆滿了各種物品，任何物品都無法移動了，這個接近於「死亡」般的靜止狀態，就是系統的平衡態。當一個企業現金流枯竭時，經營管理活動不能再運轉了，企業營利系統的狀態就近似於平衡態，也就是熵增到極大值的狀態。這樣看來，耗散結構平衡態中的「平衡」與通常所說的動態平衡、陰陽平衡、盈虧平衡中的「平衡」，其含義大相逕庭。

　　當企業營利系統處在遠離平衡態時，經營管理活動才能釋放更多活力。對於企業來說，其遠離平衡態的程度取決於兩個因素：一個因素是企業家的「萬丈豪情」。它轉化為企業的策略意圖、展開為策略指導方案。在策略的引領下，從無到有，企業要有很多創造，在這個過程中企業營利系統必然要遠離平衡態。另一個因素是企業擁有的智力資本、貨幣資本及物質資本，它們保障策略有效落實，與企業營利系統能夠遠離平衡態的程度高度相關。

　　「吃的是草，擠出的是奶」，這是因為奶牛這個生命體處於非平衡態。由於較長期正確遠離平衡態，一些公司創造了輝煌與奇蹟：小米創業九年後躋身世界五百強；拼多多在電商行業逆襲成功，與淘寶、京東並駕齊驅；特斯拉後來者居上，迅速成為新能源汽車第一品牌；華為公司掌握領先世界水準的5G技術；賈伯斯帶領蘋果創造智慧手機奇蹟……

　　當企業營利系統處在遠離平衡態時，它就可能具有對輸入的非線性放大作用。單利是線性增長，複利、指數增長都是非線性增長。1993年華為

公司都發不起薪資時，任正非敢說「我們會成為中國最大的通訊企業」。確實，後來華為的營利系統有了非線性放大作用，一個小的輸入就能產生巨大而驚人的效果。1987 年華為創立，1998 年營業收入 89 億，2008 年營業收入約 1,200 億，2018 年營業收入超過 7,200 億元。放大尺度看，三個同樣的十年間隔，華為的營業收入分別增加了 88 億、1,110 億、6,000 億，差值特別大，這就是非線性增長。

企業的非線性增長，源於優秀的企業營利系統具有諸多增強迴路，具有自我增強放大的機制。在普里高津提出的耗散結構理論中，要素的漲落導致了系統的有序。所謂漲落，就是對平衡位置的偏離，為系統走向有序、進化、發展提供可能。企業營利系統的非線性放大能力，可以將輸入的資源及系統的能力協同一起，整合成為一些巨漲落。巨漲落促進事物發生質變與躍遷，所以它促進企業的成長與進化。但是，如圖 7-3-1 所示的企業家豪情線，一旦巨漲落嚴重越界，就會給企業帶來隱患，甚至毀掉整個系統。

按照樂視集團經管團隊的初始設計，企業將擁有內容、電視、手機、汽車、體育、網路金融、網路雲端等七大生態系統。然後，他們開始積極地撮合這七大生態之間發生「生態化反」，即生態化學反應 —— 各個生態系統之間相互合作、資源可重複互用，實現巨大的經濟價值。先不要更新到生態系統，從 T 型商業模式的產品組合角度看，這麼多產品組合在一起，結構太複雜，物極必反，形成飛輪效應太難了。再說，企業營利系統的成長與進化是一個持續優化的過程。尤其像樂視集團，當時智力資本還不夠精益充足時，依靠融資一下子搞這麼多生態系統，試圖透過人為努力讓它們之間同時實現整合與合作。其結果是，系統中融資驅動的非線性放大效應極度失真偏離，造成諸多巨漲落嚴重越界。

所謂「有矛就有盾」，矛盾能夠促進企業進化與發展。如圖 7-3-1 所

示，當創業者或企業家有「豪情萬丈」的決策衝動時，企業家豪情線需要受到保守主義邊界的約束。一說到保守主義，人們往往會將它看作「進步」的對立面，聯想成守舊、迂腐、頑固、落後的代名詞。實際上，這是對保守主義的誤讀。學者朱小黃認為：「保守主義並不反對進步，並不排斥創新，而是強調傳承，強調對事物內在規則的認知和遵守，反對『幻想式』的激進變革。保守主義並不是故步自封。」

在筆者看來，保守主義就是保住、守住一些基本規則和底線。例如，對於企業擴張進化來說，經管團隊要共同建立保守主義邊界認知，有以下五條基本規則或底線可供參考：①是不是沿著比較強大的核心業務有機擴張；②是不是相關多元化擴張；③是不是連續創業者或企業家領軍；④是否符合企業擴張期相關理論模型；⑤特別重大決策是否有「虛擬專家組」或私董會3.0支持等。

僅對照上述①來說，樂視集團沒有像阿里巴巴那樣比較強大的核心業務，只是將七大業務系統「捆綁」在一起，期望它們發生「生態化反」。這就像一棵沒有樹幹，而是七個超大型的樹杈連線在一起的「超級大樹」。也許旁觀者清，而當局者迷。

7.4 湧現模型：行業領先者是如何練成的？

重點提示

※ 為什麼說所在的環境對一個企業的影響也比較大？
※ 如何利用金字塔湧現體系助力企業發展？

在晶片製程領域，有一種叫光刻機的重大裝備。一家叫阿斯麥的荷蘭公司，它生產的光刻機有「印鈔許可證」之稱，一臺就賣1.2億美元，以74%的市場占有率幾乎壟斷全球市場。

早在 1980 年代，阿斯麥還只是飛利浦旗下一家只有三十一位員工的合資小公司。在那個晶片製程還停留在微米的時代，光刻機的本質其實與「投影儀＋照相機」差不多，能做光刻機的企業少說也有數十家。恰逢那個年代，日本尼康公司憑藉著相機技術的累積，成為全球光刻機領域當之無愧的大廠。

誰也不曾想到，近四十年後，阿斯麥這個原來的「灰姑娘翻身成了王后」，以處於壟斷地位的 EUV（極紫外光刻）光刻機執掌起了全球晶片代工廠的生殺大權。

想當年，阿斯麥抓住的第一個機遇是什麼呢？ 1990 年代末，摩爾定律持續發展，但光刻機的光源波長被卡死在了 193nm。行業大廠尼康公司決定走穩健路線，採用 157nm 的 F2 鐳射，一步步來。在這樣的對弈中，阿斯麥選擇「賭一把」！大膽採用臺積電工程師林本堅提出的「另類」技術路線：在光刻機的透鏡和矽片之間，加上一層水。透過光的折射原理，讓原有的鐳射波長，從 193nm 縮短到 132nm。這種方法被稱為沉浸式光刻技術。後來，阿斯麥賭贏了！ 2004 年造出了第一臺沉浸式光刻機，然後拿下了 IBM、臺積電這些大客戶的訂單。尼康在這場比賽中落伍了，隨後市場佔有率第一次被阿斯麥反超。

阿斯麥贏下的第二步棋是什麼呢？ 1997 年，英特爾與摩托羅拉、AMD（超微半導體公司）、IBM 等全球有名的美國半導體公司，聯合三個美國國家重點實驗室，共同成立了一個叫 EUV LLC 的聯盟。這個聯盟主張採用 EUV，也就是極紫外光刻方案。美國能源部批准阿斯麥進入這個聯盟，成為 EUV 相關技術創新落實的裝置廠家。由於美國對日本技術崛起的擔憂，尼康公司被排除在這個聯盟之外。從此，阿斯麥成了美國半導體行業的「政治盟友」。

阿斯麥贏下的第三步棋是，在美國及 EUV LLC 聯盟共同支持下，阿

斯麥用25億美元收購EUV光源製造商美國Cymer公司。Cymer公司擁有頂尖EUV光源技術，在全球範圍內數一數二。透過這次收購，阿斯麥又完全控制了EUV光刻機的核心零部件，從而讓行業競爭者及潛在進入者望而卻步。為了表現誠意，阿斯麥同意在美國建立一所工廠和一個研發中心，以此滿足所有美國本土的產能需求。另外，還保證55%的零部件均從美國供應商處採購，並接受定期審查。所以，為什麼美國能禁止荷蘭的光刻機出口中國，一切的原因都始於此時。

2012年，英特爾連同三星和臺積電，三家企業共計投資52.29億歐元，先後入股阿斯麥，以此獲得優先供貨權。與目標客戶結成緊密的利益共同體，這算阿斯麥在光刻機領域贏下的第四步棋。

參考數據：劉芮、鄧宇，＜光刻機大敗局＞，
微信公眾號：遠川科技評論

簡要概括地說，經過以上「四步棋」，阿斯麥成為晶片光刻機領域處於壟斷地位的領導者。從企業營利系統角度說，阿斯麥這個行業領導者是「湧現」出來的。諸多企業想成為行業領導者，以它們掛在牆上的企業願景為證：……成為××行業的領導者！但是，如何「湧現」一下，讓牆上的口號變成現實呢？

由於系統中的非線性作用，導致某些變數從量變到質變，所以，一個非線性系統的整體與部分之和不相等，兩者之間的差異就是湧現。按照凱文‧凱利在《失控》中的說法，在湧現的邏輯裡，2＋2並不等於4，甚至不可能意外地等於5，卻有可能2＋2＝蘋果。舉個例子，我們的智慧手機可以有影像、聲音，能夠進行銀行理財、移動辦公等成千上萬種功能，背後不過是「0與1」的湧現。

企業營利系統是一個有生命的耗散結構系統，是企業家或經管團隊驅動的非線性系統，所以一定存在湧現。將一個創業企業很快湧現成一個行業領

導者，這個難度是極高的，除了經管團隊的努力，還需要環境機遇等多種因素的作用。雖然羅馬不是一天建成的，但是路對了，目標就一定可以實現。

我們可以建立一個企業營利系統的湧現模型，如圖7-4-1所示。參考這個模型，透過經管團隊的努力，持續為企業湧現優秀的產品組合及智力資本，當然，也會伴隨著湧現出一些問題和困境。但是，如果解決了那些困擾企業發展的問題和困境，並且產品組合及智力資本等能不斷地優化更新，那麼企業就向成為行業領導者的目標邁進了一步。

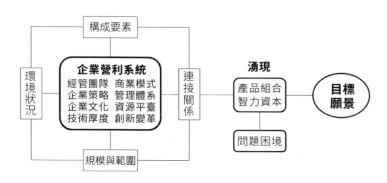

圖 7-4-1　企業營利系統的湧現模型

參照學者苗東昇的說法，構材效應、規模效應、結構效應、環境效應四者共同造就系統的整體湧現性。圍繞企業營利系統，如何讓湧現發生呢？如圖7-4-1所示，從系統構成、自身及所處的環境出發，可以從四個方面入手：一是改變系統的構成要素或不斷優化系統的構成要素；二是改變系統要素之間的連線關係，也稱為改變系統結構；三是改變系統的規模與範圍；四是改變系統所處的環境狀況。

● (1) 構成要素

系統是由要素構成的，它們是湧現的根基。除了初始要素差異、調換要素可以創造不同的湧現外，要素自身的持續疊代也會導致系統湧現。經管團隊、商業模式等都是企業營利系統的一級要素。由於這些要素的差

異、替換及持續疊代，從而導致企業迥異的命運。例如：由於郭士納及其助手加入，共同改變了IBM；由於熊貓直播領導者的「佛系」管理，導致了企業的失敗。同樣是電商平臺的拼多多、京東、淘寶、網易精選等，它們的商業模式不同，湧現出的企業生態也就具有巨大差異。

● (2) 連線關係

連線關係是系統構成的三大要件。要素的連線關係改變後，系統的結構就會改變，這可能創造出湧現。最典型的例子是石墨與鑽石，它們都由碳原子組成，但是連線關係不一樣，導致兩者湧現出的效能大相逕庭。再如：業務流程、組織結構等屬於企業營利系統的二級或三級要素，它們其中含有很多連線關係。企業搞業務流程創新、組織結構變革，實際上主要是改變其中的連線關係，從而讓企業湧現出一些優異的競爭力。

● (3) 規模與範圍

企業營利系統的規模與範圍不同，含有的要素、連線關係也就不一樣，並且出現了層次性的差異。「船小好掉頭」，說明小企業反應快，具有靈活性；「船大不怕浪高」，說明大企業勇於投入，抗風險能力強。一家公司在成就事業方面往往優於一個人奮鬥，是因為公司規模大，能夠創造出更多的湧現。以格力電器、春蘭空調來舉例說明，在某個產品領域，往往專一化的企業（窄範圍）能夠湧現出競爭力，而多元化的企業（寬範圍）更可能湧現出系統混亂。

● (4) 環境狀況

「橘生淮南則為橘，生於淮北則為枳」，是因為環境狀況在為系統提供「營養」，並可能改變系統要素及連線關係。中國深圳之所以湧現很多的科技創新型企業，是因為一座城市的產業鏈、供應鏈、人才鏈及文化氛圍

等，都會滲透影響到企業營利系統。如果當初Nokia智慧手機事業部設立在美國矽谷，也許後來Nokia的命運就會不一樣。「敲鑼打鼓招商，關起門來打狗」，這也是一些營商環境差的地區，入駐企業較難「湧現」而出的原因。

　　根據上文阿斯麥案例的有限數據，對照以上四個方面，我們看看它是如何湧現而出的？第一步，阿斯麥選擇了沉浸式光刻技術，實際上改變了產品組合的構成要素及連線關係。第二步，阿斯麥獲準加入美國EUV LLC聯盟，是在全球範圍改變了自己的環境狀況，這既可以吸收EUV LLC聯盟無償提供的世界頂級技術創新「營養」，也為產品推廣拿到了全球通行證。第三步，收購美國Cymer公司，不僅增加阿斯麥的業務規模與範圍，而且EUV光刻機產品的構成要素及連線關係獲得進一步加強。第四步，阿斯麥獲得英特爾、三星、臺積電的鉅額股權投資，與它們結為「企業所有者」聯盟，這標誌著企業貨幣資本及關係資本的極大提升，大幅改善企業營利系統中商業模式的資本要素。

　　參考本書章節6.2的圖6-2-1，企業營利系統中有一個金字塔湧現體系。在系統營利場的作用下，首先，將進入企業或企業擁有的各種資源湧現為智力資本。智力資本就像一個魔術袋，人力資本、組織資本、關係資本都在其中了。其次，從智力資本中湧現出企業競爭力。最後，在企業進化擴張過程中，湧現出核心競爭力。並且，競爭策略的核心內容是如何達成產品組合的差異化，而透過金字塔湧現體系可以助力實現產品組合的差異化。

　　至此，「為什麼優秀企業難模仿」就有一個來自「系統思考」的答案：在構成要素、連線關係、規模與範圍、環境狀況等四個方面，優秀企業能夠持續推動從量變到質變的各種積極性湧現，促進企業營利系統不斷成長與進化；企業作為生命系統，與宇宙中生命萬物一起，沿著時間之矢前行，時光不可倒流，那些積極性湧現及其過程不可逆、難以重現。

第 8 章　私董會 3.0：
三個臭皮匠，如何勝過諸葛亮？

本章導讀

　　董事會背後的邏輯是「誰出資多，誰的話語權就大」，所以董事會在議題表決時的決策失誤也比較多。而私董會 3.0 背後的邏輯是：誰最懂企業、最有智慧，誰的建議就最值得關注。

　　與腦力激盪式的私董會有所不同，私董會 3.0 分為私董會之前、私董會之中、私董會之後三個階段。其中私董會之前、私董會之後更加重要，是私董會的實質所在。

　　如果把召開私董會解決相關高難度經營問題，比作發射一個衛星到太空去，那麼大家在會議上「吹吹牛」是不能把衛星發射上天的，而是必須透過結構化工具與模型，分析研討所遇到的高難度、複雜性、不確定性問題，再透過不斷疊代收斂，找到解決方案和實施路徑。

　　並且，建立學習型組織，才是永不落幕的私董會！

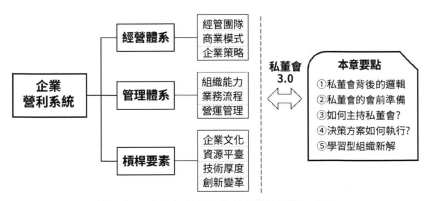

第 8 章要點內容與企業營利系統的關係示意圖

8.1　私董會初探：如何避免形式主義？

📚 重點提示

※ 私董會3.0分為哪三個階段？其重點工作內容各是什麼？

※ 企業有董事會，為什麼還要搞私董會呢？

我們從小到大接受的教育，其哲學方法論以「還原論」為主。從局限性看，還原論這種無限分解、不斷拆分的方法，很容易讓我們「只見樹木，不見森林」。儘管有些教科書安排有目錄、總論、總結等「整體論」的部分，但是整體論只是還原論的簡單逆向操作，並非真正的系統論，所以仍難以有力地協助我們在實踐中進行系統思考。

一個企業領導人能夠系統思考，才能駕馭整個企業營利系統。本書前1～6章闡述企業營利系統的各個構成要素，並在第7章安排有系統思考的相關內容。暢銷書《賦能》中有句話：「還原論思想深入社會肌理。」所以，系統思考何其難！套用杜拉克談管理本質的那句話，莫非系統思考也是「不在於知，而在於行」？

系統思考的助力模型透過虛擬專家組、私董會、營利三會、團隊修練四個方面來助力經管團隊進行系統思考，如圖8-1-1所示。

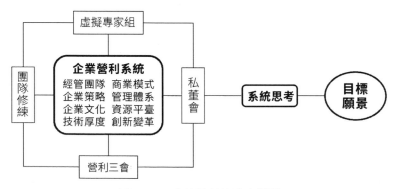

圖 8-1-1　系統思考的助力模型

● (1) 虛擬專家組

現在科技創新型企業增多，團隊背景以技術創新、產品研發為主，而精通企業經營管理且有系統思維的人才相對比較缺乏。本書章節2.1曾講到，一個「鑽石級」的經管團隊應該是「行動者、對外者、思考者」三種角色的搭配。從公司治理看，有董事會、管理層這樣的策略決策與管理執行團隊，但是缺乏專門的參謀顧問團隊。

彌補手段之一是成立為企業經管團隊服務的虛擬專家組，人數可多可少，少則一到兩人，多則七到八人。虛擬專家組成員有這樣三個特徵：

① 他們是「旁觀者」，多數成員獨立於企業的組織結構之外，並不專職在企業工作。

② 他們通常是科技前沿、經營管理、創業投資領域的資深人士，有相關業績、成功經驗或經歷。

③ 他們通常與企業領導人有密切的個人關係，勇於直言不諱、提出異議或批判性建議。

例如：祖克柏（Mark Zuckerberg）創立臉書之初，只是一個20多歲的輟學學生。十多年後，臉書已經是全世界市值排名前十的公司之一，祖克柏也從一個「1.0」的創業者成長為了極具系統思考能力的「3.0」企業家。祖克柏背後就有一個強大的虛擬專家組，成員包括巴菲特、賈伯斯、西恩‧帕克（Sean Parker）、馬克‧安德里森（Marc Andreessen）等。

● (2) 私董會

私董會是私人董事會的簡稱。目前共有三種形式的私董會，分別稱為私董會1.0、私董會2.0和私董會3.0。

私董會1.0最流行，容易組織，也比較常見。它的普遍形式為：在私董會導師的主持下，十多位企業老闆找個度假村之類的風景區聚在一起，

針對某一個企業的特定問題，大家積極發言，進行一次「腦力激盪」。畢竟，經過認真甄選後，參會者都是有些經驗的企業領導人。如果大家勇於相互批判、積極提出建議，透過去中心化的平等交流，最終還是能解決一些令老闆們困惑的問題。

私董會2.0可以認為是「私董會1.0＋專業諮詢」的組合。它的主要特色如下：首先，它有一個強大而專業的組織機構，構成人員包括總裁教練、領導力教練、企業家教練、祕書、研發中心顧問等。其次，透過事先精心挑選，企業家教練都是相關領域小有成就的企業家，且有一定水準的教練技能。最後，經過私董會2.0後，通常會延伸一項或幾項針對企業問題的專業管理諮詢服務。

私董會3.0是由筆者從風險投資、投後管理的長期工作實踐中，摸索總結出的一套私董會方法論。私董會3.0並不是私董會1.0或私董會2.0的更新版，它只是為了相互區分的一個特定名稱。概括來說，私董會3.0有如下三大特色：

首先，私董會3.0的核心宗旨是「三個臭皮匠，勝過諸葛亮」、「自己最懂自己，自己的問題自己解決」，所以它的參會人員主要由本企業的經管團隊成員構成，包括企業領導人、相關高管、若干外部董事等，視具體問題也會邀請一些外部專家參與。

與私董會1.0及私董會2.0有所不同，在私董會3.0參會人員中，將盡量避免邀請外部的企業老闆或企業家。這樣做的理由有三點：

① 私董會3.0會議召開之前，參會人員要投入較多的精力，來做各種會前準備。而外部邀請的企業老闆都比較繁忙，還有一些「自信滿滿」，所以這些會前準備工作很難認真推行。私董會通常討論本企業中比較高階、複雜、不確定性而又現實的難題。沒有調查研究，就沒有發言權！如果與會者對企業情況不了解，又沒有充足的會前溝通與

準備，那麼召開這樣的私董會，就可能變成形式主義至上的會議。

② 私董會3.0注重結構化分析、工具使用及理性的論證邏輯，而那些外部的企業老闆，不僅對企業缺乏了解，發言也不必承擔責任，而且表述的內容主要是自己的感性認知和經驗操作。

③ 當然，有人會擔憂這種「以內部參會人員為主的私董會3.0」，沒有民主氣氛或無法去中心化。其實，這並不是問題，也有辦法避免。新一代企業領導者大部分不再是「土皇帝」、一言堂的風格。並且，會議主持人會事先提醒平時「愛講話」的企業「一把手」，讓他（她）盡量少發言、多傾聽。私董會3.0主要討論商業模式與策略問題，基本不涉及敏感或隱私內容，所以參會人員能夠積極發言、多提建議。

其次，私董會3.0圍繞企業營利系統發現問題、解決問題，透過理論與實踐相結合的方式，培養經管團隊的系統思考能力。

私董會只是一個會議形式，而促進企業營利系統成長與發展才是硬核內容。私董會3.0聚焦的主要問題是：①商業模式創新及優化所面臨的機遇與困境；②企業發展策略問題。除了以上兩類重點內容之外，私董會3.0也會輔助討論一些諸如管理體系中的組織結構調整、企業文化中的核心價值觀、創新與核心競爭力等方面的難點問題。

最後，功夫在詩外！私董會3.0分為私董會之前、私董會之中、私董會之後三個階段，其中私董會之前、私董會之後更加重要，是私董會的實質所在。

「私董會之中」是指私董會的會議召開期間，通常為一天，很少超過兩天。儘管「私董會之中」是一個重要的節點，但是對於討論的重點問題，「私董會之前」就已經進行了結構化梳理，並且大致「成竹在胸」。私董會的適時召開，只是為了統一思想和認知，再次交流觀點、讓創新湧現，讓解決方案更上一層樓。「私董會之後」主要聚焦在會議方案的具體執

行與落實。本章隨後的 3 節，將分別介紹私董會之前、私董會之中、私董會之後的相關重點內容。

● (3) 營利三會

企業的營利三會是指董事會、策略會、經營分析會。董事會主要為企業的重大發展議題表決，背後的邏輯是「誰出資多，誰的話語權就大」，所以這種表決的決策失誤也比較多。有道是，善於從失敗中總結經驗教訓，也可以培養經管團隊的系統思考能力。策略會按年度召開，經營分析會月度或季度召開，它們都是圍繞企業營利系統，分別討論企業全網網域性性經營管理方向與方案、績效偏差及改進措施等問題，所以有利於培養經管團隊的系統思考能力。

● (4) 團隊修練

本書章節 2.1 中曾講到，為了實現針對企業營利系統的系統思考，經管團隊修練主要包括這三項內容：動力機制、團隊合作與能力建設，簡稱為「鐵人三項」。此外，彼得‧聖吉提出的「五項修練」也是企業團隊培養系統思考能力的重要參考內容。本章最後一節將專門討論「五項修練」及建構學習型組織。

8.2　私董會之前：答案在現場，功夫在詩外

🐚 重點提示

* ※ 對於腦力激盪式私董會，為什麼缺乏合格的「教練導師」呢？
* ※ 為什麼私董會 3.0 召開之前要做「四項準備」呢？

從形式上說，私董會是一個研討問題的會議，所以需要一個會議主持人。私董會 1.0 將這樣的主持人稱為「私董會導師」，私董會 2.0 稱之為「總

裁教練」，也可以合稱為「教練導師」。私董會3.0有所不同，稱之為「私董會幹事長」（簡稱為「幹事長」）。

儘管這只是稱呼不同，但是有所謂「名不正，則言不順」。當組織由十多位企業老闆參加的腦力激盪式私董會時：一方面，會議主持人追求去中心化，鼓勵參會老闆平等對話；另一方面，又必須樹立會議主持的權威，構造一個讓參會者佩服的人造「中心場」，否則就會鎮不住場，導致會議失敗。這也是為什麼私董會1.0、私董會2.0將會議主持人稱為私董會導師或總裁教練這麼「大氣」名稱的原因。

私董會3.0不建議樹立會議主持的權威，所以將會議主持人稱為幹事長。幹事長就是默默做實事的人：一方面要有意淡化自己的權威性，甚至有意弱化自己的存在，以鼓勵其他參會人員多提建議、積極貢獻；另一方面，幹事長又是整個私董會的組織者、主持人、調研員、培訓師，也應該是一位經營管理方面的資深專家顧問，所以要扎扎實實做好這一系列密切關聯的具體工作。

私董會3.0的組織機構特別簡單，外部人員只有一位幹事長，其餘人員全部來自私董會所服務的企業。可以這樣理解，私董會3.0就是企業的一個重要內部會議，幹事長為這個會議提供策劃、組織、調研、訪談、主持、撰寫報告、專家顧問等所有服務。

腦力激盪式私董會是將企業的這種內部會議完全外部化，形成一個由第三方承擔的商業服務專案。它的假設前提是：那些高階、複雜而又現實的經營難題，依靠企業自身的董事會、策略會是無法解決的。外包給顧問公司，獲得的諮詢報告很可能是紙上談兵，執行與落實風險非常大。國外流行私董會，××私董會教練工作坊正規專業，教練導師實力堅強，專門為國內企業組織私董會。私董會能夠邀請到諸多高水準的企業家參會，讓企業家與企業家「碰撞」，透過交流，智慧就湧現出來了，可以解決企業

面臨的那些複雜而現實的經營管理難題。

　　腦力激盪式私董會在落實後，一下就面臨著缺乏優秀教練導師這樣的問題。目前來看，這樣的問題基本沒有解決方案，原因如下：

① 由不固定的十多位外部的跨行業企業老闆參加的腦力激盪私董會，其把控難度是非常高的。即便是「神仙」級的教練導師也難每次都搞定 —— 讓「豪情萬丈」的企業老闆們一次又一次服氣又服帖。

② 作為第三方商業機構，私董會工作坊要盡量多組織私董會，以擴大影響力和增加營業收入。曾有一家私董會工作坊，一年為一百多家企業組織召開私董會，平均每兩天換一家企業。所以，教練導師不可能對所服務企業的實際經營有深入了解。另一個例子，一家企業的老闆特別愛交際應酬、交朋友，在一年的時間裡，先為自己公司搞了十二場私董會，然後這位老闆就成為某工作坊的兼職教練導師。私董會是解決企業面臨的高階、複雜又現實的難題。如果會議主持人沒有足夠的時間深入了解企業的問題，僅靠重複主持腦力激盪式會議，很難成長為一個合格的教練導師。

　　私董會 3.0 的假設前提是：那些高階、複雜而又現實的不確定性經營難題，已經超出了企業董事會、策略會的能力範圍，依靠外部專業顧問公司給出的「一紙方案」也是不切實際，依靠一次跨行業企業老闆的腦力激盪式私董會給出解決方案很難有實際效果。解鈴還須繫鈴人，私董會應該是「董事會＋策略會＋虛擬專家組」三者取長補短的更新版，主要由企業經管團隊成員與少量的外部專家共同結合成一個研究小組，一起學習探索、開會討論，找出解決方案。

　　這樣的私董會需要一名幹事長，負責會議流程和結構化梳理，將散亂的群體智慧裝進一個「容器」內，然後帶領大家逐步找到解決問題的優選方案。所謂「三個臭皮匠，勝過諸葛亮」、「自己最懂自己，自己的問題自

己解決」，問題的答案在現場、在內部，「功夫在詩外」……這些都是私董會3.0的底層認知邏輯。

私董會3.0（後文簡稱「私董會」）同樣面臨著「幹事長」人才缺乏的問題。由於企業人才的局限性及職位歷練的不充分性，所以通常情況下私董會的幹事長來自企業外部。投資機構的投資經理、高校的管理學者、顧問公司的管理顧問等都可以是私董會幹事長的人才來源。筆者以眾合創投／鼎鑫國際資本的投資經理身分，曾經為所投資企業組織了多次私董會，不僅對這些企業的成長幫助很大，而且自己收獲良多。

從實踐來看，企業每年至少需要一次策略會及董事會，兩三年或更長時間才需要一次私董會，所以私董會更加重要。就像會考、學測、考研等重大考試，人的一生經歷不了幾次，但是有志者要在考試前做足夠充分的準備。同樣，私董會對於企業的重要性堪比人生的會考、學測、考研，並不是搞一次腦力激盪會就能解決問題的，而是應該做足夠充分的準備。

稻盛和夫說，「答案在現場，現場有神靈。」對於企業組織私董會，可以用「答案在現場，功夫在詩外」來概括並指明努力的方向。為了成功組織一次私董會，如何極大地挖掘企業內部的智慧潛力及做好充分的準備呢？

私董會召開之前，通常要做四項準備工作，分別是：訪談與預備會、掌握所用工具、三七問題歸集整理、分析匯總報告，如圖8-2-1所示。

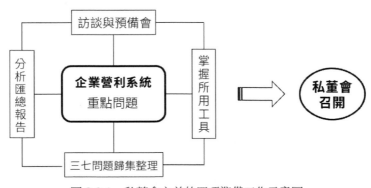

圖 8-2-1　私董會之前的四項準備工作示意圖

● (1) 訪談與預備會

在私董會召開之前一個月左右，幹事長就要到位並開始工作了。首先，幹事長要盡快搞清楚，所服務企業召開這次私董會要解決的重點問題。根據筆者的實踐經歷，從企業營利系統看，60%以上的私董會重大問題集中在商業模式創新與變革層面，主要聚焦在產品組合及相關方面，重點包括：新產品如何評估和選擇、老產品如何更新、新舊產品如何搭配、組織結構如何配合、選擇什麼行銷模式等，並與外部環境突變、競爭對手「硬球」對抗、第二曲線轉型、行業正規化轉移、重大技術突破、嚴重經營失誤等重大事項或緊要問題密切相關。其次，透過與企業的領導人、市場策略部建立連繫，透過Line、電話、電郵等方式保持溝通，獲得企業經營管理相關的數據。透過研究這些數據，試圖發現解決私董會重大問題的路徑線索、需要的分析工具、可能的備選方案等。最後，幹事長要到企業去，透過擬好的訪談或會議提綱，與企業領導人、相關高管中層、市場策略部人員等進行面對面訪談、召開小範圍的預備會議，重點是摸清存在的問題、發現潛在的機遇及風險、建立信任，共同探討或收集大家對突破困境、解決問題的基本看法和建議等。

● (2) 掌握所用工具

如果把召開私董會解決相關高難度經營問題，比作發射一個衛星到太空去，那麼大家在會議上「吹吹牛」是不能把衛星發射上天的，而是必須透過結構化工具、模型來分析這些高難度、複雜性、不確定性問題，再透過不斷疊代收斂、找到解決方案和實施路徑。例如：對於是否要進入一個新行業，通常用五力競爭模型進行分析；對於產品組合更新換代，通常要用到波士頓矩陣；對於商業模式或新產品定位，可以用 T 型商業模式的三端定位及產品組合理論；對於企業的產品組合擴張路徑，通常用核心競爭力模型分析；對於「二次創業」問題，可以採用「雙T連線轉型模型＋五力競爭

模型＋三端定位模型」進行組合分析。根據私董會涉及的重大問題，幹事長要即時整理出將用到的結構化分析工具或模型的相關學習及案例數據，透過小組培訓、互動研討、角色扮演、抽籤講解等多種形式，讓參加私董會的成員能夠實際應用這些工具模型，對研討的問題進行結構化分析。

● (3) 三七問題歸集整理

幹事長設計一個問題回饋表格，包括企業存在的三個重大問題（或機遇）、七個一般性問題（或優點），合起來簡稱為「三七問題」。這個「三七問題」表格可設計得簡單一些，只是為了反映問題；也可以設計得複雜一些，包括原因分析、主要難點、建議等。幹事長透過諮詢企業領導人或市場策略部，列出一個需要填寫三七問題表格的人員名單，然後歸納這些人員的填寫情況，並與其中有深度思考能力的人反覆溝通，以進一步了解企業的經營管理現狀及未來發展機遇。

● (4) 分析匯總報告

透過企業內部訪談、三七問題歸集整理、行業研究、利益相關者調研等盡職調查與研究工作，最後幹事長要撰寫一份《××公司私董會問題分析匯總報告》。該報告分為三大部分：問題描述、結構化分析、備選方案。建議該報告使用PPT檔案形式，一般不超過五十頁，要圖文並茂、有圖有真相，以方便召開私董會時演示和講解。其中問題描述包括面對的重點問題、因何而起、歷史沿革、環境狀況等內容；結構化分析是指利用結構化工具、模型對重點問題進行分析的部分；備選方案是指列出若干解決問題的預選方案（通常不超過三個），並盡量給出各方案的優勢與劣勢、所需資源、回報價值、風險評估等方面內容。

以上「私董會之前的四項準備工作」，看起來不難，但是做好它們，要切實認真地下功夫。就像捏個壽司不難，即使笨人看幾遍，也能大致模

仿，而「壽司之神」小野二郎已經捏了六十年壽司，仍然認為自己的手藝還有很大的進步空間。

　　像學測、飛船登月、重大比賽等一樣，越重要的事，越要認真準備。為解決重大問題而召開私董會，是企業最重要的事，所以非常有必要認真充分地進行會前準備。筆者發現很多企業，招待意向客戶是非常認真準備的，組織公司年會也是認真準備及彩排的，但是召開董事會、決策重大議題時卻不太願意認真準備。

　　事物從量變到質變，有一個臨界點。舉辦私董會也是如此，「臨門一腳」的成功，80%以上取決於事前的認真準備。

8.3　私董會進行中：如何湧現出破局方案？

重點提示

※ 私董會主持人與一個影視導演有什麼相似之處呢？
※ 為什麼私董會主持人要具備業務流程及動態系統思維呢？

　　私董會是一個比較重要的研討會議，除了會前一個月左右的充分準備外，還要進行必要的會議設計。會議設計就是做一個會議計劃，可以借鑑本書章節 4.4 中圖 4-4-6 所示的 5W2H 計劃方法。

◆ What：私董會的會議目標是什麼？通常是為企業經營面對的重大問題找到一個解決方案。

◆ Who：參會人員有哪些？八到十二人，其中企業領導人、相關高管等直接參與經營管理的成員占一半以上，其餘為公司董事、專家顧問等。

◆ When：會議在什麼時間召開？私董會研討重大不確定性問題，所以通常安排在公司董事會及策略會之前舉行。為減少干擾或不耽誤工

作，可以選擇在週六舉行。如果一天不夠，可以週日繼續召開。

◆ Where：會議在什麼地點召開？可以選擇在公司周邊比較僻靜、風景優美的地方。

◆ Why：私董會的因果邏輯是什麼？遵循「描述問題→結構化分析→方案選擇」三步驟因果邏輯。

◆ How：私董會的流程方法是什麼？由幹事長主持，透過系統化的業務流程作業控制方法，讓參會者、重大問題、因果邏輯三者之間一起發生「湧現反應」，最後獲得會議期望的目標或結果。

◆ How Many：舉行會議所需要的服務支持及人財物準備有哪些？按照公司行政所規定的會議標準進行預算和準備。

可以將組織私董會需要的5W2H相關內容，分別放入系統的「要素、連線關係、目標或功能」三個構成要件中。由此設計的是一個召開私董會的形式系統。它也是一個由人（幹事長）驅動的動態系統。

關於「如何開一個高效會議」，可以參照三星公司的開會「八個必有」，即：凡是會議，必有準備、必有紀律、必有議程、必有結果、必有訓練、必有守時、必有記錄、必有事後追蹤。

參會者之間相互有所了解，有利於大家在會議上積極發言與討論。公司高管、董事、專家顧問等私董會參會者之間，應該是相互熟識的。有些情況下，邀請的專家顧問與其他參會者不太熟悉，或者幹事長與公司董事、專家顧問不是特別熟悉。通常，私董會前一天會安排一個晚餐，讓參會者有機會相互了解。

俗話說：好的開始，就是成功的一半。一個私董會有三個開始：其一，幹事長提前一個月所做的相關調研、檔案數據準備；其二，公司行政人員按照5W2H所做的會議計劃與安排；其三，會議正式開始的前後時間段。

私董會議開始之前，可以安排兩到三個互動小遊戲，讓參會者的身

體、大腦、心情三者活躍起來。此外，講一下會議規則，重點是讓大家把手機關機或調整到無聲音，螢幕朝下放置到會議桌中間。告訴大家，每六十分鐘會議將安排十分鐘茶歇時間，讓大家檢視一下手機、回覆重要的電話或訊息。會議桌上不必放水果、點心，咀嚼的聲音及桌面太散亂等，都不利於高效專注地開會。

　　私董會由幹事長主持。視情況而定，可以先安排二十分鐘時間讓參會者預習會議數據，主要閱讀那個預先準備的《××公司私董會分析匯總報告》。該報告要彩色列印並正式裝訂，人手一冊，便於會議開始及過程中參會者查閱和記筆記。會議正式開始後，可以安排公司領導五到十分鐘簡短致辭。開會還是需要儀式感的，它有利於會議的實質性內容展開。

　　幹事長如何主持及把控會議？就像企業中的產品製造或提供一項服務，我們可以把私董會看成是一個產品交付的過程，如圖8-3-1所示。它包括三個步驟：從描述問題開始，然後進行結構化分析，最後總結出幾個可選擇方案，並在其中選擇一個最優方案。既然私董會類似一個產品交付的過程，我們就可以用業務流程思維來理解「如何主持和把控會議」。

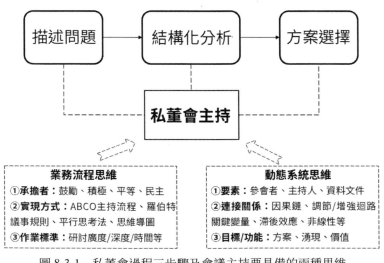

圖 8-3-1　私董會過程三步驟及會議主持要具備的兩種思維

在章節5.3曾講到，一項具體的業務流程通常包括六個要素，應該重點關注承擔者、實現方式、作業標準這三項屬於輸入要素的因素。

　　私董會的承擔者是所有參會人員，當然也包括作為會議主持的幹事長。在會議主持的引導下，大家共同創造一個開放、包容的環境，平等、民主的交流溝通氣氛，力求鼓勵每一個參會者積極發言，毫無保留地貢獻自己的看法、建議，讓個體智慧協同起來形成群體智慧，推動會議成功召開並取得成果。如果公司領導人比較強勢，平時各種會議上喜歡滔滔不絕地講話，那麼這次私董會之前，幹事長就要預先與他（她）做一個溝通，建議他（她）要少講話、多傾聽，帶頭遵守各項會議規則和紀律，盡量不要批評他人，說話語氣也不要過於強勢。

　　至於會議流程中的實現方式，比較常用的有ABCO會議引導流程、羅伯特議事規則、平行思考法、心智圖等會議管控或輔助工具。ABCO會議引導流程來自卡內基（Dale Carnegie），主要用於引導所有參會者專注於會議重點內容並積極貢獻，它有行動（Action）、好處（Benefit）、共同面對挑戰（Challenge）、克服困難（Overcome）等四個引導邏輯步驟。羅伯特議事規則大部分適用於私董會，幹事長可以從中選取一些內容來參考，例如：動議中心原則、主持中立原則、一時一件原則、機會均等原則、發言完整原則、文明表達原則等都有利於私董會的主持和控制。平行思考法的提出者愛德華博士（Edward de Bono）說，「平行」意指進入旁邊的路徑，從而在不同的模式中進行轉換，而不是像垂直思維那樣沿著既定的路徑一直走下去。「六頂思考帽」是平行思維的一個代表性工具，不同顏色的帽子代表不同模式的平行思維，例如：當主持人宣布對某個問題進行質疑時（類似於戴上了黑帽子），參會者只可以發表各種負面、質疑、批判性意見；當主持人宣布對某個問題進行肯定時（類似於戴上了黃帽子），參會者只可以發表各種樂觀、讚揚、建設性觀點……平行思維讓大家充分討論和發表

某一類型觀點，也可以避免「雞對鴨講」式的激烈爭吵。在私董會討論過程中使用心智圖，有利於激發參會者的創造思維、發散思維，也可用來對問題進行不同層級、不同構成要素的結構化展開。

　　對於私董會流程中的各項內容，幹事長要有一系列讓參會者參考或遵守的作業標準。例如：誰來進行問題描述，大致用多長時間？結構化分析步驟中哪一步是重點模組，誰來分析，需要多長時間，使用哪個分析工具？方案選擇步驟有幾種備選方案，哪一種要詳細闡述優勢與劣勢等，哪一種可以一帶而過？總之，對「分析匯總報告」疊加作業標準，就形成了私董會的演出「劇本」。幹事長就是私董會的「總導演」，負責對這場演出的內容進行輕重布局、先後布置、安排研討深度與廣度、分配角色與時間等。

　　上文講到透過 5W2H 計劃方法設計的私董會是一個形式系統，而幹事長主持私董會就是將這個形式系統有效地動態化。參見圖 8-3-1，用動態系統思維看，私董會也是由要素、連線關係、目標和功能系統三要件構成，沿著時間展開的主流程因果鏈是：存在問題→原因分析→方案或結論。這能給我們什麼啟發？例如：從構成要素看，甲參會者不善言辭，也不積極發言，但是他很有思想；乙參會者，特別愛講話，但是廢話太多。會議主持就要有意識地鼓勵甲多發表意見，延長他的講話時間，而盡量減少乙的說話機會，限定他的發言時間。幾位參會者討論問題時，轉移到了另一無關的事，「跑題了」但相談甚歡。主持人就要使用調節迴路，將跑題者拉回到原來的問題中來。如果 A 問題討論還不充分，但是大家感覺黔驢技窮，那麼可以暫時跳轉到 B 問題，待條件成熟時再返回 A 問題的討論中。大家討論 X 問題時思如湧泉，觀點碰撞累積，建設性觀點接踵而來，但這時午餐時間到了，怎麼辦？主持人應該延後午餐時間，不要打斷原來的增強迴路，讓大家的討論繼續，可以適當提供一些水果、點心，直到把這一議題的價值盡善盡美地湧現。

如圖8-3-1所示，以業務流程思維和動態系統思維，私董會主持人的重點工作是推動「描述問題→結構化分析→方案選擇」這三大步驟。

　　在描述問題階段，通常由公司領導人有所準備地發言，其他經管團隊成員補充。描述問題不能輕描淡寫，也不能有所顧忌，要堅持講真話，勇於揭短亮醜、自我批判。任正非說：「極端困難，把我們逼得更團結、更先進、更受使用者喜歡，逼得我們真正從上到下能接受自我批判、自我優化。」

　　結構化分析就是圍繞關鍵問題，利用分析工具或模型，從上到下或從整體到部分，層層剝繭地發現原因、尋找或評估解決方案。為此，要利用一些與企業營利系統相關的工具模型。舉例來說：A公司的創始人是一個科學家，他特別喜歡開發新產品，久而久之A公司有三十多種計劃推向市場的新產品。由於產品太多，沒有規模經濟效應，所以A公司的經營陷入了困境。這是一個私董會的實際案例。我們應該如何對A公司存在的問題進行結構化分析？第一步，可以用五力競爭模型結合行業研究方法，分析這些產品各自在相關產業結構中的競爭力。第二步，對於認定有競爭力的部分產品（通常取前20%），再用三端定位模型及波士頓矩陣進行結構化分析，形成一個包括明星產品、現金牛產品、幼童產品、瘦狗產品的產品組合。第三步，利用核心競爭力模型、T型同構模型，結合市場空間預測，分析哪一類產品可以成為培育公司核心競爭力所需要的根基產品。

　　在一次私董會中，大約80%的時間用在結構化分析步驟上。如果結構化分析完成得好，那麼私董會的第三大步驟「方案選擇」就會自然流現、水到渠成。「自然流現」是U型理論的關鍵詞，相當於忽然頓悟、破局而出──找到了問題的根源，自然而然地湧現出問題的解決方案。透過結構化分析，有可能最優方案破局而出，而大多數情況下，一般會自然流現出兩三種備選方案。「方案選擇」就是在這些備選方案中選擇一個最優方案。

8.4　私董會之後：讓「子彈」再飛一會兒

🗄 重點提示

※ 企業如何從「黑天鵝」事件中獲益？

※ 如何讓優選方案「是騾子是馬拉出來遛遛」？

　　私董會之後，要有一個會議紀要。如果不搞形式主義的話，那麼會議紀要就應該簡明扼要，有利於方案落實就行了。一個私董會的會議紀要，主要包括以下五方面的內容：①會議的成果或結論，對優選方案的簡要闡述；②參會者的重要建議或觀點匯整；③重點採用的分析工具或模型及其論證要點；④待議或未盡事項的下一步安排；⑤優選方案的接續執行安排。

　　因為有了事先的充分準備，幹事長的高效推動與主持，私董會通常為一天時間，至多不超過兩天。有的企業領導習慣於不斷開會，遇到重大事項，長期懸而不決，時斷時續地開會討論，通常要搞上幾個月甚至一至兩年。他們這樣做的理由，大概因為像企業轉型、產品組合建構等涉及私董會所要討論的重大事項，怎麼可能一天就有結果？歷史上有一些重大會議，確實延續時間很長。例如，十九世紀，歐洲各國幾乎都參加的維也納會議，從召開到結束接近一年。第一次世界大戰之後的巴黎和會，也持續了六個來月。現在呢？即使是非常重要的國際首腦會議，也就舉行一至兩天時間，彼此之間真正的會談時間，也就幾個小時。原來靠烽火臺或騎馬傳遞資訊，現在是 5G 通訊時代，人類可能要移民火星，所以開會也必須跟上時代節奏。

　　有的專家說，一些企業開會或培訓，就像「鴨子到水裡游了一圈，上岸後撲騰撲騰翅膀，什麼都沒有留下」。像產品交付那樣，每次開會或培訓也是在做產品，所以必須有成果交付，尤其像私董會、董事會及策略會等重大會議，切忌搞形式主義。「少即是多」出自德國極簡主義建築大師密

斯·凡德羅（Mies der Rohe）的名言。就像賈伯斯做產品，一個企業的重大會議不要多，而要少而精，一定要有成果交付。

私董會結束之後，有所謂「扶上馬，送一程」之說，幹事長還要在企業繼續留駐若干天時間，主要工作包括以下兩部分：其一是推進與落實此次私董會未來得及討論的「待議或未盡事項」。私董會是與企業相關的「大咖」、要員參加的會議，大家在一起常常會湧現出很多意料之外的思路或想法，其中很多思路、建議或資源或許有巨大的潛在價值，但需要進一步探索和調研。其二是對此次私董會的會議成果進行落實執行與營運安排。根據筆者的實踐總結，這方面工作主要涉及以下四項內容，如圖8-4-1所示。

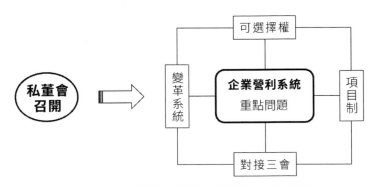

圖 8-4-1　私董會之後的四項落實工作示意圖

● (1) 可選擇權

可選擇權近似實物期權。通俗地說，可選擇權就是對於不確定機會盡早布局，以較小的投入博取未來的巨大機會。如果「賭」輸了，由於起初投資不大，所以損失很小；如果「賭」贏了，就進一步追加投資，為企業擴張或轉型開闢一個有前景的發展方向。可選擇權的未來獲利稱為期權，有的專案期權價值很小，有的專案期權價值很大。延伸來說，內部孵化式創業、策略合作與併購、申請專利與註冊商標、培養有潛力的人才等，都屬於採用可選擇權投資策略。

例如，賈寧的《財務思維課》中講到愛爾眼科利用可選擇權的案例：愛爾眼科作為一家上市公司，為增強自身實力和防止「錯失良機」，需要不斷對一些創新型有潛力的專案進行併購。倘若它直接併購，萬一這些專案表現不佳，則會影響到愛爾眼科的財務報表，進而影響投資者信心和股票價格。這種情況下，愛爾眼科或控股股東可採用可選擇權投資策略進行布局，通常是在上市主體之外設立一個風險投資基金，對市場上有潛力的專案進行投資或併購。如果這些專案後期表現不佳，則繼續留在風險基金中或設法「出手」；如果這些專案後期業績良好、潛力顯現，則讓上市公司愛爾眼科直接收購它們。

前文說過，私董會重點研討那些像企業轉型、產品組合建構等高階、複雜又現實的經營難題，最後從兩三種方案中優選一個方案時，經常會出現「兩難選擇」或「很難取捨」等決策困境。例如，2011年5月，上海拓璞數控科技股份有限公司（以下簡稱「上海拓璞」）獲得風險投資後，憑藉研發團隊掌握的具有極大進口替代潛力的五軸聯動加工技術，隨機試錯地進入多個航天軍工或民用行業領域，開發了二十多項新產品，最終導致企業陷入了經營困境。2012年12月，筆者為上海拓璞組織一次私董會，研討擺脫困境的方案。在私董會上，大家積極參與的結構化分析，一致同意砍掉其中大部分很難產業化或商業化的新產品，最後留下三大類產品：通用五軸機床、航空航天鑽鉚裝備、高階葉輪加工。這三大類產品就陷入了「很難取捨」的決策困境，需要進一步調研或者利用可選擇權策略，讓「子彈」再飛一會兒，等到情況更加明確時再決定去留。

暢銷書《黑天鵝效應》（*The Black Swan*）、《反脆弱》（*Antifragile*）的作者塔雷伯（Taleb）認為，「可選擇權」概念建立在以下三個認知之上：

① 這個世界將會發生什麼，我們是難以預測的。一些新產品、新業務所處的「世界」是一個複雜的混沌系統，我們人類的大腦常常無法預測

這個系統。

② 由於混沌系統非線性的存在，常常導致具有意外、重大影響為特點的「黑天鵝」現象發生。例如，由於新冠疫情的爆發，導致口罩、防護服產品銷量劇增，而航空巴運、旅遊度假等服務產業近乎停擺。

③ 面對無法預測的非線性世界，我們應該反脆弱，結合自身實際主動創造「可選擇權」，以便能從未來出現的對我們有利的「黑天鵝」事件中獲益。

引用學者賈寧的觀點，在面對不確定性投資決策時，可以這樣有效利用可選擇權：

① 面對高不確定性專案時，透過設計、植入可選擇權策略，讓投資具有柔性和靈活性。

② 透過盡早介入、小步快跑的可選擇權專案疊代方式，讓一些投資決策的試錯成本大大降低。

③ 可選擇權策略，非常適合那些階段性里程碑能夠清晰定義的專案。

● (2) 專案制

專案制近似內部創業孵化。經過私董會研討後，經過優選的方案專案要進入落實執行階段。其中一些屬於可選擇權專案，還有的屬於早期創新專案，它們並不適合成為公司主營業務的一部分，需要以專案制形式相對獨立地發展。我們可以將專案制管控的專案理解為一個小公司，專案負責人就是一個小公司的總經理，在預算範圍內有較大的決策權。列入專案制管控的專案，通常設定幾個里程碑。做到哪一個里程碑，公司就給予該專案預先承諾的資源支持。如果經過一段時間的營運，發現專案沒有前景，那麼就會提前止損、結束。

前述上海拓璞的案例中，私董會優選方案進入落實執行階段時，最終

將航空航天鑽鉚裝備列入公司主營業務，而將通用五軸機床、高階葉輪加工這兩項業務列入專案制孵化與管控專案。一年多後，經過進一步探索，根據專案的經營成果，決定將通用五軸機床專案暫時擱置，其階段性成果併入航空航天裝備業務；決定將高階葉輪加工以技術轉讓的方式打包出售。經過這樣的可選擇權及專案制安排，讓「子彈」再飛一會兒，上海拓璞找到了自己的主營業務，即「航空航天高階裝備定製化開發與製造」，逐漸明確公司的根基產品組合為五軸聯動與映像銑削系列高階裝備。然後，上海拓璞以此根基產品組合為基礎，持續培育企業核心競爭力。

● (3) 對接三會

　　這裡的三會是指董事會、策略會、經營分析會等營利三會。對於那些股權多元、公司治理相對完善的公司，私董會優選方案中的相關決策內容，還要形成適當的董事會議題，經過後續的董事會表決透過，才能進入落實執行階段。在一年一度的策略會上，也應該將私董會優選方案業務或專案列入公司策略規劃中，透過相應的策略指導方案轉化到企業的日常營運管理工作中。由於策略會與經營分析會的先後承接關係，列入策略會的私董會優選方案業務或專案也就列入了公司經營分析會的討論範圍。月度或季度召開的經營分析會，是對一段時間內公司營運管理績效的一次檢驗、偏差分析及未來計劃的調整與部署。俗話說，是騾子是馬拉出來遛遛！也就是，實踐是檢驗真理的唯一標準。經過若干次經營分析會後，私董會的優選方案是否可行，就會水落石出了。

● (4) 變革系統

　　正像前文所說，私董會研討的都是高階、複雜的大事，大部分與商業模式創新與優化相關，其優選出的方案落實執行與營運安排，常常涉及企業營利系統的變革。一般來說，企業營利系統的變革順序為：以商業模式創新、

優化為中心，首先涉及經營體系的經管團隊及企業策略的變革與調整，其次是管理體系方面組織能力（重點是組織結構）、業務流程及營運管理的改變或調整，最後是企業文化、資源平臺、技術厚度、創新變革這些槓桿要素的支持與匹配。對於企業營利系統變革，應該是一個有計劃、有步驟、循序漸進的過程，絕不可有一蹴而就的心態，所以切不可操之過急，以避免變革失敗或半途而廢。對於變革中涉及的專業性、確定性重大調整或管理提升，像精益製造、股權激勵、銷售改善、人才引進、私募融資等方面，如果企業能力不足或無暇顧及，可以請專業諮詢或仲介機構協助。

8.5　學習型組織：永不落幕的私董會

📚 重點提示

※ 為什麼說團體學習並不是讀書看報、培訓講課？
※《第五項修練》沒能在企業落地生根的原因是什麼？

　　現場研討會結束後，私董會將以「雲端組織」形式繼續存在。最簡單的私董會「雲端組織」形式，便是將參會成員聚攏在一起的社群。雖然一部分私董會參會者不在公司任職，他們可能分布在五湖四海，但是透過視訊會議、訊息交流、電郵溝通等形式，所有成員可以實時「遠距見面」、「遠距研討」而無障礙。

　　私董會社群應該是一個具有工作、學習、研討等多種功能的線上社群。作為負責私董會全流程的幹事長來說，如何辦好私董會社群，繼續讓大家貢獻思想和建議，發揮群策群力的作用，也是私董會之後評估落實的一項重要工作內容。

　　根據日本學者野中郁次郎的SECI知識管理模型，在一個學習型組織中存在四個知識互動作用場，即發源場、交流場、系統場、實踐場。私董

會社群是一個「雲端組織」學習平臺，也可以借鑑SECI模型中四個知識場的互動作用原理，讓自身獲得成長與進步。針對私董會社群來說，發源場是指知識從各個參會者個體的工作、學習場景中產生出來——這是知識創造的源頭。在適當的促進及激勵機制下，參會者有分享、討論的動機，就會將自己的思想建議、實踐感悟在社群中與大家相互交流。這是知識從發源場轉化到交流場。透過這個過程，個體的隱形知識變成私董會社群的顯性知識。透過相互交流，個體知識得到了昇華，並湧現創造出集體認可的新知識。系統場是指將私董會社群這個交流場創造出的集體認可的新知識，傳播滲透到企業營利系統中，成為全員都可以接受到的「廣泛性新知識」。實踐場是指企業全員將這些「廣泛性新知識」用到工作實踐中，不斷提升自身能力和組織能力，並最終凝結為企業的智力資本。當然，企業中有諸多知識發源場，只不過私董會成員位高權重，且他們的學習、創造及概念技能更強，所以他們的知識發源場占有較大的權重。像PDCA循環一樣，SECI的四個場也在不斷循環、持續提升。

　　建立學習型組織，需要以SECI知識管理模型為理論指導。私董會參與者由經管團隊成員和外部專家顧問構成，其中經管團隊占較大比例。從核心與外圍的關係看，經管團隊是核心，而外部專家顧問屬於外圍。經管團隊是企業營利系統的重要構成要素，也是企業營利系統的主要建構者，更是建立學習型組織的主導力量。

　　組織能力是經管團隊能力的全員化放大與擴張，是企業智力資本的主要構成內容。建立學習型組織是提升組織能力的最有效途徑之一。通常，私董會的研討會議一到兩天就結束了。而經管團隊帶領企業全員，建立學習型組織，從而讓組織能力、智力資本的疊加速度大於企業進化發展的速度，以不斷克服企業發展中遭遇的各種挑戰與困境。從這個意義上說，建立學習型組織，不斷提升組織能力，才是企業真正永不落幕的私董會。

除了上述SECI知識管理模型，彼得‧聖吉提出的「五項修練」也是建立學習型組織的重要理論指導模型。這「五項修練」分別是：自我超越、改善心智模式、建立共同願景、團體學習、系統思考，如圖8-5-1所示。

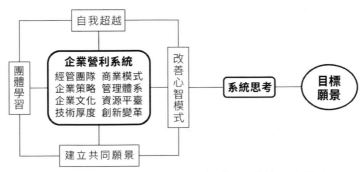

圖 8-5-1　圍繞企業營利系統進行「五項修練」示意圖

● (1) 自我超越

自我超越是指個體從現實到願景的超越。你面對的現實可以並不美好，像面臨困境、處處碰壁、資源短缺、創業維艱等，但你的願景可以是美好的、宏大的、充滿吸引力的，例如：成為知名企業家、帶領企業IPO、成為億萬富翁、成為世界級專家等。從現實到願景之間有一個巨大的差距，如何才能自我超越？這就用到其他四項修練：改善心智模式、建立共同願景、團體學習、系統思考。這四項修練完成了，尤其你能夠系統思考了，代表著自我超越大致完成了。真的這麼簡單與神奇嗎？首先，後面的這四項修練挺難的，大部分人完成不了。其次，自我超越是在團隊集體環境中的自我超越，而不是在深山密林中孤身一人的自我超越。最後，達成組織願景及團體學習是個體實現願景和自我超越的前提。每個成員都實現了自我超越，當然所在經管團隊就強大無敵了。

另一方面，如果個體意志力不足，也難以實現自我超越。現實到願景的差距，將形成結構性張力，它會激發一個人的前進動力。同時，遇到困

境，有些人就會唉聲嘆氣，導致前進動力不足，不是降低願景，只顧眼前利益，甚至甘於現狀，就是以情緒性張力抵消前進動力，讓自己返回舒適區而裹足不前。

一個企業在市場上難有建樹，其原因大多是企業領導人很難實現自我超越。筆者理解，人類的基因是「自私」的，利他是為了更好地「利己」，所以團隊「五項修練」應該重點關注個體的成長與發展，起點是個體的自我超越，終點也是個體的自我超越，這樣就形成一個首尾相連的閉環。其餘四項修練是閉環中的過程串聯節點，它們都是為了個體的自我超越。經管團隊中的每個成員都走在自我超越的路上，就是在建立學習型組織。

● (2) 改善心智模式

每個人都有一個與遺傳因素、成長環境與歷程密切相關的心智模式。結合企業來看，一些領導者存在諸如精緻利己、顯擺自私、投機鑽營、一言堂、「土皇帝」、盲目多元化、到處策略合作、拉幫結派、形式主義等形形色色不利於自我超越及企業發展的心智模式。如果我們把心智模式看成一個自己專有的特定「容器」，那麼它是否與我們追求的自我超越相匹配？如果嚴重不匹配，就要徹底改變心智模式；如果有些不匹配，就要優化調整自己的心智模式。

例如：「五項修練」中的團體學習要求每個團隊成員都要勇於自我批判、保持開放學習心態，而甲就喜歡誇耀自己，對別人指手畫腳、吹毛求疵。顯然，甲必須改變自己的心智模式，否則他在團隊環境中就修練不下去了。建立共同願景、系統思考修練也有對團隊成員諸如「不能搞獨立願景、不能區域性思考」等心智模式要求。換句話說，後續的團體學習、建立共同願景、系統思考等各項修練，也有益於改善個體的心智模式。前文說過，企業核心價值觀是對團隊成員的約束與要求，為個體在組織中的成長和發展指明方向，同時也有益於改善個體的心智模式。

● (3) 建立共同願景

　　團隊的共同願景就是企業願景，它是經管團隊各個體願景的總交集，也是團隊凝聚力的象徵。個體願景應該包含在共同願景中，而不允許出現游離於共同願景之外的個體獨立願景。在一個企業中，透過建立共同願景，可以讓每個人的努力與企業要求、整體目標統一起來。建立共同願景有以下三個步驟：

① 激勵個體願景，暢想企業願景。

② 綜合各個體願景，塑造出企業願景，即共同願景。

③ 領導者以不凡的胸襟和謙恭的態度傾聽實施過程中的不同意見，不斷優化個體願景和共同願景，讓兩者真正實現渾然一體、水乳交融。

　　有了共同願景，我們就會不執著於個別事件及短期利益，更容易看到事實和真相，減少工作中的衝突與矛盾，有利於培養團隊成員長期主義的心智模式。

● (4) 團體學習

　　團體學習是建立在個體學習基礎上的共同學習與提高，是建設學習型組織的核心內容，是提升組織能力及增加企業智力資本的重要途徑。曾有一位企業高管問筆者，平時看看短影音、一起討論社群文章、參加知識平臺、讀個總裁班、捧場各種演講等，算不算團體學習？勉強算吧。但是，如果這樣的「團體學習」過分了，那就是「不管自己的良田，專幫別人種禾苗」。

　　筆者認為，團體學習是指解決企業問題與困境的實踐過程中的共同學習。對照企業營利系統的各組成要素及其所屬各層級模組，找出哪些是薄弱環節，哪些存在問題與困境，哪些需要改善與提升？對於企業營利系統各個構成模組來說，像客戶服務、產品優化、品質提升、精益生產、技術

創新、文化傳播等方面，都有持續改善與提升的必要。可以根據各模組存在問題的輕重緩急，成立專案組，配置人財物資源，按照PDCA循環，掌握程式。團體學習並不是讀書看報、漫談閒聊，也不是轉發文章、培訓上課。積極解決實際問題的過程就是團體學習的過程，就是建立學習型組織的過程。對於專業度高的系統性問題，也可以請外部的顧問公司協助，但是企業應該配備與顧問公司一起工作的自有專案團隊。當顧問公司離開後，企業的專案團隊能夠將該專案持續提升和不斷改善。如何能讓「三個臭皮匠，勝過諸葛亮」，這是團體學習所要追求的目標。

● (5) 系統思考

筆者認為，經管團隊進行系統思考修練主要包括以下三個部分：

① 本書重點闡述的企業營利系統，是經管團隊進行系統思考的對象。只有更加充分了解自己公司的企業營利系統，經管團隊才能腳踏實地進行系統思考，否則可能成為空中樓閣式的系統思考。從1990年代就開始流行「五項修練」，提倡系統思考，但是一直沒有人闡述「企業營利系統」。缺乏「系統」，如何系統思考？所以「五項修練」乃至建構學習型組織提出近三十年來，一直沒能在企業執行落實。

② 從系統的三個要件「要素、連線關係、功能和目標」入手，對企業營利系統進行系統思考。關於這方面，本書第7章已有具體的闡述。

③ 遇到具體問題，要應用系統方法論結合企業營利系統的實際狀況進行系統分析與思考。例如：確定企業核心價值觀時，既要考慮企業文化子系統的水晶球模型，還要考慮它對經管團隊、商業模式、企業策略、管理體系、創新變革等企業營利系統要素將產生哪些積極或消極影響。

彼得・聖吉的著作《第五項修練》出版後，風靡全球，形成了一個建立學習型組織的熱潮。後來，圍繞「五項修練」，彼得・聖吉團隊及諸多

專家學者又出版了幾十本相關書籍、發表了難以計數的文章。企業經營管理者要做實事，根本沒有那麼多時間，閱讀如此浩瀚的書籍和文章。有道是，溶劑太多，溶液太稀釋，溶質就找不到了。所以，與「五項修練」相關如此多的書籍文章，可能導致了大家一起捨本逐末！

　　本節結合企業營利系統及與時俱進的理論思想，再次闡述「五項修練」，可以看成是對彼得·聖吉及其首要著作《第五項修練》的致敬！

第 9 章
職業營利系統：破解個體發展的迷思

本章導讀

　　個體取得成就的路徑在哪裡？「人生演算法」一度很流行，「複利成長」也是流行用語。

　　什麼是人生演算法？我們人人追求複利成長，本金在哪裡？如果沒有弄清楚，這些說法都是「無源之水、無本之木」。本章給出的答案是：將企業營利系統簡化一下，但是形變神不變，可以得出一個人生演算法的公式：職業營利系統＝（個體動力 × 商業模式 × 職業規劃）× 自我管理。同時，它也是個體複利成長的本金。

　　各路專家爭相揭示「成為高手的祕密」。如何成為所在職業領域的一名高手？根據「一萬小時天才理論」，速成及走捷徑的方法大多數不可信。筆者認為，腳踏實地的方法是：系統、模型、連繫及連貫行動……

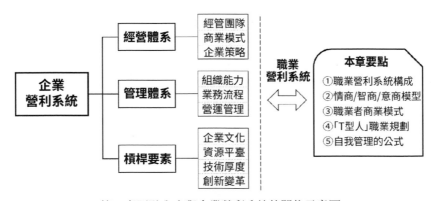

第 9 章要點內容與企業營利系統的關係示意圖

9.1　人人追求複利成長，本金在哪裡？

📖 重點提示

※ 為什麼說「人生演算法」等流行用語屬於碎片化知識？
※ 如何成為所在職業領域的一名高手？

　　對於小米公司的商業模式，有做「烤蕃薯生意」的說法。大家買小米的手機、行動電源、電視等，就像圍著小米這個「爐子」取暖並添柴加薪。雷軍看到小米「爐子」周邊的流量很大、人氣很旺，就想利用餘熱順便做一些「烤蕃薯生意」，賣些牙刷、毛巾等家居用品之類。

　　「烤蕃薯生意」就是利用流量溢位開展新的業務。本書之前的第1～8章，主要闡述企業營利系統。這本書就要讀完了，就像小米的「烤蕃薯生意」，我們也有些「餘熱」，如何利用？所以第9章作為「加餐」，談談職業營利系統。

　　關於個人成長與職業發展，各種知識和方法論數不勝數！比較流行的一些用語，像核心演算法、專注頭部、複利成長、萃取知識晶體、外包大腦、一百○一個思維模型、知識IPO等，應接不暇。雖然這些是區域性知識或者叫做碎片化知識，但是開卷有益，一定程度有利於我們的認知進步。

　　荀子說「善易者不卜」，精研深解《易經》的人不會熱衷於占卜。善於對事物洞察明晰，不需要占卜就能夠知道命運怎麼樣。錦鯉在傳統文化中，有「前程似錦」、「吉祥如意」等美好寓意。從2018年以來，「錦鯉」一詞線上與線下出現頻率劇增，IG、朋友群、臉書、論壇等社群平臺上充斥著各式各樣「轉發錦鯉求好運」的連結或貼文。商家透過為「幸運錦理」提供豐厚獎品來吸引大量關注，「尋找錦鯉」成為商人發明的又一特色行銷手段。

實現夢想的方式不能是空手套白狼，「轉發錦鯉求好運」比買樂透還不可靠。一旦有了不勞而獲的心理，我們還能踏踏實實努力奮鬥嗎？防微杜漸，防止無意中在心裡種下一顆投機的種子，這對我們的人生傷害太大。

　　史蒂芬·柯維說：「如果你只想一點點改變，改變行為就可以了；如果你期待飛躍式的改變，必須從改變思維開始！」、「轉發錦鯉求好運」等商家的圈套只是影響了一些人的一點行為，我們還可以透過改變思維實現人生飛躍。羅輯思維的跨年演講中講到一個「金句」：個人成就＝核心人生演算法×大量重複動作的平方。這個「金句」可以改變我們的思維嗎？

　　除了人生演算法，複利成長也很流行。與儲蓄或貸款計算本息的公式類似，個體成長的複利公式為：個體成就＝本金×（1＋持續改進）^{n}，其中n表示堅持持續改進的年限。我們之前說過，複利成長（或複利效應、複利思維）與飛輪效應、增強迴路、滾雪球、指數增長、贏家通吃、馬太效應等叫法不同，但背後的數學原理相似，只是有不同的稱呼。你看，羅輯思維所講的那個「金句」：個人成就＝核心人生演算法×大量重複動作的平方，與複利成長的公式是否基本相似？

　　這裡的關鍵，什麼是人生演算法？人人追求複利成長，本金在哪裡？如果沒有弄清楚，這些說法都是「無源之水、無本之木」。有問題就需要解答，下文將逐步給出答案。

　　將企業營利系統簡化一下，但是形變神不變，我們得出職業營利系統的示意圖及公式：職業營利系統＝（個體動力×商業模式×職業規劃）×自我管理，如圖9-1-1所示。

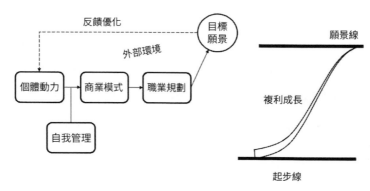

圖 9-1-1　職業營利系統與複利成長示意圖

　　如何解釋這個公式？一個職業個體（或稱為職業者）可以看成是一個人經營的公司，需要建構一個相對簡單的職業營利系統。括號裡面的三項代表一個職業個體的經營體系，它表示以優異的個體動力驅動職業商業模式，沿著預先設計的職業規劃路徑，實現自己的事業目標與願景。經營體系實質是一個讓職業營利、成長與進化的邏輯，而括號外面的自我管理將經營體系變成現實成果，即透過日積月累卓越的自我管理，將職業個體的夢想變成現實。有人說，這個公式都是「×」號，沒必要加一個括號。並非筆者數學不好，公式與圖示一樣，都是為了簡要直觀地說明問題。此處加一個括號的目的是將經營體系的三項內容與自我管理區分開來。後面還會講到，自我管理也有三項內容，它們與經營體系的三項內容逐一對應。考慮到職業個體與企業公司相比較，還是存在較大差異，所以職業營利系統中的一些構成要素及內容，已經做了一些必要的變通。

　　本章第 2 節主要講個體動力。每個職業個體都有心靈、大腦、身體，都有情商、智商、意商，分別讓我們成為一個對外友好合作的人、一個有思想的人、一個持續行動的人。我們要用情商、智商、意商綜合形成的個體動力，去驅動我們的職業商業模式。什麼是意商？意商是指意志素質商值，是對一個人持之以恆、持續行動能力的一種度量。

本章第3節主要闡述職業個體的商業模式。職業個體可以用T型商業模式進行解釋，同樣有自己的創造模式、行銷模式、資本模式。本節以喬‧吉拉德（Joseph Gerard）為例，說明這樣一個「世界上最偉大銷售員」的成功之處，並不是源於他的銷售模式，而是因為他建構了一個獨特的創造模式。並且，喬‧吉拉德充分利用資本模式的儲能、借能及賦能效應，「積跬步以至千里，積小流以成江海」。即使他49歲從銷售職位退役後，營利機制持續發揮營利放大作用，他透過寫書出版、做銷售培訓、全球演講等獲得不菲收入，一直到他91歲去世。

　　本章第4節主要講職業規劃。比照企業策略，職業策略也應該包括三個部分：目標和願景、職業規劃、外部環境。在「職業營利系統＝（個體動力×商業模式×職業規劃）×自我管理」的公式中，為了簡化表達及術語一致，以職業規劃代表職業策略。市面上關於職業規劃的書籍、文章太多了，也就出現了一些手段、招數。在《商業模式與策略共舞》一書中，筆者就提出「T型人」概念，在此處進一步完善。「T型人」有自己的職業營利系統，有自己的T型商業模式，有自己的優勢能力。「T型人」的職業規劃重點包括職業目標與願景、進化階段、發展路徑三個方面。

　　本章第5節重點闡述自我管理。自我管理相當於企業營利系統的管理體系。在職業營利系統中，用「自我管理」代替管理體系，是考慮到這樣更加接地氣一些。如前文所述，「個體動力×商業模式×職業規劃」代表職業個體的經營體系。與企業營利系統道理類似，經營體系好比是前面的「1」，而自我管理好比是後面的「0」。如果一個人自我管理不行，那麼再好的經營體系也無法發揮作用。自我管理可以用公式表示：自我管理＝倍增能力×優化流程×掌控節奏，文字表述為：自我管理就是以可擴充套件的優勢能力去執行並優化做事的流程，透過掌控節奏讓職業個體獲得預期的績效成果，並實現可持續成長。

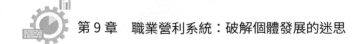

　　自我管理的三個部分與經營體系的三個部分逐一對應：個體動力與倍增能力對應，前者表示職業者的智商、情商及意商等綜合素質，後者表示具體的能力構成及執行力；商業模式與優化流程對應，商業模式是優化流程的總綱構成和原理依據，而優化流程是商業模式的逐級展開及持續優化的執行步驟；職業規劃與自我管理對應，職業規劃為自我管理提供指導方案，而自我管理將職業規劃轉變為現實成果。

　　各路專家爭相揭示「成為高手的祕密」。如何成為所在職業領域的一名高手呢？根據「一萬小時天才理論」，速成及走捷徑的方法大多數不可信。筆者認為，腳踏實地的方法是：系統、模型、連繫及連貫行動。系統，可以參考職業營利系統。模型，可以參照本書闡述的諸多模型，再吸收其他領域相關的理論模型，融入自己的職業營利系統中。連繫，將系統、模型及相關理論連繫起來，再與自己的職業狀況、外部環境連繫起來。連貫行動，就是不能做知道主義者，而是以「系統、模型、連繫」為指導，展開一系列連續的行動。

　　如圖9-1-1的右側圖所示，它把複利成長的公式變成了一個示意圖。這個示意影像一個英文字母「Z」，可以稱它為Z形圖。這個Z形圖參考了《吳軍來信：如何做好一件事？》中的那個「Z」圖形。Z形圖的底線是起步線，上線是願景線，中間的斜槓曲線表示複利成長。複利成長的一般規律是起步時比較慢，因為那是一個打基礎的時期。萬丈高樓平地起，打好基礎是關鍵。現在到處在做基建，你能看到大樓越高，基礎越深、耗時越長、材料耗用越多。複利成長的中間部分比較快，那是一個釋放基礎「紅利」並適應環境後的標準化成長時期。接近於願景線時，複利成長又會比較緩慢，那是職業「天花板」上的阻力因素，利用系統的調節迴路發揮作用的結果。這時，你可以選擇：①擴張你的商業模式範圍；②盡快找到第二曲線。

人人追求職業或事業的複利成長，本金在哪裡？都在說人生演算法，「金句」頻出，人生演算法具體是什麼？筆者給出的答案：職業營利系統，其中商業模式是它的中心內容。

筆者寫作的這些書，經常有一些企業團購。職業營利系統屬於「加餐」內容──為了讓企業的各級管理者、基層員工、新入職的應屆畢業生等都可以讀一下本書。本章以5節篇幅來闡述職業營利系統，或許將有些模型、原理等一帶而過。所幸，大家可以參照前面第1～8章企業營利系統的類似內容。

9.2 個體動力：讓寒門再出貴子

🔖 重點提示

※ 如何提高自己「情商、智商、意商」形成的綜合動力？

※ 為什麼說現代人很難再「當好學徒」？

像劉強東、俞敏洪、任正非等都屬於寒門出貴子，一場考試改變了他們的命運。

諾貝爾物理學獎得主李政道說：「能正確地提出問題，就邁出創新的第一步。」在調查研究中，美國教授巴納吉（Abhijit Banerjee）提出了這樣一個問題：大多數國家上學是免費的，即便全世界最為貧困的人，子女的入學率也能達到80％以上，為什麼還有很多人陷在「貧困陷阱」當中？試圖回答好這個問題，讓巴納吉獲得了2019年諾貝爾經濟學獎。

什麼叫「貧困陷阱」？貧困不僅是結果，貧困也是原因。巴納吉教授說，貧困家庭無法承受較長的回報週期，因此他們更偏向於追求立竿見影的效果。例如，選擇高風險股票、進行高槓桿操作，甚至加入傳銷組織等。窮人排解壓力或消遣娛樂時，更傾向選擇諸如買樂透、酗酒、打遊戲

287

等「性價比高」的方式。在教育方面，由於急於求成心態作祟，貧困家庭只象徵性地讓孩子讀幾年書就決定放棄了。在中國許多農村，像蓋房子、娶媳婦、婚喪嫁娶大操大辦等才是家庭的重要目標及追求，為此不惜花費幾十萬甚至去借高利貸。沒有全面及持續的教育投資，貧困家庭透過子女教育擺脫「貧困陷阱」也是難上加難。

曾有一篇文章〈寒門再難出貴子〉在社群被轉發洗版，其中傳達了「階層固化」這個讓人絕望的詛咒。階層固化近似於馬太效應所說的「窮人越窮，富人越富」。當一些人累積某種優勢，比如財富、名譽、地位，那麼他們就容易獲得更大的成功。相反，窮人由於陷入「貧困陷阱」裡，貧窮驅動的惡性循環，導致持續不斷的貧窮。因此，出現「笑貧不笑娼，救急不救窮」的價值觀扭曲，是因為一些人真是窮怕了。

面對「貧困陷阱」、「階層固化」這兩個「西西弗斯的巨石」，貧窮者怎樣破局而出？

高考依然是最優選擇之一。安徽毛坦廠中學地處一個偏僻的小鎮，號稱是亞洲最大的高考工廠，在校高中生兩萬多人，其中復讀生約一萬多人。由於毛坦廠中學收費不高，且本科錄取率95%左右，所以成了許多底層家庭讓孩子透過教育實現人生躍遷的「最後一根救命稻草」。

河北棗強女孩王心儀家庭異常貧窮，2018年透過高考被北京大學中文系錄取。她對貧窮的認知超越了諾貝爾獎得主巴納吉的研究。王心儀在文章〈感謝貧窮〉中說，感謝貧窮，讓我領悟到真正的快樂與滿足。你讓我和玩具、零食和遊戲徹底絕緣，卻同時讓我擁抱了更美好的世界。我的童年可能少了卡通片，但我可以和媽媽一起去捉蟲子回來餵雞，等著第二天美味的雞蛋；我的世界可能沒有芭比娃娃，但我可以去香郁的麥田……謝謝你，貧窮，你讓我能夠零距離地接觸自然的美麗與奇妙，享受這上天的恩惠與祝福。

行動網路的普及，人人可以透過智慧手機對接世界，但是有的人用它打遊戲、看劇消磨時光，有的人利用它成就了自己的事業。李子柒生長在四川綿陽的偏遠山區。2004年14歲時，她被生活所迫到各地打工，居無定所，多次陷入露宿公園街頭的生存窘境。後來，李子柒利用行動網路，拍攝手機影片傳播中華美食與傳統文化。從2017年起，李子柒就是「第一網紅」，她的影片全網播放量已經超過30億。她在Youtube粉絲破千萬，全球粉絲過億，並入選中國婦女報「2019十大女性人物」。

　　你永遠都無法叫醒一個裝睡的人。現代社會處處有機會，可以憑藉的工具、方法和手段越來越多。例如：讀不起大學或錯過了大學，可以自學。像Hahow好學校、YOTTA友讀、喜馬拉雅等知識付費平臺，它們上面的知識數量及品質，已經遠遠超過一所大學的課堂。貧家淨掃地，貧女好梳頭。透過教育渠道，很多人擺脫了貧窮。另一方面，富裕階層也有很多問題，像「富不過三代」、紈褲子弟與敗家子、貪婪淪為階下囚、越來越多的富貴病等。篤信「階層固化」，其實是一種思維上的懶惰。

　　時間面前，人人平等！至少在透過努力改變命運面前，每個人的時間是平等的，願意付出與否是自主的。由於社會文明進步及對創造性職位的需求越來越多，每個職業者都可以是一個能夠主導自己命運的職業個體。職業個體可以看成是一個人的公司，建構一個職業營利系統，以優異的個體動力及自我管理驅動自己的職業商業模式，沿著預先設計的職業規劃路徑，實現自己的事業目標與願景。這可以用公式表示為：職業營利系統＝（個體動力×商業模式×職業規劃）×自我管理。本書第2章所講的團隊構成、團隊修練同樣適用於每一個職業個體。

　　每個職業個體都有心靈、大腦、身體，都有情商、智商、意商，分別讓我們成為一個對外友好合作的人、一個有思想的人、一個持續行動的人。對於一個積極的個體來說，「心靈」看到了什麼機遇，「大腦」就會往

那個方向思考，接著「身體」就全力行動起來，將機遇變成現實。

　　情商主要對應 T 型商業模式的行銷模式。行銷主要是說服別人合作，所以職業者的情商很重要。行銷不是利用別人的技巧或方法，而是善於換位思考，在利他中利己，在為他人提供價值的同時實現自己的價值。智商主要對應資本模式。對於職業者來說，資本主要是指自己的經驗和能力。經驗來自過去的累積，而能力讓未來所向披靡。一個人的智商必須不斷精進和與時俱進。意商是指意志素質商值，是對一個人持之以恆、持續行動能力的一種度量。意商主要對應創造模式。如果把成為一個專業人士比喻為蓋一座大樓，那麼情商邀請來更多優秀合作資源，智商給出了很好的設計模型，但是，最終要靠意商一層一層地建設。

　　以上將一個人的情商、智商、意商分別對應 T 型商業模式的行銷模式、資本模式、創造模式，只是一個方便表述的說法，實際上情商、智商、意商不可分割，並且行銷模式、資本模式、創造模式都需要情商、智商、意商，如圖 9-2-1 所示。比較確信的是，我們要用情商、智商、意商綜合形成的個體動力，去驅動我們的職業商業模式，讓它很好地三端定位，形成飛輪效應及培育出專業方面的核心競爭力。

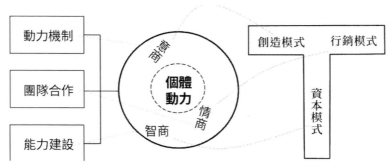

圖 9-2-1　職業個體情商、智商、意商的修練與 T 型商業模式匹配示意圖

　　讓寒門再出貴子！職業者可以對照自己的職業商業模式，盤點自己的智商、情商、意商，有哪些不足，哪些地方出現了問題？

對比於任正非、錢學森及錢鍾書等優秀的人，我們絕大部分人的智商只有效利用了不到5%，絕大部分腦細胞處在沉睡狀態或錯誤啟用狀態。我們要找到自己喜歡的領域，聚焦到一個有前途的事業，減少職場上的圈套及敷衍，讓智商與專業水準進步對應起來。

　　透過與別人友好合作提升自己的情商。一個人自私自利、斤斤計較，過分看重短期利益，不願意與別人溝通，不能為他人提供價值等，都是情商進步的障礙。

　　一個人意商方面的問題反應在「常立志，但是不能立長志」。面對誘惑，玩物喪志，見異思遷，蜻蜓點水，沒有佛性，只想「佛系」，遇到挫折，自暴自棄等，這樣的人生態度和行為必然導致職業個體的意商出現嚴重問題。無論寒門出身，還是富貴之家，難出「貴子」的原因與此多有關聯。

　　本書章節2.1講到，為了驅動商業模式，經管團隊的基礎性修練主要包括這三項內容：動力機制、團隊合作與能力建設，簡稱為「鐵人三項」。職業個體進行自我修練，提升自己的情商、智商及意商綜合形成的個體動力，也可以參考此「鐵人三項」的內容，如圖9-2-1所示。

9.2.1　透過動力機制提升自己的意商

　　人活這一輩子，到底是什麼東西在驅動？來自維也納的三位心理學家各自提出了不同的解釋：佛洛伊德（Sigmund Freud）認為人生就是要追求某種快樂，內在驅動力是生理需求。阿德勒（Alfred Adler）認為人生是為了追求財富與權力，內在驅動力是自卑。弗蘭克（Viktor Frankl）則認為，人生最重要的事是發現生命的意義，內在驅動力是自我實現。美國心理學家馬斯洛（Abraham Maslow）提出的需求層次理論是對以上三者的綜合。馬斯洛認為，人的需求由生理需求、安全需求、社交需求、尊重需求和自我實現需求五個等級構成。

社會貧富分化嚴重後，由於富裕群體對住房等物質精神財富的大量占有，導致貧困階層滿足生理需求、安全需求的成本大大提高，一些人掉入「貧困陷阱」，開始自暴自棄。富裕群體的一些後代，不用依靠自己奮鬥，就直接滿足了生理需求、安全需求、社交需求、尊重需求。正如上文所述「面對誘惑，玩物喪志……」所以很多人的意商也出現了問題。

在此情況下，有志之士如何重建自己的動力機制？由於被人歧視而激發出追求職業目標與願景的強大動力，這個動力我們稱之為歧視性動力。由於信仰衍生的使命感而激發出追求事業目標和願景的持久動力，這個動力我們稱之為使命性動力。歧視性動力和使命性動力構成實現人生目標與願景的兩大根本性動力。

歧視性動力可以激發出一個人出人頭地的鬥志，往往讓「窮小子」成功逆襲。馬雲歷經三次高考，最終才被杭州師範大學錄取，之後申請工作被拒了差不多三十次，連續創業四次，都以失敗告終。直到35歲創辦阿里巴巴時，馬雲才逐漸找到了規劃人生願景的一點感覺。

使命性動力來自信仰的召喚、對事業及人生價值的追求，存在於履行對社會（或他人）的承諾和承擔責任的過程中。使命感代表我們的精神性，讓我們聚精會神追求自己的事業願景。

總而言之，職業個體需要從歧視性動力、使命性動力兩方面重建自己的動力機制。

9.2.2　透過團隊合作提升自己的情商

關於團隊合作、提高情商等，市面上有很多書籍文章進行了闡述。我們講一個另類的團隊合作 —— 如何當好學徒？在《巨人的工具》這本書裡，媒體策略師霍利得（Ryan Holiday）將怎麼當好學徒稱為「畫布策略」。所謂「畫布策略」，就是你發現別人要畫油畫，你給他找個畫布讓他畫。

當好學徒不僅能提高自己的情商，還能習得一門技術，也可能結識諸多有價值的資源。當好學徒，不是阿諛奉承、奴顏婢膝，也不是送禮請客、搞旁門左道。當好學徒是為高手鋪路、贏得信任，是系統學習、循序漸進，是學會溝通、提高情商。

團隊合作的核心要義是利他中利己，幫助別人就是影響別人，就在慢慢提高自己的情商。在中國，獨生子女非常多，透過當好學徒、團隊合作可以彌補自己的不足，有效提升自己的情商。

9.2.3　透過能力建設發揮智商的效能

我們的智商不低，關鍵是如何發揮智商的效能。

絕大部分人一輩子沒有打拚過，也不主動改變現狀，只是被動地接受命運的擺布，所以再高的智商也是「庫存」。在這個大背景下，你只要付出一些努力，很快就可以超過70%的人。

有一句話叫做「重複就是力量，數量堆死品質」，它是職業個體發揮自身智商效能進行能力建設的「真經」。這裡的「重複」不是簡單機械地重複，不是做一天和尚撞一天鐘，而是PDCA循環提升的重複、否定之否定的重複。重複做一件事，堅持不斷地提升水準，最終從業者就可能成為業界冠軍，這就是重複的力量。「數量堆死品質」就是從量變到質變。人們只記得第一名，是因為第一名已經從量變到質變。一位唱歌的人到一位歌唱家，一位管理者到一位管理大師，一位幫廚到一位中華名廚……他們之間有巨大的差異，這個差異源於：重複就是力量，數量堆死品質！

無論是寒門出身，還是富貴之家，望子成龍或望女成鳳，如果這些家庭的子女作為職業個體建構了自己的職業營利系統，按照公式「職業營利系統＝（個體動力 × 商業模式 × 職業規劃）× 自我管理」進行長期的人生實踐，那麼他們將能夠更快地成為社會的有用之才。

9.3　商業模式：人工智慧時代如何謀生？

📖 重點提示

※ 為什麼說喬‧吉拉德的創造模式更勝一籌？

※ 上大學選專業或工作後選職業，存在的主要問題有哪些？

《科學》雜誌判斷，到2045年全球50％的工作職位將被人工智慧取代，而在製造業大國中，此數據是77％。也就是說，未來30年之內，每四個工作職位至少有三個將被人工智慧所取代。這期間，預計地球上智慧機器人的數量將達到一百億個，地球總人口也將達到這一數量。這就意味著一百億人口將與一百億機器人一起生活。屆時，寒窗苦讀十多載，忽然發現我們用心追索的職業已被人工智慧所取代！

偏信則闇，兼聽則明。有專家站出來說，人工智慧導致失業潮是個偽命題。德勤的研究顯示，雖然製造業、農業等方面的工作機會在大量減少，但科技發展同時創造了更多新的職位。在創意、科技和商業服務等行業，有大批新職位正在被創造出來。人類與人類發明出的人工智慧正在同一跑道上賽跑。人類的終極競爭力是想像力和創造力。想像力和創造力低的工作會被機器替代，而想像力和創造力高的工作將會保留給人類。

《哈佛商業評論》（*Harvard Business Review*）說，網路個人經濟即將開始，「新經濟的部門不是企業，而是個體。」區塊鏈研究者認為，今後公司制將逐漸消失，取而代之的是區塊鏈社群制。簡單地說，每一個體都可以是一個公司，用區塊鏈技術把大家連線在一起。

人工智慧及區塊鏈時代，我們如何謀生？我們要把自己打造成為「T型人」。第一，要有自己的職業營利系統，按照公式「職業營利系統＝（個體動力×商業模式×職業規劃）×自我管理」進行長期的人生實踐。第二，重點以商業模式為中心，激發個體動力，展開職業規劃，進行自我管

理。第三，培育優勢能力。三者之中，商業模式是重點。本節重點闡述職業個體的Ｔ型商業模式。

Ｔ型商業模式＝創造模式＋行銷模式＋資本模式。當然，這個公式只是表示Ｔ型商業模式整體有哪些構成部分，為方便理解而採用的一種公式思維。實際上，從系統科學的角度來看，系統的整體大於部分之和，兩者的差值就是湧現與創新，就是新事物的誕生，就是從量變到質變。例如，Ｔ型商業模式有飛輪增長效應、核心競爭力的湧現，而創造模式、行銷模式、資本模式都不具有這些湧現。

有人說，我搞行銷工作，是否就不需要創造模式及資本模式了？答案是否定的。複雜系統有一個層次結構，像俄羅斯套娃一樣，總系統中有子系統，子系統中有孫系統……雖然職業個體在公司系統中只是某個層級上的構成元素，但是，當我們把職業個體當成一個系統看待時，其本身就是一個相對獨立的經濟體，有自己的商業模式，也必然有創造模式、行銷模式、資本模式。

喬‧吉拉德（Joe Girard）是一名汽車銷售員，他在職業生涯中創造了五項吉尼斯世界汽車零售紀錄：①鼎盛時期平均每天銷售六輛車；②最多一天銷售十八輛車；③一個月最多銷售一百七十四輛車；④一年最多銷售一千四百多輛車；⑤在十五年的職業生涯中總共銷售了一萬三千多輛車。他的行銷模式沒得說，那我們看看他的創造模式是怎樣的。

根據創造模式的公式，產品組合＝增值流程＋支持體系＋合作夥伴，把吉拉德看成一個人的公司，他的產品組合是什麼？他的產品組合是「汽車＋吉拉德」。吉拉德銷售雪佛蘭牌汽車，這個沒有什麼特別之處，雪佛蘭有成千上萬個銷售員做類似工作。顧客之所以選擇買吉拉德銷售的雪佛蘭牌汽車，不買其他銷售員的或其他汽車品牌，主要是因為吉拉德的個人品牌以及他提供的差異化服務。吉拉德的過人之處，顧客滿意度高的原

因，恰恰在於他的獨特服務。他自認為提供給客戶的超值服務是每臺500
美元，其服務重點不僅是交車的過程，更是交車之後的持續跟進和全權負
責的精神。

　　從增值流程方面說，吉拉德堅持執行銷售產品七步驟：尋找潛在客戶
→篩選客戶→初步展示→深度展示→回答客戶的異議→完成交易→後續工
作。現在看起來，這七步驟沒有什麼特別之處，似乎所有銷售員都是這樣
做的，也是汽車銷售的標準作業流程。但是，吉拉德1970年代就不折不
扣這樣做，有其創新和領先性。就像同樣是演戲，女演員中章子怡就能更
勝一籌，吉拉德貫徹這七步驟，有其獨特、難模仿之處。像完成交易之後
的「後續工作」這個步驟，絕大部分銷售員不再會為買走車的顧客做什麼
事了，而吉拉德還有很多事要做。例如：顧客買的車出問題了，遇到廠家
售後糾紛時，他會立即安排解決。即使自己付出一些，也優先讓顧客滿
意。他會建立顧客檔案，堅持每月為老顧客發一個賀卡。他認為，售後是
再次銷售及顧客協助銷售的開始。

　　從支持體系方面講，從吉拉德寫作的書《怎樣銷售你自己》(*How To
Sell Yourself*) 章節目錄中可以看出一些端倪：向自己銷售你自己、向別人
銷售你自己、建立自信和勇氣、培養正面心態、學習傾聽、學習顧客的語
言、如何記憶管理……共十九章內容都是在講「為了提高銷售業績，怎樣
自我修練及訓練自己」。這些形成一套支持體系，讓吉拉德與其他銷售員
形成明顯差異，使顧客願意從吉拉德那裡購買汽車，並願意成為他的「粉
絲」，一起協助吉拉德銷售汽車。

　　從合作夥伴方面講，吉拉德很早就自費僱用幾個助手，分一些佣金給
他們，協助他一起完成銷售工作，並創造更多的顧客滿意度。吉拉德把老
顧客都盡力開發成合作夥伴。吉拉德有一個「獵犬計劃」說明書。這個說
明書告訴顧客，如果介紹別人來買車，成交之後，介紹者將會得到每輛車

25美元的酬勞。實施獵犬計劃的關鍵是守信用 —— 事成之後，一定要付給顧客25美元。吉拉德的原則是：寧可錯付五十個人，也不要漏掉一個該付的人。不僅如此，到餐廳用完餐，他總是在帳單裡夾上三四張名片及豐厚的小費；經過公共電話旁，也不忘在話機上夾兩張名片，永遠不放棄任何一個獲得合作夥伴的機會。例如，僅1976年，獵犬計劃就為吉拉德帶來了一百五十筆生意，占總交易額的三分之一。吉拉德付出了3,750美元的合作費用，但收獲了75,000美元的銷售佣金。

　　吉拉德號稱是「世界上最偉大的業務員」，全球汽車「名人堂」中唯一的銷售員。由於個人品牌、資源、能力及經驗的累積，所以他的資本模式更勝一籌。例如，1970年代時，吉拉德銷售汽車的年佣金收入就達到了30萬美元。49歲時，吉拉德從汽車銷售職位退役了，他開始寫書出版、做銷售培訓、全球演講等，這又為他帶來了數千萬美元的收入。

　　T型商業模式的三個部分「創造模式、行銷模式、資本模式」，職業個體都要具備，它們就像一個風扇的三個葉片，缺一不可。上例講了，像吉拉德那樣優秀的銷售員，職業競爭力反而是在創造模式。如果一個人做一行愛一行，創造模式及行銷模式很優秀，那麼累積幾十年，資本模式都不會差。如果你是一位不善言辭的專業人員，那麼你要想一想，如何改善你的行銷模式。如果你是一個位讀三十年書有點「滿腹經綸」的博士，那麼到工作職位後，首先思考的是如何建構你的創造模式。

　　本書前面的章節及書籍《T型商業模式》更為具體地闡述T型商業模式及其三個部分。我們說過，職業個體就是一個人經營的公司，從企業商業模式相關理論對映或對照一下，可以協助我們對職業商業模式進行分析、優化和創新。

　　人工智慧時代如何謀生？企業生命週期的T型商業模式六大原創模型，同樣適用於職業個體以此為「基座」，展開職業規劃，如圖9-3-1所示。

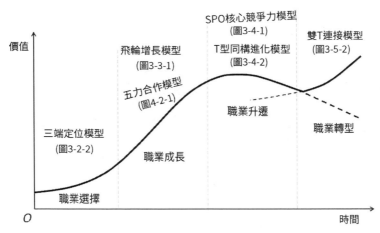

圖 9-3-1　基於職業生命週期的 T 型商業模式六大原創模型示意圖

上大學選科系或工作後選職業，都可以參考三端定位模型。回看第 3 章的圖 3-2-2，從企業所有者這一側，應該考慮職業個體的喜好與稟賦，以及利用這個喜好與稟賦如何形成營利機制。從合作夥伴這一側，應該考慮形成一個什麼產品組合及有哪些合作資源可以協助自己。從目標客戶這一側，應該考慮職業個體的產品組合如何滿足社會需求，找到自己的目標客戶。現實中，我們常常與三端定位模型偏離，選專業或找工作時習慣於單端定位：不是只追尋熱門的社會需求，就是全由著自己的偏好與興趣，或是根據擁有的合作資源就定奪了。

　　一個人要在職業中精進與成長，就可以參考第 3 章圖 3-3-1 的飛輪增長模型。它的大致原理是：依靠創造模式，把職業能力不斷錘鍊。利用行銷模式，向目標客戶傳遞自己的職業價值。掌控資本模式，將內外多種資源轉變為自己的智力資本，為創造模式及行銷模式不斷賦能，促進職業成長及發展，培育自己的職業競爭力。從創造模式→行銷模式→資本模式……三者聯動循環起來，發揮出能讓職業能力實現增長與提升的飛輪效應。

　　當我們需要職業升遷或擴充套件時，可以參照第 3 章圖 3-4-1 及圖 3-4-2 所示的 SPO 核心競爭力模型及 T 型同構進化模型所蘊含的原理。就

像一個企業要有一個根基產品組合，一個職業個體應該有一個根基職業，在此基礎上進行職業躍遷與擴張。上文中吉拉德退役後擴充套件到出版寫作、銷售培訓及全球演講，後面這些職業擴充套件是基於他前面十五年汽車銷售生涯的職業根基。

對大學所學的科系不喜歡、工作多年後需要換個職業方向，這些問題可以參考第3章的第二曲線理論及圖3-5-2所示的雙T連線模型。在這個模型理論中，提出了指導企業轉型有三大原則：①頂層設計獨立性原則、②相似商業模式優先原則、③第一曲線資本利用最大化原則。

這些原則同樣適用於職業轉型。原則①告訴我們，職業轉型要完全徹底，不要做騎牆派。因為舊的不去、新的不來。原則②是說，假如你原來搞了多年汽車銷售，換個職業方向時盡量與銷售相關。例如，做市場研究就與銷售相關，做銷售諮詢服務也與銷售相關。原則③說換一個新職業時，應該最大化利用原來職業所累積的能力、經驗和資源。

圖9-3-1中還有一個五力合作模型，將在本章第5節簡要闡述。由於「職業營利系統」是本書的「加餐」內容，職業者的商業模式只安排了一節內容，所以不可能面面俱到。如果大家對職業者的商業模式這個主題感興趣，那麼還可以參照書籍《商業模式與策略共舞》的相關內容，並且該書第7章專門闡述以上職業選擇、職業成長、職業躍遷、職業轉型等職業生命週期的模型理論及相關案例。

9.4　職業規劃：不要耍心機，走「T型人」之路

🗝 重點提示

※ 你自己的職業目標體系是什麼？

※ 如何讓自己退休後還能點燃一團新的「職業之火」？

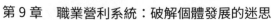

在公式「職業營利系統＝（個體動力×商業模式×職業規劃）×自我管理」中，職業規劃是一個重要的構成部分，相當於企業策略之於企業成長與發展那樣不可或缺。

關於職業規劃的理論太多了，也就出現了一些方法招數。例如：職業規劃就是如何盡快升職，上幼稚園都需要打關係了，所以職業人士有無背景都要學會打關係，盡快在公司內建立一個關係網。搭關係網，首先從大人物開始考慮，最好與「一把手」成為自己人，其次考慮「二把手」是否可以成為「靠山」，還可以走家屬路線，與領導的夫人、子女保持密切接觸……

在公司內搭建一個為了快速升職或有所依靠的關係網，有以下三個副作用：

① 有「寬門」捷徑走，人就不會走「窄門」，導致職業者的真本事鍛鍊不出來，原本具有的創造性思維被抑制了，只是學會了左右逢源、攀附權貴，甚至陷入公司內部幫派鬥爭。

② 就算你搭上了大人物的關係，很容易成為大人物的一顆棋子、一把槍或者一副白手套。當你交上了「投名狀」擁有關係優勢時，卻喪失了自己的思維與行動自由。

③ 即使經過一番勤奮努力，你成了老闆身邊最得寵的人，有了自己的勢力關係網，但是往往自己的全部價值也被鎖死在這個特定的關係網裡面。一榮俱榮，一損俱損。「靠山」萬一倒臺，你也跟著完蛋。

不要耍心機，走「T型人」之路！前面章節也講到，「T型人」有自己的職業營利系統，有自己的T型商業模式，有自己的優勢能力。除此之外，「T型人」的職業規劃重點包括職業目標與願景、職業進化階段、職業發展路徑三個方面。

9.4.1　職業目標與願景

借鑑杜拉克的目標管理思想，職業目標與願景應該是一套目標體系，包括職業願景、十年目標、三到五年目標、年度目標。年度目標之後的季度、月度、週等目標細化，屬於日常自我管理，不屬於本節討論的範圍。

職業願景就是自己的職業理想，通常是指二十年以上才可能實現的長期目標。典型人物是美國總統柯林頓。他17歲時作為中學生代表參觀白宮，與當時的美國總統甘迺迪握了一下手，然後立志要當美國總統。二十九年後，也就是1992年11月，柯林頓成功當選美國第四十二任總統，並在1996年再次贏得總統大選而連任。

本書章節4.4中曾講到，在典籍《隆中對》中諸葛亮為劉備提出一個策略指導方案。穿越到當時的場景，站在為劉備做職業規劃的角度，其當下的年度目標是先有一個立足之地。透過後來的赤壁之戰，劉備很快就實現了這個年度目標。三到五年目標是拿下荊州、益州而三分天下，讓劉備成為一國君主。劉備集團實現這個目標用了大約七年時間。十年目標及事業願景是問鼎中原，最終完成國家統一大業，後來，劉備團隊有所失誤，敵人也很強大，劉備集團的事業目標未能達成。

對於一個職業者來說，擁有目標體系能為自己帶來諸多好處，例如：人生導向作用、激發自身潛力和動力的作用、擁有成就感和建立自信的作用、對時間和精力的聚集及有效利用等。常講，「己所不欲，勿施於人。」雖然筆者寫書是一個工作之外的學習充電，但是也應該有一套目標體系。筆者的願景是成為「下一位杜拉克」；十年目標是具有國際影響力；五年目標是具有國內影響力；年度目標是除了寫好本書、做些宣傳，投資工作也要達到優良。此處「影響力」用詞有點模糊，但你懂的，要比較含蓄、中庸，應該謙虛一些。

有人說，建立職業願景等目標體系是年輕人的事，人到中年後就等

著退休了。有一位老人家，她叫姜淑梅，1937年出生，屬於1930年代以後的族群。她在60歲的時候開始認字。識字以後，她看了莫言的幾部小說。她看完就不高興了，對女兒說：「都是山東老鄉，這樣的小說我也能寫。」在75歲，她就真的開始寫作了。其後，她連續出版了五部小說，成為暢銷書作家，引起了文學界的震動。如今，她80多歲了，還在鍥而不捨學畫畫，憧憬著當畫家。

9.4.2　職業進化階段

　　一個人可以有多個職業生命週期，每一個職業生命週期都有不同的商業模式及不同的目標和願景。例如：作為體操運動員的李寧，一共獲得十四個世界冠軍，一百〇六枚國內外體操比賽金牌，被譽為「體操王子」。作為體操裁判的李寧，1989年考取體操國際裁判證書，從1991年到2000年十年間，連續執法歷屆世界體操大賽。作為企業家的李寧，創辦以自己名字命名的「李寧」體育用品品牌，經過多年發展後李寧公司成為上市公司。李寧被評為二十世紀影響中國的二十五位企業家之一，獲得「中國傑出貢獻企業家」、「2019十大經濟年度人物」等榮譽稱號。

　　在一個職業生命週期內，大致分為職業選擇、職業成長、職業躍遷、職業轉型等四個主要職業進化階段。職業轉型後標誌著職業「第二曲線」的開啟，進入一個新的職業生命週期階段。針對職業生命週期各階段，上一節分別給出了三端定位模型、飛輪增長模型、SPO核心競爭力模型、T型同構進化模型、雙T連線模型等原創模型。參閱本書第3章及第4章相關內容，這些模型可以作為各階段制定職業規劃的依據和思考起點。

　　奧美互動執行長布賴恩所著《遠見》一書中，將一個人的職業生涯分為三個職業進化階段，每個階段持續大約十五年。

　　第一階段：加添燃料，強勢開局。這個階段是職場人士25～40歲時

期。職業生涯前十五年的主要目標就是為接下來的兩個階段打好基礎。在這個階段，是找到自己的長板及熱情所在，並樹立良好的工作習慣，在專業上持續精進。最重要的，這是每個職業者儲存職場燃料的階段，應該花足夠多的時間盡早建立起自己的技能、經驗和資源關係。

第二階段：錨定甜蜜區，聚焦長板。這個階段是職場人士40～55歲時期。在這個階段，要在一個自己喜愛的事業上聚焦熱情、發揮核心長板；懷有使命感並激發自己的動力，實現職業目標和事業願景，同時在相當程度上可以忽視自己的缺點；也必須學會拓展行動規模，從而讓影響力倍增。

第三階段：優化長尾，發揮持續影響力。這個階段是職場人士55～70歲時期。傳統意義上，隨著退休日期的到來，職業生涯最後若干年可能出現明顯的衰退或者隨波逐流。但是，《遠見》一書中給出的建議是，這個階段職業者需要完成三個關鍵任務：完成繼任計劃、保持關聯性、點燃一團新的「職業之火」。

9.4.3 職業發展路徑

在職業選擇、職業成長、職業躍遷、職業轉型四個階段中，其中的職業選擇、職業轉型表示一個職業生命週期的開始和結束，而中間的職業成長、職業升遷才是職業成長與發展的具體過程，它們更需要一個預設的發展路徑及指導策略。

職業成長是指在專業職位上的持續精進，形成職業者的成長飛輪效應，並可以借鑑「一萬小時天才理論」。美國學者丹尼爾提出了「一萬小時天才理論」的三大要項：精深練習、永保熱情、偉大伯樂。日本職人是「一萬小時天才理論」的實踐者，他們有的效力於知名企業，有的經營著自家的老鋪，埋頭鑽研技藝，幾十年如一日，是各行各業的佼佼者。新津春子

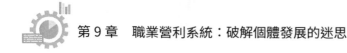

17歲時，從中國瀋陽舉家遷往日本生活，從高中開始就做上了唯一肯僱用她的保潔工作，負責東京羽田機場的清掃工作，這一做就是二十多年。現在，她能夠對八十多種清潔劑的使用方法倒背如流，也能夠快速分析汙漬產生的原因和成分，並很快找到解決問題的方案。新津春子因為能夠快速解決公共設施或家庭的頑固汙跡，因此成為日本家喻戶曉的明星。2016年新津春子被評為日本「國寶級匠人」。

　　職業躍遷是指從低職位不斷更新到高職位，典型例子像軍隊中的「士兵、班長、排長、連長、營長……將軍」職位躍遷的階梯。在《領導梯隊》一書中，作者把從員工到執行長的職業躍遷路徑，分為六個層級，每個層級都需要相應的工作理念、領導技能和時間管理能力。此框架被稱為「領導梯隊模型」。在書籍《從優秀到卓越》中，作者柯林斯提出了五級經理人理論。第五級經理人代表著最高等級的經理人，他們有三個主要特徵：①公司利益至上、②堅定的意志、③謙遜的個性。規範化管理的企業人力資源部門都會對公司的相關人才進行職業生涯規劃。一個完整的職業生涯規劃由職業定位、目標設定和通道設計三個要素構成。參考相關職業生涯規劃的書籍、文章，可以更加具體地了解職業躍遷和職業規劃的內容。

　　職業成長和職業躍遷是交替進行的，透過職業成長累積勢能，然後躍遷到一個更高職位上。職業個體的SPO核心競爭力模型也可以叫做SPO職位躍遷力模型，如圖9-4-1所示。它由職業者的優勢能力、職位階梯、環境機遇三個基本要素組成。優勢能力、職位階梯、環境機遇三者缺一不可，共同發揮系統性作用產生職位躍遷力。關於SPO核心競爭力或職位躍遷力模型，更加具體的內容可以參閱本書章節3.4或《商業模式與策略共舞》第4章及第7章的闡述。

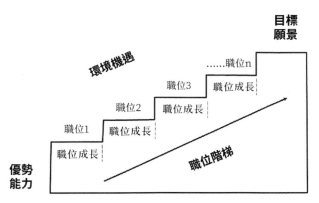

圖 9-4-1　SPO 職位躍遷力模型示意圖

圖表來源：《商業模式與策略共舞》

9.5　自我管理：倍增能力 × 優化流程 × 掌控節奏

🎁 重點提示

※ 為什麼說優化流程是商業模式中最便利的營利機制？

※「天行健，君子以自強不息。地勢坤，君子以厚德載物。」對於我們掌控工作與生活節奏有什麼激勵意義？

在公式「職業營利系統＝（個體動力 × 商業模式 × 職業規劃）× 自我管理」中，括號裡面的「個體動力 × 商業模式 × 職業規劃」三者表示如何經營好自己的職業。它實際是一個讓職業營利、成長與進化的邏輯，是職業者的經營體系。將經營體系的盈利、成長與進化邏輯變成現實，就需要自我管理「出場」了。經營體系好比是前面的「1」，而自我管理好比是後面的「0」。如果一個人自我管理不行，那麼再好的經營體系也無法發揮作用。

自我管理可以用公式表示：自我管理＝倍增能力 × 優化流程 × 掌控節奏，用文字表述為：自我管理就是以可擴充套件的優勢能力去執行並優

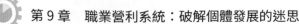

化做事的流程，透過掌控節奏讓職業個體獲得預期的績效成果，並實現可持續成長。

9.5.1 倍增能力

職業者的倍增能力取決於兩大方面：其一，自己要有優勢能力；其二，透過五力合作模型擴張自己的優勢能力，如圖9-5-1所示。

圖 9-5-1　職業者的優勢能力及五力合作模型示意圖

職場上普通人員過剩，而具有優勢能力的人才嚴重短缺。職業者如何建立優勢能力？參見圖9-5-1中間部分的能力圈。「T型人」偏愛「T型」，其中能力圈中「T型」底下的豎代表核心能力，上面的橫代表輔助能力，並以此稱為T型能力結構。從主流上說，具有優勢能力的職業者擁有一個T型能力結構。在T型能力結構中，核心能力就像一個鑽桿，越深入越好；輔助能力就像為鑽桿提供放大動力的旋臂，要有適當的直徑和長度。兩者組合而成的「人生鑽機」逐步形成職業者的優勢能力或叫做職業競爭力。

像財務總監這個職位，核心能力無疑是公司財務管理相關模組方面的綜合能力及突出的單項能力，例如：財務策略、全面預算、成本控制、管理會計、投資融資、稅務籌劃等；輔助能力可能包括交流溝通能力、抗壓能力、管理及帶團隊的能力，甚至也包括健身能力、社交能力、學習能力。我們搞風險投資，透過各種人才渠道，經常很難為創業專案找到一個

優秀的財務總監。分析原因，這些候選者都會有一些財務資格證書，有不錯的學歷文憑，形式上的東西都足夠，但是核心能力不突出，關鍵是輔助能力差距很大。例如：只懂財務知識，不願意了解企業的具體業務。涉及財務策略及預算、管理會計與決策、成本管控等，如果一個財務總監不懂公司的具體業務，也不願意深入了解與學習研究，而是整天坐在辦公室裡票據核算及製作報表，那麼他（她）就很難做好企業的財務管理。

　　一種核心能力疊加多個輔助能力，多種力量同向疊加，共同作用於同一個方向，將會產生較強的協同效應。查理·蒙格稱此為「好上加好效應」。像巴菲特這樣的投資者，他的核心能力疊加多個輔助能力，經過日積月累的精深練習，它們之間發生了「好上加好效應」，讓巴菲特擁有了獨一無二的優勢能力。

　　在T型能力結構外面畫一個圈，這個圈就是人生某個階段的能力圈。巴菲特說：「對於你的能力圈來說，最重要的不是能力圈的範圍大小，而是你如何能夠確定能力圈的邊界所在。如果你知道了能力圈的邊界所在，你將比那些能力圈雖然比你大五倍卻不知道邊界所在的人要富有得多。」

　　除了透過T型能力結構打造自己獨特的優勢能力，還可以透過五力合作模型放大與擴張自己的優勢能力。參見圖9-5-1，與企業的五種合作力量有所不同，職業者的五力合作方分別是偉大伯樂、上級領導、下屬同事、競爭者、家人朋友。在職業路上，偉大伯樂可以指引你前面的路，也可以帶給你很多資源。將上級領導當成合作力量，要學會「向上管理」。將下級同事當成合作力量，關鍵自己要有分享態度、利他精神及共贏思維。將競爭者轉化為合作力量比較難，透過換位思考及差異化發展可以取得一些成效。家人朋友無疑是最重要的合作力量，所以要善待他們、關愛他們。

　　在職業營利系統公式中，驅動職業商業模式的「個體動力」，與自我管理中的「倍增能力」有什麼區別與連繫？個體動力是情商、智商及意商

等個體的總體素質能力，表現為對職業商業模式的總體駕馭能力，例如：一個研發人員就要有較強的創新能力，一個行銷工程師要有比較強的溝通與說服能力。倍增能力是個體動力的具體化及細化，表現為對日常業務流程的各項具體能力、執行力及不斷優化提升的能力。

9.5.2 優化流程

優化流程是在執行流程中不斷思考與改善的。本書章節 5.3 專門闡述企業中的業務流程，它們是職業者處理工作的依據及標準。本節談個體的自我管理，我們轉變一下「口味」，重點談一下生活中的流程優化。像煮一次飯、飯後整理廚房、整理一下房間、疊衣服收納家具等，對於大多數人是生活的一部分，而對於從業者就是一項工作。

近藤麻理惠女士是日本整理大師，她除了與客戶進行一對一的家居整理指導，還成立了整理學校和整理協會。由於在家居整理領域的傑出表現，2015 年近藤麻理惠被美國時代雜誌評選為影響世界的一百人之一。筆者的一個投資界朋友叫玄軒，他在西安做了一個創業專案叫做小槐花家居整理，專門為擁有別墅的高階家庭搞室內布局優化和家居整理。玄軒長期從日本同行那裡取經學藝，他立志成為中國的整理大師。

我們想像一個場景，一家別墅中爸爸做事業，媽媽忙應酬，兩個「熊孩子」把家裡搞得亂糟糟的，玩具、書籍、衣服、食物、文具等遍地擺放。小槐花的家居整理小組來了，第一次接這家的業務，如何「多快好省」地服務好這家客戶呢？一定是先結構化分析與布局；然後設計一個業務流程，執行中不斷優化這個流程；完工後還要總結經驗、固化流程、寫成文案，為下次服務這個客戶時做好基礎工作。又過了一週，再次為這家客戶提供服務時，小槐花的工作人員就會翻出上一次固化下來的業務流程，並在這次執行中繼續優化。經過十次以上不斷優化流程後，小槐花以

後服務這家客戶時，不僅服務品質比首次提升了兩倍，而且總體工作時間減少了65%，物料成本降低了30%。從這個意義上說，優化流程是商業模式中最便利的營利機制。

杜拉克說「管理不在於知，而在於行」，筆者的理解「管理不僅是一些知識方法，更是每天堅持的工作與生活實踐」。為實踐「優化流程」這一節，筆者決定餐後整理六個月廚房，堅持每次優化一下流程。在這個過程中筆者發現，這裡面有思考的樂趣，有取得進步的成就感。例如：引進工業現場管理的「人機料法環」及工序編排思想到整理廚房「專案」中。優化流程後，可以節約用水、減少交叉汙染、避免誤操作或返工、大幅節約時間及提升效率。針對不同的餐具、鍋具或食品加工機，配置適合的抹布或刷子後，工作效率和品質都有大幅度的提高。原來看到廚房的工作，不知如何下手，經常消極怠工，對付一下；現在透過不斷優化流程，將整理廚房看成了一項有意義的活動，至今成了讓筆者保持管理實踐的一項必備工作。

大家跟風學習達利奧的五百二十五條原則，似乎有點「牛頭不對馬嘴」，而優化流程是每個人真需要。不論工作或生活方面，如果我們能有五百二十五個不斷優化的流程，我們的人生將會從平庸走出，具有了「從優秀到卓越」的基礎。在生活或工作中，像整理家務、出門旅遊、組織會議、撰寫文章、演講彙報等，我們都可以試一下如何「優化流程」。

9.5.3　掌控節奏

職業營利系統是個好東西，倍增能力、優化流程是個好東西！如何將持續與堅持變成自己素養的一部分呢？有人說，不要拖延、加強自控力、養成好習慣；有人說，社群打卡、房間貼上標語口號、每天激勵自己。本書前面講了目標和願景、計劃方法、智商和意商等，也都是一些針對此類

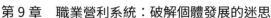

問題的解決方案。除此之外，下面再講一下「自我管理＝倍增能力×優化流程×掌控節奏」的最後一個部分 —— 掌控節奏。

吳軍與筆者這一代人年齡差不多，但是他做了更多有意義的事。他曾是Google高階資深研究員、騰訊副總裁，是一位人工智慧、自然語言處理和網路搜尋專家；現在是上海交通大學客座教授，矽谷風險投資人等。吳軍是得到多門課程的主理人，已經出版了十多本書，總銷量超過三百萬冊。吳軍還喜歡旅遊，是古典音樂迷，熱愛羽球運動，經常看歌劇、玩攝影，還是一名紅酒鑑賞家，平時自己修理庭院，甚至做點木匠活。吳軍常給兩個女兒寫信，是一個好爸爸，還是妻子的好丈夫，父母的好兒子，諸多人的好朋友……

筆者接觸一些出生於1985年及之後的人，發現他們中的一些人不想工作、不想做家務、不想結婚、不想養孩子、不想……他們自稱壓力很大，喘不過氣來，只能靠刷Youtube、玩網路遊戲、頻繁外出聚會、就餐及旅遊，來舒緩「有些憂鬱、有些脫髮、有些失眠……」受傷又破碎的身心。

我們與吳軍等高效能人士的重要差別之一，在於如何每天掌控好自己的工作與生活節奏，像音樂節拍一樣高效而有意義地工作與生活。古代典籍《易傳》中有一句話：「天行健，君子以自強不息！」穿越到三千年前，想像這樣的場景：我們的祖先居無定所、食不果腹，周邊環境是洪水肆虐、野獸殘暴。他們怎麼辦？躺在樹上臨時搭建的茅草窩裡，有人仰望蒼天，有人俯視大地；有人說「天行健，君子以自強不息！」有人說「地勢坤，君子以厚德載物！」這兩句話鼓勵我們近三千年，中華文明生生不息，還作為清華大學等高等學府的校訓。

天行健，君子以自強不息 —— 看看蒼天吧，無論是烏雲遮日、烈日炎炎，還是地動山搖、狂風暴雨，但是日出日落、春夏秋冬等從不停歇、

從不耽誤。君子應該像蒼天一樣掌控節奏，矯健執行、循環向前、不畏艱難、永不磨滅。

　　傳記《奇特的一生》(*This strange life*)的主角柳比歇夫 (Lyubishchev)，是蘇聯的昆蟲學家、哲學家、數學家，一生出版了七十餘部學術著作。柳比歇夫是個工作狂嗎？他一天要睡十個小時！他喜歡旅遊、游泳和散步；每年看六十五部電影，還要寫影評；經常看歌劇、展覽及參加音樂會。柳比歇夫如何每天掌控好自己的工作與生活節奏？他在26歲時獨創了一種「時間統計法」，透過記錄、統計和分析每天的時間花費，以此來改進自己的工作方法，提高對時間的利用效率。關鍵是柳比歇夫特別能堅持，他五十六年如一日，每天使用並不斷優化「時間統計法」，直到82歲去世。

　　從網上搜尋一下，發現很多人是柳比歇夫「時間統計法」的追隨者。例如，曉一堅持使用「時間統計法」八年後，發明了自己的「五色時間元」方法。她將時間看作資金，投資於工作、學習、健康、思考和社交五個方面，每天用紅色、藍色、綠色、白色和黃色五種顏色進行時間統計與改進優化。

　　至於如何「掌控節奏」，每人因地制宜有自己的方法，貴在堅持！從2020年初開始，筆者也在向吳軍、柳比歇夫、曉一等榜樣學習，堅持每天掌控好自己的工作與生活節奏。到寫作這一節時，已經歷經七個來月，筆者「掌控節奏」的效果一直不錯，處於及格以上水準。

　　希望大家都能「掌控節奏」，讓未來五年取得的成績及獲得的生命意義，超越過去十年、二十年甚至三十年的人生價值！

後記　知難而進

　　序言中說，這是我寫的第三本書。按照老子「三生萬物」的自然之道，這本書要闡述企業系統中的「萬物」。因此，這本書能夠比較完美地收官，創作期間確實有一些難度。

　　寫好第1章後，我與周磊老師線上溝通，他說：「這本書是『T型商業模式系列』中程度最高的，要在有限的篇幅內把內容說清楚，確實很難。我覺得您不用著急趕稿件進度，還是優先保證品質。」

　　所幸，書中這些內容算是我比較熟悉的。首先，從事風險投資工作，我們看一個專案，就是以團體學習與研討的方式，評估它的「三大件」：經管團隊、商業模式、企業策略。其次，像管理體系、企業文化、資源平臺、創新變革、私董會3.0等，屬於我們投後管理工作的特色內容，我經常與創業團隊一起學習、研討，解決他們面臨的實際問題與困境。

　　除了本書第3章＜T型商業模式：讓企業生命週期螺旋上升＞之外，我在寫作其他各章時都遇到了一些困惑和挑戰。例如，2020年5月初，本書的寫作已經開始了，但是第5章＜管理體系：組織能力×業務流程×營運能力＞的提綱及模型還是模糊的。當時，我盲目地認為：我們每天都在進行管理實踐，關於企業管理的理論這麼成熟，從中總結一套管理體系應該不難吧！

　　但是，看似容易的地方，往往是難點所在。正因為我們每天都在接觸管理，各種管理類書籍、文章鋪天蓋地撲來，最終卻讓我們陷入了紛亂龐雜、無邊無際的管理知識海洋中。恃勇輕敵，欲速則不達。果不其然！6月初，當寫到管理體系這一章時，我的創作思路被卡住了。思考了幾天後，我越來越感到，僅用一章的篇幅，高屋建瓴地闡述清楚管理體系，確實有一定的難度！雖然說「沒有過不去的火焰山」，但是「如何才能借到芭

後記　知難而進

蕉扇」──如何從現象的迷霧中發現本質呢？

　　我的做法是，到企業現場去尋找答案。稻盛和夫說：「答案在現場，現場有神靈。」王育琨提出的「地頭力」理論也能給我們很多啟示。

　　然後，我停下寫作，到我所在團隊投資的一些企業調研了兩週時間，與企業家、管理者一起研討他們的管理體系及優化方案。日有所思，夜有所夢，功夫不負有心人。創新來自歷史累積，來自興趣與靈感，更來自勤奮於實踐與團體學習。「眾裡尋他千百度，驀然回首，那人卻在燈火闌珊處。」6月中旬的一個傍晚，我在漵浦河沿岸的綠道上散步時，「管理體系＝組織能力 × 業務流程 × 營運管理」這個公式突然出現在我的腦海中……

　　此外，我還有一個重要感悟，團體學習非常有利於快速全面地提高我們個體的認知水準。蕭伯納說：「如果你有一個蘋果，我有一個蘋果，彼此交換，我們每個人仍然只有一個蘋果；如果你有一種思想，我有一種思想，彼此交換，我們每個人就有了兩種思想，甚至多於兩種思想。」團體學習是指解決企業具體問題與困境的實踐過程中的共同學習。我能夠寫出並出版這本書，得益於與企業家、創業者、各級經理人等管理人員一起，就企業具體問題共同探索、思考、學習與討論。這本書來自實踐，也能夠很好地在實踐中應用。所以，本書可以作為企業內外各種形式的團體學習的主要參考書及工具書。

　　在T型商業模式理論中，行銷模式是三大構成部分之一。如何行銷這本書呢？行銷無處不在。在這篇後記中，我就插入一點行銷內容：各級經理人不斷學習、提高自己，是企業發展進步的基礎。相對於頻繁地約請吃飯、購買包裝華麗的禮品，我們透過團體學習為企業帶來的價值更大一些。讀到後記部分，大家已經學習了本書的總體內容，如果感覺性價比不錯、受益良多，就可以再購買幾本，送給公司的各級管理者、朋友們的學

習群體、企業家同學會的同學等，或向他們推薦介紹。讓我們時刻處在一個企業營利系統的學習小組中，透過團體學習修練系統思考，這是一個快速成長的祕密。

按照出版順序，這三本書，我自認為它們初步構成了重新了解企業經營與管理的一個創新正規化。在此基礎上，下一步我打算寫的書是《新競爭策略》。本書第4章已經概括地談及新競爭策略，這與哈佛大學麥可‧波特教授的競爭策略有所不同，新競爭策略以商業模式為中心，聚焦於建構獨特的產品組合，重點討論企業在創立期、成長期、擴張期和轉型期，如何透過正確的策略規劃獲得競爭優勢。

我「固執」地認為：對於一個企業來說，策略就是策略規劃 —— 百鳥在林，不如一鳥在手！透過策略規劃將各種策略理論及思想落實到企業經營場景。波特的五力競爭模型並不過時，核心競爭力理論也大有可為，產品思維、品牌理論、藍海策略、定位策略等對我們都有啟發，但是它們必須成為策略規劃的一部分、落實到企業經營場景。這樣，我們才不至於被說是葉公好龍或紙上談兵。

重要的問題也可以說三遍。所以，再重複一下傳統策略「三宗罪」：

① 策略學派眾多，創新發散雜亂，難以指導企業策略聚焦。

② 超過99％的企業策略重點在競爭策略，而企業策略教科書80％以上的篇幅都在談少數集團公司才用到的總體策略。

③ 95％以上企業的高管有MBA或EMBA文憑或學習過策略，但95％以上企業缺乏例行的策略規劃。

《新競爭策略》是對原有競爭策略的一次重大更新，試圖將傳統策略從「三宗罪」的囹圄中解救出來。

李慶豐

企業營利系統，企業成長的經營學：

飛輪效應 × 湧現模型 × 鵝肝效應 × 倍增能力，建立商業模式中心型組織，實現基業長青

作　　者：李慶豐

編　　輯：吳真儀

發 行 人：黃振庭

出 版 者：財經錢線文化事業有限公司

發 行 者：財經錢線文化事業有限公司

E-mail：sonbookservice@gmail.com

粉 絲 頁：https://www.facebook.com/
　　　　　sonbookss/

網　　址：https://sonbook.net/

地　　址：台北市中正區重慶南路一段六十一號八
　　　　　樓 815 室

Rm. 815, 8F., No.61, Sec. 1, Chongqing S. Rd.,
Zhongzheng Dist., Taipei City 100, Taiwan

電　　話：(02)2370-3310

傳　　真：(02)2388-1990

印　　刷：京峯數位服務有限公司

律師顧問：廣華律師事務所 張珮琦律師

---版權聲明---

定　　價：450 元

發行日期：2024 年 03 月第一版

◎本書以 POD 印製

Design Assets from Freepik.com

國家圖書館出版品預行編目資料

企業營利系統,企業成長的經營學:
飛輪效應 × 湧現模型 × 鵝肝效應
× 倍增能力,建立商業模式中心型
組織,實現基業長青 / 李慶豐 著 . --
第一版 . -- 臺北市 : 財經錢線文化
事業有限公司 , 2024.03
面；　公分
POD 版
ISBN 978-957-680-766-4(平裝)
1.CST: 企業經營 2.CST: 企業管理
494　　　113001444

電子書購買

臉書

爽讀 APP